中央高校教育教学改革基金(本科教学工程)资助

三峡库区巴东科教基地地质灾害防治实践教学教程

SANXIA KUQU BADONG KEJIAO JIDI

DIZHI ZAIHAI FANGZHI SHIJIAN JIAOXUE JIAOCHENG

项 伟 苏爱军 王菁莪 崔德山 编著

图书在版编目(CIP)数据

三峡库区巴东科教基地地质灾害防治实践教学教程/项伟等编著. —武汉:中国地质大学出版社,2019.9

ISBN 978-7-5625-4636-8

Ⅰ.①三…
Ⅱ.①项…
Ⅲ.①三峡水利工程-地质灾害-灾害防治-巴东县-高等学校-教材
Ⅳ.①P694

中国版本图书馆 CIP 数据核字(2019)第 195734 号

三峡库区巴东科教基地地质灾害防治实践教学教程	项 伟　苏爱军 王菁莪　崔德山	编著
责任编辑:胡珞兰	责任校对:张咏梅	

出版发行:中国地质大学出版社(武汉市洪山区鲁磨路388号)　　邮政编码:430074
电　　话:(027)67883511　　　传　真:(027)67883580　　E-mail:cbb@cug.edu.cn
经　　销:全国新华书店　　　　　　　　　　　　　　　　　http://cugp.cug.edu.cn

开本:787毫米×1 092毫米 1/16	字数:392千字　印张:15　插页:1
版次:2019年9月第1版	印次:2019年9月第1次印刷
印刷:武汉市珞南印务有限公司	印数:1—1 000册
ISBN 978-7-5625-4636-8	定价:48.00元

如有印装质量问题请与印刷厂联系调换

前　言

我国山地丘陵地貌区面积约占国土面积的65%，地质条件复杂，构造活动频繁，崩塌、滑坡、泥石流、地面塌陷、地裂缝、地面沉降等地质灾害隐患多、分布广，且隐蔽性、突发性和破坏性强，防范难度大，是世界上地质灾害最严重、受威胁人口最多的国家之一。地质灾害防治相关科学知识的教学与研究主要依托地质工程学科，属于地球科学与工程科学的交叉领域，主要研究人类工程活动与地质环境之间的相互制约关系，应用性强，要求从业人员具有扎实的理论基础知识和工程实践能力。中国地质大学（武汉）是我国地球科学最高学府，自建立之初，即高度重视实践性教学工作，先后建立了北戴河野外实践教学基地、周口店野外地质实践教学中心、秭归产学研基地等一系列享誉国内外的专业实践教学基地，为我国地球科学研究与工程实践培养了大批科研、教学与工程技术人才。目前，中国地质大学（武汉）地质工程学科是国家级重点学科与国家"双一流"建设学科。自三峡工程规划建设之初，我校结合自身专业优势服务国家重大需求，积极投身于三峡工程建设与地质环境保护工作之中。经教育部批准，我校于2008年建立了"长江三峡库区地质灾害研究'985'优势学科创新平台"，同时成立"教育部长江三峡库区地质灾害研究中心（以下简称三峡中心）"作为创新平台的建设与运行主体。该平台肩负着地质灾害防治人才培养、科学研究、社会服务的历史使命，是我校地质工程重点学科的重要依托。位于三峡库区巴东县的大型野外综合试验场是"三峡中心"建设的重要组成部分。巴东野外综合试验场选址三峡库区黄土坡滑坡区域，于2012年12月30日竣工，是中国地质大学（武汉）集滑坡地质灾害教学、科研、生产于一体的综合性野外教学研究基地。通过试验场隧洞群系统，专家学者能直接进入黄土坡临江1号滑坡体近距离观测滑床、滑带和滑体，并开展相关实验研究与深部监测工作，为大型涉水滑坡防治理论与技术的研究提供了前所未有的有利条件，同时也为地质灾害防治提供了不可多得的特色教学资源。与巴东野外综合试验场配套的巴东科教基地环境优美、设施完备，业已成为地质灾害领域重要的教学、科研与学术交流基地。

随着巴东野外综合试验场与巴东科教基地迎来日益增多的专业实践教学、行业培训与科普参观人员，急需一份教学资料来系统总结教学内容，统一教学要求，进一步提高教学质量。因此，在中央高校教育教学改革基金（本科教学工程）的资助下，我们组织编写了本实践教学教程，同时也可为相关专业从业人员提供参考，服务地质灾害防治科学知识的普及与推广。地质灾害防治实践教学是地质工程及相关学科专业教学内容的重要组成部分，整个实践教学过程包括室内课程、野外典型地质现象考察、独立地质填图实训、地质灾害调查实训以及地质灾害防治工程勘查设计实训等内容，旨在提高专业学员（包括本科生、研究生和企事业单位员工及科普受众等）解决实际地质灾害防治工程问题的实践能力，增强广大人民群众保护环境与防灾减灾意识，提高灾害发生时的自救能力。全部的课程内容主要包括野外考察实践教学路线、地质灾害调查实践教学和防治工程设计实践教学3个部分。其中,野外考察实践教学路线部分包括8条典型的地质考察路线,地质灾害调查实践教学内容包括区域地质灾害调查实践与滑坡区工程地质勘查实践,防治工程实践教学选取教学区内典型滑坡地质灾害为实践案例,要求学员依据相关行业技术标准,完成地质灾害防治工程设计计算、报告编制与图件绘制。针对相关学科的本科生、研究生,以及企事业单位员工与广大人民群众等不同的教学对象,课程内容设置也有一定的区别。对于地质灾害防治学科方向的本科生与研究生,原则上要求完成课程全部实践教学内容。对于其他相关专业学生、行业培训人员与科普受众,可根据各单位教学安排选修部分内容,教学进度安排可根据不同的教学对象与教学要求自由组合定制。

  本教程共分为7章,其中第一章阐述了教学目的与意义、内容设置、进度安排与成绩评定方法,不同的教学对象可根据该章节内容自由定制教学计划与成绩评定方法。第二章系统回顾了地质灾害防治相关的岩石学、构造地质学、水文地质学以及地质灾害的基本概念、调查评估、勘查设计与监测预警等基础知识。第三章介绍了实践教学区的地质环境背景,包括整个长江三峡库区较大范围尺度与巴东县较小范围尺度的自然地理、地层岩性、地质构造与水文地质条件等。第四章分别详细介绍了巴东野外综合试验场路线、长江南岸沿江路路线、史家坡—铜鼓包路线、亩田湾—大面山路线、长江北岸沿江路路线、黄腊石—宝塔河路线、茶店子镇巴人河路线、巴东—秭归长江水上路线共8条野外考察实践教学路线的路径、教学目的与内容、教学点位与背景资料等。第五章介绍了野外地质填图、地质灾害调查与勘查野外工作方法,划定了区域地质灾害调查与滑坡工程地质勘查实训教学区域,提出了教学目的、任务、方法与要求。第六章选取实践教学区典型的地质灾害防治工程案例,阐述了项目概况与工程地质条件,要求学员根据相关规范开展地质灾害评价与防治工程设计训练。第七章规定了实践教学资料整理与成果提交要求,包括野外记录、调查报告与附图、勘查报告与附图、设计报告与附图等。项伟教授主持本教材大纲制定、教学内容安排与教学方案设计,并具体负责第一章与第二章内容的搜集与编写;崔德山副教授负责第三章内容的搜集与编写,王菁莪助理研究员负责第四章与第五章内容的搜集与编写;苏爱军研究员提供了防治工程实践教学的案例资料,并负责第六章与第七章内容编写。由项伟教授负责统稿。

  本教程基础知识部分的编写主要参考引用了前人区域地质调查报告、工程项目报告、科研论文与编著者多年的工作与教学成果,编著过程中得到了中国地质大学(武汉)三峡中心与工程学院科研教学人员的大力支持。余宏明教授、刘佑荣教授、周汉文教授、邓清禄教授、马淑芝教授、滕伟福副教授、熊承仁副教授、刘军旗副教授、Joachim Rohn教授等专家先后亲赴现场,在教学内容与教学路线等方面提出了重要的参考意见。巴东县委县政府对巴东野外综合试验场的建设与实践教学活动的顺利开展提供了有力的政策保障。巴东县自然资源局邓明早副局长为实践教学点背景资料的编写提供了部分地质资料。在此,对所有提供帮助与支持的老师和同仁们表示衷心的感谢。由于巴东野外综合试验场与巴东科教基地运行的时间不长,关于实践教学区的基础地质条件与一些科学问题的认识可能存在不足,加之地质灾害防治相关理论与技术发展快速,鉴于作者水平有限,时间仓促,本教程中难免存在错漏之处,诚邀广大读者不吝赐教,使之在后续的实践教学中不断完善。

编著者

2018年12月8日

目 录

第一章 实践教学要求 …………………………………………………… (1)
 第一节 教学目的与意义 ……………………………………………… (1)
 第二节 教学内容设置 ………………………………………………… (1)
 第三节 教学进度安排 ………………………………………………… (2)
 第四节 成绩评定 ……………………………………………………… (3)

第二章 地质灾害防治基础知识 ………………………………………… (4)
 第一节 基础地质 ……………………………………………………… (4)
  一、岩石的基础知识 ………………………………………………… (4)
  二、地质构造 ………………………………………………………… (7)
  三、水文地质 ………………………………………………………… (13)
 第二节 地质灾害的类型与野外识别 ………………………………… (15)
  一、崩塌 ……………………………………………………………… (15)
  二、滑坡 ……………………………………………………………… (17)
  三、泥石流 …………………………………………………………… (21)
  四、地面塌陷 ………………………………………………………… (23)
  五、地裂缝 …………………………………………………………… (24)
  六、地面沉降 ………………………………………………………… (25)
 第三节 地质灾害调查与评估 ………………………………………… (26)
  一、地质灾害调查的内容与要求 …………………………………… (26)
  二、地质灾害评估的基本要求、范围和级别 ……………………… (29)
  三、地质灾害危险性评估的内容 …………………………………… (31)
  四、地质灾害危险性评估成果 ……………………………………… (32)
 第四节 地质灾害勘查与防治 ………………………………………… (33)
  一、地质灾害勘查目的与内容 ……………………………………… (33)
  二、地质灾害勘查阶段划分 ………………………………………… (33)
  三、地质灾害防治工程勘查阶段划分 ……………………………… (35)
  四、地质灾害防治工程勘查设计 …………………………………… (35)
  五、地质灾害勘查方法 ……………………………………………… (36)
  六、地质灾害的防治 ………………………………………………… (38)
 第五节 地质灾害监测与预警 ………………………………………… (42)

  一、地质灾害监测 …………………………………………………………………… (42)
  二、地质灾害预警 …………………………………………………………………… (45)

第三章 实践教学区地质环境背景 …………………………………………………… (47)

 第一节 长江三峡概况 ……………………………………………………………… (47)
  一、自然地理 ………………………………………………………………………… (47)
  二、长江三峡形成过程 ……………………………………………………………… (48)
  三、三峡工程简介 …………………………………………………………………… (50)
  四、三峡库区地质灾害概况 ………………………………………………………… (53)

 第二节 三峡库区地层与地质构造 …………………………………………………… (54)
  一、三峡库区地层 …………………………………………………………………… (54)
  二、三峡库区地质构造 ……………………………………………………………… (54)

 第三节 实践教学区自然地理概况 …………………………………………………… (58)

 第四节 实践教学区地层 ……………………………………………………………… (61)
  一、志留系(S) ……………………………………………………………………… (62)
  二、泥盆系(D) ……………………………………………………………………… (63)
  三、石炭系(C) ……………………………………………………………………… (63)
  四、二叠系(P) ……………………………………………………………………… (64)
  五、三叠系(T) ……………………………………………………………………… (65)
  六、侏罗系(J) ……………………………………………………………………… (66)
  七、白垩系(K) ……………………………………………………………………… (67)
  八、第四系(Q) ……………………………………………………………………… (67)

 第五节 实践教学区地质构造 ………………………………………………………… (68)
  一、区域构造背景 …………………………………………………………………… (68)
  二、近东西向构造 …………………………………………………………………… (68)
  三、北北东向构造 …………………………………………………………………… (72)
  四、新构造运动 ……………………………………………………………………… (74)

 第六节 实践教学区水文地质条件 …………………………………………………… (75)
  一、地下水生成条件 ………………………………………………………………… (75)
  二、岩溶分布和发育情况 …………………………………………………………… (76)
  三、地下水类型及富水性 …………………………………………………………… (77)

第四章 野外考察实践教学路线 ……………………………………………………… (81)

 第一节 巴东野外综合试验场路线 …………………………………………………… (81)
 第二节 长江南岸沿江路路线 ………………………………………………………… (100)
 第三节 史家坡—铜鼓包路线 ………………………………………………………… (107)
 第四节 亩田湾—大面山路线 ………………………………………………………… (116)
 第五节 长江北岸沿江路路线 ………………………………………………………… (121)
 第六节 黄腊石—宝塔河路线 ………………………………………………………… (125)
 第七节 茶店子镇巴人河路线 ………………………………………………………… (135)

|第八节　巴东—秭归长江水上路线……………………………………(140)

第五章　地质灾害调查与勘查实践教学………………………………(171)

第一节　野外填图工作方法……………………………………………(171)
　一、填图研究的内容…………………………………………………(171)
　二、填图阶段划分……………………………………………………(172)
　三、注意事项…………………………………………………………(176)

第二节　地质灾害调查工作方法………………………………………(176)
　一、基本要求…………………………………………………………(176)
　二、滑坡调查要点……………………………………………………(177)
　三、崩塌调查要点……………………………………………………(179)
　四、潜在不稳定斜坡调查要点………………………………………(180)
　五、泥石流调查要点…………………………………………………(182)
　六、地质灾害危险性分级……………………………………………(185)

第三节　区域地质灾害调查实践………………………………………(186)
　一、实践教学目的与任务……………………………………………(186)
　二、教学方法与要求…………………………………………………(187)
　三、实践教学区概况…………………………………………………(187)

第四节　滑坡工程地质勘查实践………………………………………(189)
　一、实践教学目的与任务……………………………………………(189)
　二、教学方法与要求…………………………………………………(189)
　三、滑坡稳定性分析方法……………………………………………(189)
　四、实践教学区概况…………………………………………………(192)

第六章　防治工程设计实践教学…………………………………………(194)

第一节　实践教学目的、任务与方法…………………………………(194)
　一、教学目的…………………………………………………………(194)
　二、实践任务…………………………………………………………(194)
　三、教学方法…………………………………………………………(194)

第二节　实践教学项目概述……………………………………………(195)

第三节　设计依据………………………………………………………(195)

第四节　工程地质条件…………………………………………………(196)
　一、地形地貌…………………………………………………………(196)
　二、地层岩性…………………………………………………………(198)
　三、地质构造…………………………………………………………(198)
　四、水文地质条件……………………………………………………(199)
　五、新构造运动………………………………………………………(199)

第五节　项目区稳定性分析与评价……………………………………(199)

第六节　治理工程设计…………………………………………………(201)
　一、治理工程设计原则………………………………………………(201)

  二、治理工程设计要求 ………………………………………………………………（201）
  三、重力挡墙设计与施工规范 ………………………………………………………（201）
  四、抗滑桩设计与施工规范 …………………………………………………………（206）

第七章 资料整理与实践教学成果要求 …………………………………………………（214）
第一节 野外记录要求 …………………………………………………………………（214）
  一、野簿记录 …………………………………………………………………………（214）
  二、工作手图 …………………………………………………………………………（215）
  三、地质灾害调查表 …………………………………………………………………（215）
第二节 调查报告与附图 ………………………………………………………………（216）
  一、地质灾害调查报告 ………………………………………………………………（216）
  二、地质灾害调查图件 ………………………………………………………………（217）
第三节 勘查报告与附图 ………………………………………………………………（218）
  一、滑坡勘查报告 ……………………………………………………………………（218）
  二、滑坡勘查图件 ……………………………………………………………………（219）
第四节 设计报告与附图 ………………………………………………………………（220）
  一、滑坡防治工程设计报告 …………………………………………………………（220）
  二、滑坡防治工程设计图件 …………………………………………………………（220）

主要参考文献 ………………………………………………………………………………（221）

附图1 实践教学区平面影像图

附图2 实践教学区区域地质图

附表1 滑坡隐患点调查表 ………………………………………………………………（225）

附表2 崩塌（危岩）隐患点调查表 ……………………………………………………（227）

附表3 潜在不稳定斜坡隐患点调查表 …………………………………………………（229）

附表4 泥石流隐患点调查表 ……………………………………………………………（231）

第一章 实践教学要求

第一节 教学目的与意义

地质灾害防治实践教学是地质工程与岩土工程及相关学科专业教学内容的重要组成部分,同时也服务于地质灾害防治相关企事业单位的专业培训与继续教育以及广大人民群众的科普工作。整个实践教学过程包括室内课程、野外典型地质现象考察、独立地质填图实训、地质灾害调查实训以及地质灾害防治工程设计实训等内容,要求学员在专业教师的指导下,开展搜集资料、地质现象观察、基础数据分析计算,并按照行业技术标准编制技术报告与绘制图件。通过本次地质灾害防治实践教学,相关专业本科生与研究生可系统回顾专业知识,巩固前期学习效果,训练专业技能与工作方法,磨炼意志,提高自主学习与实际解决地质灾害防治工程问题的实践能力;对于地质灾害防治相关企事业单位员工,可更加深入地将专业基础知识与实际工程问题相结合,通过实践教学过程开展广泛讨论与技术交流,巩固理论基础,提高创新能力;针对科普受众,可普及地质灾害防治相关科学知识,增强广大人民群众保护环境与防灾减灾意识,有效预防地质灾害,提高灾害发生时的自救能力。

第二节 教学内容设置

全部的教学内容主要包括野外考察实践教学路线、地质灾害调查实践教学和防治工程设计实践教学3个部分。其中,野外考察实践教学路线包括8条典型的地质考察路线,分别为巴东野外综合试验场路线、长江南岸沿江路路线、史家坡—铜鼓包路线、亩田湾—大面山路线、长江北岸沿江路路线、黄腊石—宝塔河路线、茶店子镇巴人河路线以及巴东—秭归长江水上路线(附图1)。不同考察路线的教学目的与内容各异,涵盖实践教学区地质环境背景、典型地质灾害、地质灾害野外试验场、地质灾害防治工程、岩溶地质、大型人类工程活动等各个方面。地质灾害调查实践教学内容包括区域地质灾害调查实践与滑坡区工程地质勘查实践,要求学员在实践教学区划定的范围内独立开展野外工作与室内资料分析、报告编制与图件绘制。防治工程实践教学选取教学区内典型滑坡地质灾害为实践案例,要求学员依据相关行业技术标准,完成地质灾害防治工程设计计算、报告编制与图件绘制。

本次地质灾害防治实践教学课程对象包括相关学科的本科生、研究生,以及企事业单位员工与广大人民群众。针对不同的教学对象,课程内容设置也有一定的区别。对于地质工程专业地质灾害防治学科方向的本科生与研究生,原则上要求完成课程全部实践教学内容;对于其他相关专业的本科生与研究生,可根据各专业实际情况必修野外考察实践教学内容,选修地质灾害调查、勘查与防治工程设计教学内容;对于开展培训与继续教育的企事业单位员工,可根据单位安排选修野外考察、地质调查、勘查与防治工程设计教学内容;对于开展科普教育活动的广大群众,可根据组织机构安排,选择性地参观野外考察路线。

第三节 教学进度安排

本课程进度安排可根据不同的教学对象与教学要求自由组合定制。对于地质工程专业地质灾害防治学科方向的本科生与研究生,建议实践教学时间为28天,包括如下4个阶段。

1. 动员准备阶段(1d)

教学活动开展前,召开实践教学动员大会,由专业教师向学员介绍实践区基本情况,教学目的、内容,时间安排与要求。根据班级人数将学员分组,确定小组负责人,以小组为单位准备野外工作用具,包括野簿、地质罗盘、地质锤、放大镜、皮尺(测绳)、小刀、三角板、量角器、铅笔、稀盐酸、劳保用品等。分发工作手图与影像图,学员根据实践教学教材与图件熟悉工作区基本情况。明确教学规章制度与注意事项,重点学习安全纪律、保密纪律、群众纪律,强调团队合作精神。

2. 野外考察路线教学阶段(8d)

学员在专业教师的带领下,逐条开展野外考察路线的实践教学任务。各路线主要教学安排如下:

路线1为巴东野外综合试验场路线。该路线步行路程约2km,主要参观巴东县黄土坡滑坡地下隧洞群、现场监测设施及护坡结构,考察时间约3h。

路线2为长江南岸沿江路路线。该路线主要途经赵树岭滑坡、白岩沟、红石包滑坡、凉水溪与黄土坡,沿巴东城区长江南岸沿江路6km,考察时间为4h。

路线3为史家坡—铜鼓包路线。该路线主要途经史家坡、张家梁子与铜鼓包,其中史家坡部分路线2.1km,铜鼓包路线3.2km,考察时间为4h。

路线4为亩田湾—大面山路线。该路线主要途经绕城公路、白岩沟沟头、张家坡、亩田湾与大面山,包括绕城公路9km,大面山15km,考察时间4h。

路线5为长江北岸沿江路路线。该路线主要途经物流码头、焦家湾、枣子树坪与雷家坪,沿巴东城区长江北岸沿江路6.5km,考察时间4h。

路线6为黄腊石—宝塔河路线。该路线主要途经黄腊石滑坡、宝塔河煤矿与黄腊石村。包括沿江路车程25km或水路乘船10km,步行考察4km,考察时间为4~6h。

路线7为茶店子镇巴人河路线。该路线位于巴东县茶店子镇巴人河景区范围内,路程包括25km车程与3km步行考察路程,考察时间为6h。

路线8为巴东—秭归长江水上路线。该路线沿长江主航道乘船考察,起止码头为秭归港与巴东港,乘船距离约为65km,考察时间为4h。

3. 地质灾害调查实践教学阶段(12d)

地质灾害调查实践教学经过专业导师指导后,由学员独立完成,包括两项实践教学内容,对应两个不同的教学区域,各实践教学项目安排如下:

项目1 为区域地质灾害调查实践。对应的教学区位于巴东县长江北岸东瀼口镇,调查区平面形状近似矩形,长约3 400m,宽约3 200m,总面积10km^2。时间安排为野外工作6d,室内教学与资料整理2d。

项目2 为滑坡区工程地质勘查实践。实践教学区位于巴东县长江北岸官渡口镇西瀼口村的史家坡区域,神农溪入口西岸。区域平面形状近似矩形,长约1 300m,宽约1 100m,总面积1.5km^2。时间安排为野外工作3d,室内教学与资料整理1d。

4. 防治工程设计实践教学阶段(4d)

本次地质灾害防治工程设计实践教学项目名称为"巴东县第一高级中学(以下简称为巴东一中)新校区体育场高切坡治理工程"。项目区位于巴东县信陵镇白土坡区域,该高切坡位于巴东一中新校区南侧,以北为体育场、体育馆,以南为209国道,系体育场场地平整时形成的高切坡,高切坡失稳危害巴东一中新校区体育场、体育馆及209国道安全。该高切坡全长379m,坡脚设计高程480m,坡顶地面高程494~506m,最大坡高26m,设计坡角70°,坡面规划面积14 000m^2。教学时间安排为野外工作1d,室内教学1d,资料整理、设计计算与图件绘制2d。

5. 成果编制与提交阶段(3d)

该阶段为本次实践教学过程的总结部分,需要对实践教学期间所搜集的各类地质资料、标本、数据、图片及计算结果进行系统梳理、归纳和总结。部分第一手地质资料的整理要求在野外工作结束当天晚上完成,本阶段需要对地质资料进行进一步整理与归档,查漏补缺,清绘图件,按照行业技术标准的要求,编写和制作规范的调查报告、设计报告以及相关附图与附件。

第四节 成绩评定

实践教学结束后,学员按照成果要求与相关技术标准完成并提交野簿、工作手图、地质灾害调查表、地质灾害调查报告与附图、滑坡防治工程设计报告与附图。指导老师根据野外记录的翔实情况,对调查、设计报告与附图的合理性与规范性进行综合成绩评定。实践教学成绩分为优秀(90~100分)、良好(80~89分)、中等(70~79分)、及格(60~69分)与不及格(60分以下)5个等级。针对实践教学成绩不及格的学员,不可获得本次实践教学课程学分,必须重新进行一次教学实践教学(实践教学经费自理),如果重修仍无法达到及格要求,则无法获得学位。

第二章　地质灾害防治基础知识

第一节　基础地质

一、岩石的基础知识

岩石是指造岩矿物按一定的结构集合而成的地质体,依据其成因可分为火成岩、沉积岩和变质岩三大类。岩石的鉴别是野外地质工作的基本技能,要得出岩石特征的正确结论必须要在较大范围露头上观察,并且可以通过结合野外鉴别以及室内实验对某些特定岩石命名。

(一)火成岩的野外鉴别

火成岩又称岩浆岩,一般是指由地下深处炽热的岩浆在地下或地表冷凝形成的岩石。岩浆作用是指地壳深处的岩浆具有很高的温度,遭受很大的压力,当地壳出现破裂带时,局部压力降低,岩浆向压力降低的方向运移,沿着破裂带上升,侵入到地壳浅部或喷出到地表,最后在适宜的条件下冷凝、结晶成为固体岩石。

火成岩的野外鉴别,一般是观察岩石的颜色、结构、构造、矿物成分及其含量等,即先根据岩石出露的产状、结构构造、矿物成分等特征区分岩石是深成岩、浅成岩还是喷出岩,再根据矿物的颜色、解理等外部特征,确定出主要的造岩矿物以及次要的造岩矿物,进而精准地命名。

火成岩的结构是指组成岩石的矿物的结晶程度、颗粒大小、晶体形态及晶粒间的相互关系。火成岩的结构可根据结晶程度、矿物颗粒的大小、矿物的自形程度以及矿物颗粒之间的相互关系和矿物颗粒的排列方式等划分。常见的火成岩结构有全晶质结构、半晶质结构、玻璃质结构、等粒结构、不等粒结构等。

火成岩的构造是岩石中不同的矿物集合体之间或矿物集合体与其他组成部分之间的排列和充填方式。常见的火成岩构造有块状构造、斑杂构造、流纹构造、球状构造、杏仁状构造、气孔构造、枕状构造、层状构造等。

火成岩的颜色主要描述岩石新鲜面的颜色,也要注意风化后的颜色。岩石的总体颜色描述,如白色、黄色、红色等。有的颜色介于两者之间,则可用复合名称,如灰白色、红褐色、暗紫色等。火成岩颜色的深浅往往可以反映暗色矿物和浅色矿物相对的含量比例。一般暗色矿物含量大于60%,则称为暗色岩;暗色矿物含量介于30%~60%之间的则称为中色岩,小于30%的称为浅色岩。总的来说,火成岩在地表的露头往往由于风化等因素使颜色变浅。

火成岩的矿物成分常见的有20多种,长石、石英、云母、角闪石、辉石和橄榄石等为主要的造岩矿物,其次还有少量的磷灰石、锆石等副矿物。根据化学成分的特点和颜色,造岩矿物可分为硅铝矿物和铁镁矿物两类。硅铝矿物是指 SiO_2 和 Al_2O_3 的含量较高,不含 FeO、MgO,包括石英、长石和似长石类矿物。由于这些矿物颜色较浅,故又称浅色矿物。铁镁矿物是富含镁、铁、钛等的硅酸盐和氧化物矿物,其中包括橄榄石、辉石、角闪石和黑云母等。这些矿物的颜色一般较深,故又称为深色或暗色矿物。暗色矿物在火成岩中的体积百分比含量,常称为色率,是火成岩的鉴别和分类的重要标志之一,根据色率可大致推断出岩石的化学性质,判断岩石的类别。一般花岗岩的色率为9,花岗闪长岩的色率为18,闪长岩的色率为30,辉长岩的色率为35,纯橄榄岩的色率为100。

根据岩石 SiO_2 含量,火成岩的类别可分为超基性岩(SiO_2 含量低于45%)、基性岩(SiO_2 含量45%~52%)、中性岩(SiO_2 含量52%~65%)与酸性岩(SiO_2 含量高于65%)。常见的超基性岩有橄榄岩、辉石岩、金伯利岩等;常见的基性岩有辉长岩、斜长岩、玄武岩等;常见的中性岩有正长岩、安山岩等;常见的酸性岩有花岗岩、花岗斑岩、流纹岩等。

(二)沉积岩的野外鉴别

沉积岩占地壳岩石总体积的7.9%。它主要分布在地壳表层,在地壳出露的三大岩类中,其面积占75%,是最常见的岩石。沉积岩是在地表不太深的地方,其他岩石的风化产物和一些火山喷发物经过水流或冰川的搬运、沉积、成岩作用形成的岩石。

沉积岩的野外观察描述主要从岩石的颜色、物质成分、结构构造、岩石的命名等几个方面进行,另外,针对不同碎屑岩应根据其特征进行补充描述。如粗碎屑岩的描述除以上几方面外,还要描述岩石的粒度、分选性、磨圆度、形状以及岩石表面特征等。

沉积岩的物质成分主要受控于母岩的性质和沉积作用过程。其化学成分会随着岩石的类型不同表现出较大的差异,但总的来说,沉积岩的化学成分与火成岩的化学成分相近。沉积岩中的矿物成分可以分为自生矿物和他生矿物。自生矿物是岩石在成岩过程中形成的,即自生矿物是沉积岩自己生成的;他生矿物是在沉积岩形成之前就已经生成的矿物。他生矿物按来源可分为陆源碎屑矿物和火山碎屑矿物两类。陆源碎屑矿物是母岩以岩石碎屑或晶体碎屑形式供给于沉积岩,故也称为继承矿物;火山碎屑矿物是由火山爆发直接提供给沉积岩的。

沉积岩的颜色主要取决于岩石中的物质组成,是重要的宏观特征之一,对沉积岩的野外鉴别有重要意义。按成因分类,沉积岩的颜色可分为原生色和自生色,其中原生色又可以分为继承色和自生色两种。继承色岩石的颜色主要来自于碎屑矿物呈现的颜色,是某种颜色的矿物富集的表现,常在碎屑岩中可见。自生色主要取决于岩石在沉积和成岩的过程中形成的自生矿物或有机质所呈现的颜色,可见于任何沉积岩,为大部分黏土岩、化学岩和部分碎屑岩具有的颜色。次生色是岩石在成岩之后,在后生作用或风化作用中形成的次生矿物所呈现的暗色,常呈色斑状、不规则状分布。在野外对岩石的颜色进行描述时,除描述颜色的种类外,还要说明颜色的深浅、亮度等,有时也可以用复合名称描述岩石的混合色,如深紫红色、浅黄灰色等,前面的为次要的颜色,后面的为主要的颜色。

沉积岩的构造是指在沉积作用或成岩作用中形成的岩石各组分在空间的分布状态和排列形式,一般在成岩的早期生成。常见的沉积岩构造有层理构造、波痕构造、泥裂构造、缝合线构造等。

常见陆源沉积岩有砾岩、砂岩、粉砂岩、黏土岩等。

砾岩具有砾状或角砾状结构,是由大于30%岩石含量的砾石与基质、胶结物组成的岩石。碎屑为圆形或次圆形者为砾岩;碎屑为棱角形或半棱角形者为角砾岩。

砂岩是具有砂状结构的碎屑岩石。碎屑成分常为石英、长石、白云母、岩屑、生物碎屑及黏土矿物。岩石颜色多样,随碎屑成分与填隙物成分而异。

粉砂岩是具有粉砂状结构的岩石。碎屑成分常为石英及少量长石与白云母,颜色为灰黄、灰绿、灰黑、红褐等颜色。粉砂岩野外观察研究的内容与砂岩基本相同,但因其颗粒太细,故其粒度和碎屑成分较难测定,因此,对粉砂岩不必再详细划分类型,但可根据其胶结物成分和颜色进行命名,如深灰色泥质粉砂岩。黄土是另一种半固结的粉砂岩。

黏土岩是由黏土矿物组成并常具有泥状结构的岩石。硬度低,用指甲能刻划。主要黏土矿物有高岭石、蒙脱石、伊利石等,其中高岭石是最为常见的矿物。除了黏土矿物外,黏土岩中可以混有不等量的粉砂、细砂以及$CaCO_3$、SiO_2等化学沉淀物,有时含有机质。黏土岩具有灰白、灰黄、灰绿、紫红、灰黑等颜色。黏土岩中固结微弱者,称为黏土;固结较好但没有层理者,称为泥岩;固结较好且具有良好层理者,称为页岩。

常见的内源沉积岩有硅质岩、石灰岩与白云岩等。

硅质岩化学成分主要为SiO_2,组成矿物为微晶质石英和玉髓,少数情况下为蛋白石。质地坚硬,小刀不能刻划,性脆。含有机质的硅质岩的颜色为灰黑色;富含氧化铁的硅质岩称为碧玉,常为暗红色,也有灰绿色。硅质岩中含黏土矿物丰富者(黏土矿物大于50%),称为硅质页岩,其质地较软,应该归属黏土岩类。

石灰岩主要由方解石组成,遇稀盐酸剧烈起泡。岩石为灰色、灰黑色或灰白色。性脆,硬度3.5。石灰岩常具有燧石结核及缝合线,有颗粒结构与非颗粒结构两种类型。

白云岩由白云石组成,遇冷盐酸不起泡。岩石常为浅灰色、灰白色,少数为深灰色。断口呈晶粒状。其晶粒往往较石灰岩粗,硬度和密度均较石灰岩略大,岩石风化面上有刀砍状溶蚀沟纹。

(三)变质岩的野外鉴别

变质岩是组成地壳的三大岩类之一,占地壳总体积的27.4%。它在地面的分布范围较小,也不均匀。变质岩是指由先前形成的岩石(原岩)经变质作用所形成的新型岩石。变质作用是指岩石基本处于固体状态下,受到温度、压力和化学活动性流体的作用,发生矿物成分、化学成分、岩石结构构造的变化,形成新的结构、构造或新的矿物与岩石的地质作用。由于变质岩的原岩可能发生矿物成分、化学成分、岩石结构构造的变化,因此岩石的类型和特征受到两个方面的控制:原岩特征和变质岩成岩过程中地质环境与物理化学条件的影响。

变质岩的矿物成分按其成因可以分为新生矿物、原生矿物和残余矿物3类。其中新生矿物是指在变质的过程中新形成的矿物;原生矿物是指经过变质作用之后母岩所保存下来的稳定的矿物;残余矿物是指变质作用之后母岩保留下来的不稳定矿物。

变质岩的结构是指组成岩石的矿物晶粒的形状、大小和晶体之间的结合关系等所呈现的特征。变质岩的结构根据成因可以分为变晶结构、变余结构、碎裂结构以及交代结构。

变质岩的构造是指岩石的矿物及其集合体的形态、空间分布及排列方式等所呈现的形貌特征。变质岩的构造可以完全有别于原岩,也可存在原岩的某些构造。变质岩的构造主要有变成构造、变余构造两类。

变质岩的类型包括区域变质岩、接触变质岩、气液变质岩与动力变质岩。

区域变质岩是由区域变质作用形成的一系列岩石。由于区域变质作用规模大、因素复杂、环境多样,故区域变质作用的产物遍布大陆、大洋各大区域。常见的区域变质岩有板岩、千枚岩、片岩、片麻岩等。

接触变质岩是当岩浆侵入围岩时,在侵入体与围岩接触带附近,由于受岩浆所散发的热量及气体挥发或流体的影响,围岩发生重结晶、变质结晶和交代作用等,形成热接触变质岩。常见的接触变质岩有大理岩、石英岩、角岩、矽卡岩等。

气液变质作用既包括岩浆岩侵入的变质作用,也包括各种围岩的蚀变作用,主要发生在地壳浅部。气液变质作用常形成各种自变质岩石或蚀变围岩。引起气液变质作用的气水热液既可以是液相,也可以是气相。常见的气液变质岩为蛇纹岩。

动力变质岩是指由动力变质作用形成的变质岩石。动力变质作用常与构造运动有关。常见的动力变质岩为构造角砾岩

二、地质构造

地质构造是指组成地壳或岩石圈的岩石、岩层和岩体在力的作用下发生变形的产物,如褶皱、节理、断层、叶理和线理等。

地质构造可分为原生构造和次生构造。原生构造是指在沉积作用或岩浆作用过程中形成的构造,如沉积岩中的斜层理、波痕、泥裂等和火成岩中的流动构造、原生节理等。次生构造是指岩石、岩层或岩体形成之后,在力的作用下发生变形而形成的构造,如褶皱、节理和断层等。地质构造的规模有大有小,大至岩石圈内部的结构和巨大构造单元,如板块或古板块、造山带等,小至露头尺度的构造或手标本的组构,更小的构造甚至需要借助显微镜才能观察。

(一)岩层的产状要素

为了研究地质构造,首先确定岩石的空间位置,即其产出状态,简称产状。层状岩石的产状取决于岩层层面的走向、倾向、倾角以及岩层的厚度。

走向:层面与假想水平面交线的方向,它标志着岩层的延伸方向。

倾向:层面上与走向垂直并指向下方的直线,称为倾斜线。它的水平投影所指向的方向即为倾向,它代表层面倾斜的方向,恒与走向垂直。

倾角:层面与假想水平面的最大交角,沿倾向方向测量的倾角,称为真倾角;沿其他方向测量的交角均较真倾角小,称为视倾角。视倾角所在的岩层倾斜方向,称为视倾向。

层面的走向、倾向和倾角,称为岩层的产状要素,产状要素可以用地质罗盘进行测量(图2-1)。应该指出,一切面状要素的空间位置都可以通过测量该面的产状要素确定。岩层的厚度是岩层面顶底面之间的垂直距离,它是确定岩层产状的辅助要素。

(二)褶皱

褶皱是岩层或岩石受力而发生的弯曲变形,是地壳中最基本的构造样式。褶皱的形态千姿百态、复杂多样,规模差异很大,小至显微镜下或手标本尺度的微型弯曲,大至几万米或几十万米的区域性褶皱。构成褶皱的面可以是任何原生或次生构造,如沉积岩和火山岩的层理面,

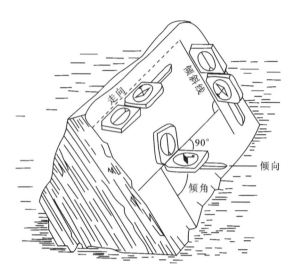

图 2-1　岩层产状要素及测量方法

火成岩中的原生流面,变质岩中的劈理面或片理面,各种岩石中的节理面、断层面和不整合面。根据褶皱的形态和组成褶皱的地层面向,将褶皱分为两种基本类型:背斜和向斜(图 2-2)。背斜是核部由老地层、翼部由新地层组成的褶皱;向斜是核部由新地层、翼部由老地层组成的褶皱。

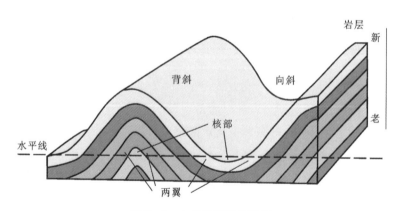

图 2-2　向斜和背斜示意图

褶皱要素是指褶皱的基本组成部分,包括核、翼、拐点、翼间角、转折端、枢纽、脊线、槽线与轴面(图 2-3)。

核:褶皱的中心部分。

翼:褶皱中心两侧平弧状的部分。

拐点:相邻的背形和向形共用翼的褶皱面常呈"S"形弯曲,褶皱面相反凸向的转折点称作拐点。如果翼平直,则取其中点作为拐点。

翼间角:正交剖面上两翼间的内夹角。圆弧形褶皱的翼间角是指通过两翼上两个拐点的切线之间的夹角。

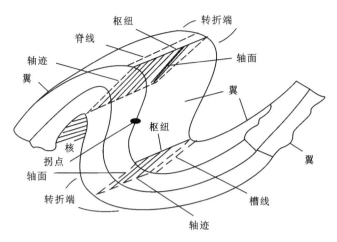

图 2-3 褶皱要素示意图(据朱志澄,1990)

转折端:褶皱面从一翼过渡到另一翼的弯曲部分。

枢纽:单一褶皱面上最大弯曲点的连线。

脊线和槽线:同一褶皱面上沿着背形最高点的连线为脊线,沿向形最低点的连线为槽线。脊线或槽线在其自身的延伸方向上常有起伏变化。脊线中最高点表示褶皱隆起部位,称为高点,脊线中最低部位称为轴陷。

轴面:各相邻褶皱面的枢纽连成的面称为轴面。轴面是一个设想的标志面,它可以是平直面,也可以是曲面。轴面与地面或其他任何面的交线称作轴迹。轴面与地形面的交线在地质图上的投影称为地质图上的轴迹。

在一个地区,褶皱往往是在应力场作用下成群地出现,在空间上呈一定的组合形式,特别是在应力场变化频繁地区,往往形成复杂的大型褶皱,常见的褶皱组合有复向斜、复背斜、隔挡式褶皱和隔槽式褶皱。

在实际工作中,对褶皱构造的观察描述主要是在野外直接观察和地质填图的基础之上,结合钻探、地球物理以及卫星影像等方法手段综合考察。一般而言,褶皱的野外描述主要是针对其形态、产状、类型、组合特征以及空间上的分布特点。野外识别、描述褶皱具体的做法是:在地形地质图以及其他资料的基础上,对研究区的地层顺序、岩性、厚度以及露头产状等进行系统的测量和分析,尽量还原其原有的形态特征,判断是否有褶皱的存在;然后根据褶皱的地层新老顺序、对称重复的特点判断是背斜还是向斜,初步确定褶皱的核部,再进一步测量轴面和两翼的产状以及枢纽的产状,描绘出褶皱的剖面形态。

(三)断裂

断裂是作用力超过岩(土)体强度时,造成其连续性破坏的表现,包括断层和节理两类。断层是指地壳内部的岩层或岩体在应力作用下产生的面状破坏或面状流变带,其两侧的岩块发生明显位移的构造。

断层的几何要素是断层几何学研究的基础,包括断层面、断层盘、断层滑距等。

断层面:分隔两个岩块并使其发生相对滑动的面。断层面有的平坦光滑,有的粗糙,有的略呈波状起伏。断层面的走向、倾向和倾角,称为断层面的产状要素。

断层盘:被断开的两部分岩块,其中位于断层面之上的,称为上盘岩块;位于断层面以下的,称为下盘岩块。

断层滑距:断层两盘相对移动的距离。它有不同的度量方法,断层两盘相当的点(在断层面上的点,未断裂前为同一点),因断裂而移动,其两点之间的直线距离,称为滑距,代表真位移,如图 2-4 中的 $A—A'$。它可以分解为沿水平方向的真位移和沿垂直方向的真位移。断层两盘中相当层(未断裂前为同一层)因断裂而在剖面图或平面图中表现出来的移动距离,称为断距或断层落差,代表视位移。

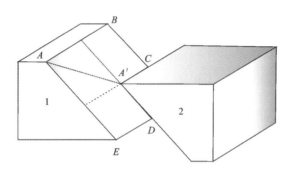

图 2-4 断层要素

按断层两盘相对滑动方向,断层可分为正断层、逆断层与走滑断层。

正断层:上盘向下滑动,两侧相当的岩层相互分离[图 2-5(b)]

逆断层:上盘向上滑动,可掩覆于下盘之上[图 2-5(c)],若逆断层中断层面倾斜平缓,倾角小于 25°,则称为逆掩断层。

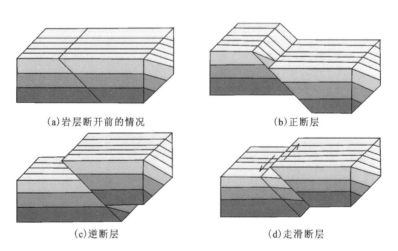

图 2-5 断层示意图

走滑断层:也称为平移断层,被断的岩块沿陡倾的断层面作水平滑动。根据相对滑动的方向,可分为左旋和右旋两类;观察者位于断层一侧,对侧向左滑动者称为左旋,对侧向右滑动者称为右旋。

如果断层兼有两种滑动性质,可复合命名,如走滑-逆断层、逆-走滑断层,前者表示以逆断层为主兼有走滑断层性质,后者表示以走滑断层为主兼有逆断层性质。

断层的规模或以其切割的深度,或以其延展的长度,或以其两侧岩块位移的距离为度量标准。三者之间有密切的关系。一般来说,断层切割深者,其延展越长,并且位移量越大。断层的切割深度一般由几米至几千米,最深可切割到地幔顶部。断层长度一般由几米至数万米,最长达千余千米,甚至更长。岩块位移幅度一般由几米至数万米,最大可大于数十万米。切割深(达到地壳地层或更深)、延长远(达到数万米以上)的断层,称为深断层。在逆掩断层中,其上盘位移距离达数千米以上者,称为推覆体。发育大规模逆掩断层的构造类型,称为推覆构造。

断层的野外识别可通过擦痕、镜面与阶步等分析开展。断层面上由于断层上、下盘相对错动,常留下平行密集的擦纹,称为擦痕。擦痕的方向平行于岩块的运动方向,即由于受力不同,在擦痕的一头呈粗深的纹理,另一头呈浅细的纹理,断层滑动方向是由粗至细。另外,可以直接用手抚摸擦痕,手感不同,光滑方向代表断层盘滑移方向。

由于断层两盘相对滑动摩擦,在断层面上产生较高的温度,使得一些锰、钙、硅等矿物质粉末发生重新熔解,在断层面上形成平滑而光亮的薄膜,称为镜面。它们都是断层两侧岩块滑动摩擦留下的痕迹。

由于断层两盘相对错动,在断层面上往往存在垂直于擦痕方向的小陡坎,其陡坡和缓坡连续过渡者,称为阶步(图2-6)。如果陡坡和缓坡不连续,期间有与缓坡方向大致平行的裂缝,或有呈大交角的裂缝隔开者,称为反阶步(图2-7)。它们都是岩块运动时受到阻力而产生的,擦痕、镜面、阶步和反阶步均是断层滑动的证据。阶步中从缓坡到陡坡的方向(陡坡的倾向)指示上盘岩块的运动方向,反阶步中陡坡的倾斜方向指示本盘岩块的运动方向。

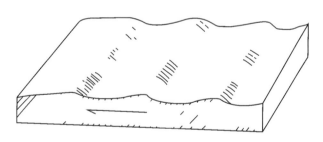

图2-6 阶步及其指示的断层动向

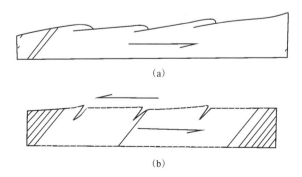

图2-7 反阶步的两种类型及其指示的断层动向
(a)含有与缓坡方向大致平行的裂缝;(b)含有与缓坡方向呈大交角的裂缝隔开者

另外还有一些地形证据,如正断层横切一系列的平行山脊,其上升盘的山脊便展现出三角形的横切面。还可以通过泉水出露及矿化现象识别断层,因为断层是地下水或矿液的通道,故沿断层延伸地带常能看到一系列泉水出露或矿化现象。

(四)节理

节理是脆性较大的岩石在构造应力作用下产生的岩石裂缝,裂缝两侧岩块没有发生明显的位移或位移量很小。节理的裂开面称为节理面。其走向与岩层的走向可以平行、垂直或斜交,节理面的倾向与岩层的倾向可以一致也可以相反。除了构造作用之外,岩浆或熔岩的冷凝收缩、沉积作用、风化作用、块体运动都能产生节理,因此,节理比断层更为普遍,是更加发育的变形构造。

按成因分类,可分为原生节理和次生节理。原生节理是产生在成岩过程中的节理,如沉积成岩过程中因失水收缩而生成的节理;次生节理是形成于构造运动或其他各种内、外动力地质作用中的节理,包括构造节理和非构造节理。构造节理是由内动力作用所形成的,分布极为广泛;非构造节理由外动力作用所形成,如释重节理、塌陷节理等。

按力学性质,可分为张节理和剪节理。张节理是沿最大张力作用方向产生的破裂面,并垂直于主张应力方向。张节理也可以产生于单向拉伸、单向压缩以及剪切等外力条件下。张节理面一般不平直,产状不甚稳定,延伸不远,而裂面较为粗糙,裂缝较宽,无擦痕,常被岩石或矿物脉充填,另外,节理间距较大,分布稀疏而不均匀,很少密集成带。在碎屑岩中,张节理常绕过砂石,随之呈弯曲形状。在应力作用下,张节理常平行出现,或呈雁行式出现,有时沿着两组共轭呈"X"形的节理断开形成锯齿状张节理。

剪节理是岩石在剪切应力作用下而形成的。剪节理面一般平直光滑,裂缝细小,产状比较稳定,沿走向延伸较远,在剖面上延伸较深,剪节理面多成群出现,间距较小,构成平行排列或雁行排列的节理组;另外,节理在碎屑岩中常切开较大的碎屑颗粒或砾石。在应力作用下,沿着共轭剪切面的方向会形成两组交叉的剪节理,称为共轭节理或"X"剪节理。两组节理互相交切,常将岩石切割成一系列的菱形方块。

野外观测研究区的节理,首先要正确选择观测点。具体观测和描述内容是:确定节理的力学性质;节理的分类和分组;节理的发育程度;节理的产状、延伸的描述;最后进行统计分析。

在野外对节理的测量和描述得到的资料应在室内进行整理,以查明研究对象节理的发育特点及规律。对野外获取的节理资料在室内一般采用图、表的形式表现出来,对于节理的产状要素常采用作图来表现,类型有节理玫瑰花图、节理极点图和节理等值线图。

(五)地层接触关系

同一地区在不同地质时期可能遭受不同性质的构造运动,形成不同特征的地质构造,造成新老地层(或岩层)之间具有多样的接触关系。概括说,地层(或岩石)的接触关系有以下5种。

1. 整合接触

整合接触是指相邻的新老地层产状一致,它们的岩石性质与生物演化连续而渐变,沉积作用没有间断[图2-8(a)],表明该两套地层是连续沉积而成的,在其沉积期,该地区构造运动处于持续下降或持续上升(如在水体中沉积,则上升时水体变浅,下降时水体变深)的状态。

2. 假整合接触

假整合接触又称平行不整合接触。相邻的新老地层产状一致,它们的分界面是沉积作用的间断面,或称剥蚀面,剥蚀面的产状与相邻的上、下地层产状平行[图 2-8(b)]。

假整合接触表示较老的地层形成以后,地壳曾均衡上升,使该地层遭受剥蚀,形成剥蚀面。随后地壳再均衡下降,在剥蚀面上重新接受沉积,形成上覆较新的地层。

3. 不整合接触

不整合接触又称角度不整合接触。相邻的新、老地层产状不一致,其间有剥蚀面相分隔。剥蚀面的产状与上覆地层的产状不一致[图 2-8(c)]。不整合接触表示较老的地层形成后,因受强烈的构造作用而褶皱隆起遭受剥蚀,形成剥蚀面,然后地壳下降,在剥蚀面上重新沉积,形成上覆较新的地层。

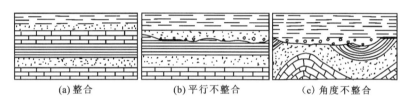

图 2-8 整合与不整合接触示意图

4. 侵入接触

侵入接触是侵入体与被侵入围岩之间的接触关系。侵入接触的主要标志是:侵入体与其围岩接触带有接触变质现象,侵入体边缘常有捕虏体,侵入体与其围岩的界线常呈不规则状。

5. 侵入体的沉积接触

侵入体的沉积接触是指地层覆盖在侵入体之上,其间有剥蚀面相分隔。剥蚀面上最早堆积的主要是该侵入体被剥蚀而成的碎屑物(包括侵入岩的碎屑及因侵入体风化后分离而成的长石、石英等矿物)。

三、水文地质

水文地质指自然界中地下水的各种变化与运动的现象。地下水是指赋存并运移于地下岩土空隙中的水。含水岩土分为两个带:上部是包气带,即非饱和带;下部为饱水带,即饱和带。

(一) 地下水的分类

地下水赋存于各种自然条件下,其形成条件不同,在埋藏、分布、运动、物理性质及化学成分等方面也各异。为了便于研究和利用地下水,将某些基本特征相同的地下水加以归纳合并。目前地下水的分类主要是按埋藏条件和含水介质类型的不同而划分的。所谓地下水的埋藏条件,是指含水层在地质剖面中所处的部位及受隔水层(或弱透水层)限制的情况,据此可将地下水分为包气带水(包括土壤水和上层滞水)、潜水和承压水。而按含水介质(空隙)的类型,可将地下水分为孔隙水、裂隙水及岩溶水。

土壤水是指土粒表面靠分子引力从空气中吸附的气态水并保持在土粒表面的水分。有固态水、气态水和液态水3种。主要来源于降雨、雪、灌溉水及地下水。液态水根据其所受的力一般分为结合水、毛细水和重力水,分别代表吸附力、弯月面力和重力作用下的土壤水。结合水指附于固体表面,在自身重力作用下不能自由运动的水。结合水具有一定的强度。重力水指固体表面结合水层以外的分子,受重力的影响大于固体表面吸引力,在重力作用下运移。流溢的泉水、从井孔中汲取的水,都是重力水。毛细水指的是地下水受土粒间孔隙的毛细作用上升的水分,包括支持毛细水、悬挂毛细水和孔角毛细水。

上层滞水是存在于包气带中、局部隔水层之上的重力水。上层滞水的形成主要取决于包气带岩性的组合,以及地形和地质构造特征。松散沉积层、裂隙岩层及可溶性岩层中都可以埋藏上层滞水。另外,上层滞水的补给和分布区一致,由当地接受降雨或地表水入渗补给,以蒸发或向隔水层底板边缘进行侧向散流排泄。上层滞水一般矿化度较低,由于直接与地表相通,水质易受污染。

潜水是指饱水带中第一个具有自由表面且有一定规模的含水层中的重力水。潜水以上不存在(连续性)隔水层,因此,潜水的全部分布范围都可以接受大气降雨的补给,在地表水分布处既可接受地表水的补给,还可以接受下伏含水层的越流补给或其他方式的补给,另外还接受人工补给。潜水以多种方式排泄,以泉的形式溢流于地表,直接泄流于地表水,通过包气带向大气蒸发以及通过植物蒸腾,以越流或其他方式向相邻或下伏含水层排泄,通过水井、钻孔、坑道等人工排泄。潜水水质主要取决于气候及地形,由于缺乏上覆隔水层,容易受到污染;与此同时,由于交替循环迅速,自净修复的能力也强。

承压水指充满于两个隔水层之间的含水层中的水。承压含水层上部的隔水层称为隔水顶板,下部的隔水层称为隔水底板。顶、底板之间的垂直距离为承压水含水层厚度。承压水的补给可能直接来源于大气降水和地表水,也可能来自相邻的潜水或承压水。承压水也有多种排泄方式,但都是径流排泄,不存在蒸发方式排泄。承压水的水质取决于形成时的初始水质及水交替条件。

孔隙水是赋存于松散沉积物中的地下水,呈层状分布,空间上连续均匀,含水系统内部水力联系良好,具有统一的地下水面或测压面,因孔隙在岩层中分布密集而较均匀,且相互连通性好,主要存在于沉积岩中,所以孔隙含水层多呈层状分布,水力联系密切。

裂隙水是指储存和运移于坚硬岩石裂隙中的水。与孔隙水相比,裂隙水表现出强烈的不均匀性和各向异性。裂隙水根据其介质中空隙的成因和裂隙水的水力联系程度可分为成岩裂隙水、构造裂隙水、风化裂隙水、层间裂隙水和脉状裂隙水。由于其各自所赋存介质的不同,其空间分布、规模及水流特性存在一定的差异。

地下水和地表水对可溶性岩石的破坏和改造所产生的地貌现象和水文地质现象总称为岩溶。岩溶水的基本特点是水量丰富而分布不均一,在不均一之中又有一些相对均一的地段;含水层内具有统一的自由水面,同时也存在着相对隔离的孤立水源,反映出各个方向的水力联系有着很大的差异性;动态变化很大,在不同地区的变化幅度显著不同;岩溶水既是储存于洞穴中的水,又是改造赋存环境的动力。

(二)地下水的补给、排泄和径流

地下水的补给和排泄是含水层与外界发生联系的两个过程。补给和排泄的方式及其强度取决于含水层内部的径流,以及水量和水质的变化。这些变化在空间上的表现就是地下水的分布,在时间上的表现便是地下水的动态,而从补给和排泄的数量关系研究含水层水量及盐量的增减,便是地下水的均衡。地下水补给是指饱水带获得水量的过程,水量增加的同时,盐量、能量等也随之增加。补给的研究包括补给来源、补给条件与补给量。地下水的排泄可通过泉向地表水泄流、土面蒸发、叶面蒸腾等方式,实现天然排泄,或通过井孔、排泄渠道、坑道等设施进行人工排泄。

地下水的径流是指由补给区流向排泄区的作用过程。径流是连接补给和排泄的中间环节,通过径流,地下水的水量和盐量由补给区传送到排泄区;径流的强度影响着含水层水量和水质的形成过程。研究地下水的径流应包括径流方向、径流强度、径流量等。

(三)地下水的野外调查

地下水的野外调查又称水文地质测绘,以地面调查为主,对地下水以及相关联的各种现象进行现场的观察、测量、描述、编录和制图。对地下水进行调查,除了野外的踏勘以及其他地表水的调查方法之外,还需要采用一些地质、工程技术方法。最基本的调查方法有水文地质测绘、水文地质勘探、野外水文地质试验、物探以及地下水动态观测等。还有一些较新的调查方法(航卫片解译技术、GIS技术、同位素技术)以及一些针对地下水特性的勘查方法。

地下水露头的研究对调查研究地下水是很重要的方式,其中泉是地下水的天然露头,泉的存在映射出地下水的存在。泉的调查主要内容有泉出露的地质地形条件、补给、径流情况以及泉的一些物理性质等。

泉的野外定点可按照地质点的方法加以确定,其类型名称可以根据出露情况而定,另外泉的出露标高可以用等高线图确定,且根据标高可确定地下水的埋深。泉的类型可以根据其成因或者涌水情况而定。泉的流量、水质和动态在很大程度上代表含水层的富水性、水质和动态规律。

第二节 地质灾害的类型与野外识别

地质灾害是指在自然因素或者人为因素的作用下形成的,对人类生命财产、环境造成破坏和损失的地质作用与现象。我国幅员辽阔、地形复杂、气候多变,受气候与人为等因素影响,存在许多地质灾害种类且灾情十分严重。根据2004年国务院颁发的《地质灾害防治条例》,地质灾害的主要类型有6种,包括崩塌、滑坡、泥石流、地面塌陷、地裂缝、地面沉降6种灾害,这6种灾害是我国常见多发、危害性相对较严重的灾害类型。

一、崩塌

崩塌是指高陡斜坡上的岩(土)体在重力和其他外力作用下突然脱离母体向下倾倒、崩落和翻滚,最后堆积于坡脚形成倒石堆的地质现象,也称"崩落、坍塌、垮塌或塌方"。其特点是发生急剧、突然,运动快速、猛烈,脱离母体的岩(土)体的运动不沿固定的面或带,其垂直位移显著大于水平位移,因而崩塌常可摧毁路基、桥梁和工程建筑物,堵塞隧道口及河道等。

(一)产生崩塌的基本条件

(1)地形条件。产生崩塌的先决条件是高陡斜坡,发生崩塌的地面坡度往往大于45°,尤其是大于60°的陡峻斜坡上。斜坡前缘由于应力重分布及卸荷等原因,产生拉张裂隙,并与其他结构面组合,逐渐形成连续贯通的分离面,在触发因素作用下发生崩塌。

(2)岩性条件。坚硬岩石如石灰岩、花岗岩、石英岩等,具有较大的抗剪强度和抗风化能力,因而能形成高陡的斜坡,所以崩塌常发生在这类岩石构成的斜坡上。对于软硬岩互层如砂岩与页岩互层、石灰岩与泥岩互层等岩石所构成的陡峻斜坡,由于抗风化能力的差异,常形成软岩凹、硬岩凸的斜坡,也容易形成崩塌落石。

(3)其他条件。崩塌的产生还与气候条件、地表水作用、地震以及人类活动等因素有关,这些因素往往是触发崩塌的诱因。

(二)崩塌的分类

崩塌体所处的地质条件以及崩塌的诱发因素是多种多样的,按照失稳时的运动形式可按照表2-1分类。根据崩塌体积可按表2-2分类。

表2-1 崩塌形成机理分类及特征

类型	岩性	结构面	地形	受力状态	起始运动形式
倾倒式崩塌	黄土、直立或陡倾坡内的岩层	多为垂直节理、陡倾坡内直立层面	峡谷、直立岸坡、悬崖	主要受倾覆力矩作用	倾倒
滑移式崩塌	多为软硬相间的岩层	有倾向临空面的结构面	陡坡,坡度通常大于55°	滑移面主要受剪切力	滑移
鼓胀式崩塌	黄土、黏土、坚硬岩层下伏软弱岩层	上部垂直节理,下部为近水平的结构面	陡坡	下部软岩受垂直挤压	鼓胀伴有下沉、滑移、倾斜
拉裂式崩塌	多见于软硬相间的岩层	多为风化裂隙和重力拉张裂隙	上部突出的悬崖	拉张	拉裂
错断式崩塌	坚硬岩层、黄土	垂直裂隙发育,通常无倾向临空面的结构面	坡度大于45°的陡坡	自重引起的剪切力	错落

表2-2 崩塌规模等级

灾害等级	特大型	大型	中型	小型
体积$V(\times 10^4 m^3)$	$V \geq 100$	$100 > V \geq 10$	$10 > V \geq 1$	$V < 1$

（三）崩塌体识别

通常可能发生崩塌的坡体在宏观上具有以下特征：

（1）坡度大于45°，且高差较大，坡体成孤立山嘴或为凹形陡坡。

（2）坡体内部裂隙发育，尤其垂直和平行斜坡延伸方向的陡裂缝发育，并且切割坡体的裂隙、裂缝可能贯通，使之与母体（山体）形成分离之势。

（3）坡体前部存在临空空间或有崩塌物发育，这说明曾经发生过崩塌，今后还可能再次发生。

具备上述特征的坡体，即是可能发生崩塌的崩塌体。尤其当上部拉张裂缝不断扩展、加宽，速度突增，小型坠落不断发生时，预示着崩塌很快就会发生，处于一触即发之势。

二、滑坡

滑坡是指斜坡上的岩（土）体受到降雨、地下水活动、河流冲刷、地震及人工切坡等因素的影响，在重力作用下沿着一定的软弱面或软弱带，整体或者分散地顺坡向下滑动的地质现象。滑体水平移动分量一般大于垂直移动分量。

（一）滑坡的形成条件

自然界中，无论天然斜坡还是人工边坡都不是固定不变的，在各种自然因素和人为因素的影响下，斜坡一直处于不断发展和变化之中。滑坡的形成条件主要有地形地貌、地层岩性、地质构造、水文地质条件和人为活动等因素。

1. 地形地貌

斜坡的高度、坡度、形态和成因与斜坡的稳定性有着密切的关系。高陡斜坡比低缓斜坡更容易失稳而发生滑坡。斜坡的成因、形态反映了斜坡的形态历史、稳定程度和发展趋势，对斜坡的稳定性也会产生重要的影响。

2. 地层岩性

地层岩性是滑坡产生的物质基础。虽然不同地质时代、不同岩性的地层中都可能形成滑坡，但滑坡产生的数量和规模与岩性有密切的关系。岩性软弱的地层，在水和其他外营力作用下易形成滑动带，从而具备产生滑动的基本条件。

3. 地质构造

地质构造与滑坡的形成和发展的关系主要表现在两个方面：①滑坡沿断裂破碎带往往成群分布；②各种软弱结构面（如断层面、节理面岩层面及不整合面等）控制了滑动面位置及滑坡的范围。

4. 水文地质条件

各种软弱层、强烈风化带因组成物质中细粒成分多，容易阻隔、汇聚地下水，如果山坡上方或侧面有丰富的地下水补给，则这些软弱层或风化带就可能成为滑动面而诱发滑坡。地下水在滑坡的形成和发展过程中所起到的作用表现为：①地下水进入滑坡体增加了滑体的重量，滑带土在水的浸润下抗剪强度降低；②地下水位上升产生静水压力对上覆岩层产生浮托力，降低了有效正应力和摩擦阻力；③地下水与周围岩体长期作用改变岩土性质和强度，从而引发滑坡；④地下水运动产生的动水压力对滑坡的形成和发展起促进作用。

（二）滑坡特征与形态要素

滑坡是在自然作用和人类活动等因素作用下，斜坡上的岩（土）体在重力作用下发生向下滑动的现象。滑坡的特征首先表现如下：

（1）发生变形破坏的岩（土）体以水平位移为主，除滑体边缘存在较为少数的崩离碎块和翻转现象外，滑体上各部分的相对位置在滑动前后变化不大。

（2）滑动体始终沿着一个或者几个软弱带滑动，即存在依附面，岩（土）体中各种成因结构面均有可能成为滑动面，如不整合面、贯通的节理裂隙面、岩层层面等。

（3）滑坡滑动的过程可以在瞬间完成，也可能持续几年或更长的时间。规模较大的"整体"滑动一般滑移速度较慢，为缓慢、长期或者间歇性的滑动。

一个发育完全的典型滑坡一般包括下列要素(图 2-9)。

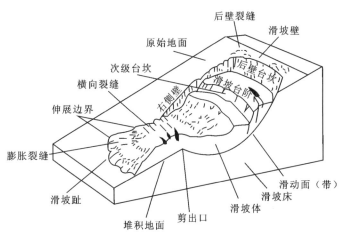

图 2-9 典型滑坡基本要素示意图

（1）滑坡体：指滑坡发生后与母体脱离、经过滑动的那部分岩（土）体。因整体性滑动，岩（土）体内部相对位置基本不发生变化，故基本能保持原来的层序和结构面网络，但在滑动动力作用下会产生褶皱和裂隙等变形，与滑体外围的非动体比较，滑体中的岩（土）体明显松动或异常破碎。

（2）滑坡床：指滑坡体之下未经滑动的岩（土）体。它基本上未发生变形，完全保持原有结构。只有前缘部分因滑体的挤压而产生一些挤压裂隙，在滑坡壁后缘部分出现弧形拉张裂隙，两侧有剪切裂隙发生。

（3）滑动面（带）：它是滑体与滑床之间的分界面，也就是滑体沿之滑动、与滑床相接触的面。由于滑动的过程中滑体与滑床之间的摩擦，滑动面附近的土石受到揉皱、碾磨，发生片理或糜棱理。滑动面一般是较光滑的，有时还可看到擦痕。强烈的摩擦可形成厚度为数厘米至数米的破碎带，常称为滑动带。根据岩（土）体性质和结构不同，滑动面（带）的空间性状是多样的，大致可以分为圆弧状、平面状和阶梯状。

(4)滑坡周界:指滑坡体与其周围不动体在平面上的分界线,它决定了滑坡的范围。

(5)滑坡壁:滑体后部滑下后形成的母岩陡壁,暴露在外面的部分,平面上多呈圈椅状。

(6)滑坡台阶:由于各段滑体下滑的速度和幅度的差异而在滑体上部形成的滑坡错台,常出现数个陡坎和高程不同的平缓台面。

(7)封闭洼地:滑体与滑坡壁之间拉开成沟槽,相邻滑体形成反坡地形,形成四周高、中间低的封闭洼地。

(8)滑坡趾:在滑坡体前缘伸出形如舌状的部位,前段往往伸入沟谷或河流,甚至越过河对岸。最前端滑坡面出露地表的部位称为滑坡剪出口,滑坡舌根部隆起部分称为滑坡鼓丘。

(9)滑坡裂隙:滑坡体在滑动过程中因各部位受力性质、受力大小和滑动速率的差异而产生的裂隙。分为4类:①分布在滑坡体上部的拉张裂隙;②分布在滑体中部两侧的剪切裂隙;③分布在滑坡体中下部的扇状裂隙;④分布在滑坡体下部的鼓张裂隙。

(10)滑坡轴(主滑线):滑坡在滑动时,运动速度最快的纵向线,它代表滑体的运动方向,位于滑床凹槽最深的纵断面上,可为直线或曲线。

以上滑坡诸要素只有发育完全的新生滑坡才同时具备,并非任一滑坡都同时具备。

(三)滑坡分类

根据滑坡体的物质组成和结构形式等主要因素,可按表2-3进行分类。根据滑坡体厚度、运移形式、成因、稳定程度、形成年代和规模等其他因素,可按表2-4进行分类。

表2-3 滑坡物质和结构因素分类

类型	亚类	特征描述
堆积层（土质）滑坡	滑坡堆积体滑坡	由前期滑坡形成的块碎石堆积体,沿下伏基岩或体内滑动
	崩塌堆积体滑坡	由前期崩塌等形成的块碎石堆积体,沿下伏基岩或体内滑动
	崩滑堆积体滑坡	由前期崩滑等形成的块碎石堆积体,沿下伏基岩或体内滑动
	黄土滑坡	由黄土构成,大多发生在黄土体中,或沿下伏基岩面滑动
	黏土滑坡	由具有特殊性质的黏土构成,如昔格达组、成都黏土等
	残坡积层滑坡	由基岩风化壳、残坡积土等构成,通常为浅表层滑动
	人工填土滑坡	由人工开挖堆填弃渣构成,次生滑坡
岩质滑坡	近水平层状滑坡	由基岩构成,沿缓倾岩层或裂隙滑动,滑动面倾角≤10°
	顺层滑坡	由基岩构成,沿顺坡岩层滑动
	切层滑坡	由基岩构成,常沿倾向山外的软弱面滑动。滑动面与岩层层面相切,且滑动面倾角大于岩层倾角
	逆层滑坡	由基岩构成,沿倾向坡外的软弱面滑动,岩层倾向山内,滑动面与岩层层面相反
	楔体滑坡	在花岗岩、厚层灰岩等整体结构岩体中,沿多组软弱面切割成的楔体滑动
变形体	危岩体	由基岩构成,受多组软弱面控制,存在潜在崩滑面,已发生局部变形破坏
	堆积层变形体	由堆积体构成,以蠕滑变形为主,滑动面不明显

表 2-4 滑坡其他因素分类表

有关因素	名称类别	特征说明
滑体厚度	浅层滑坡	滑坡体厚度在 10m 以内
	中层滑坡	滑坡体厚度在 10~25m 之间
	深层滑坡	滑坡体厚度在 25~50m 之间
	超深层滑坡	滑坡体厚度超过 50m
运动形式	推移式滑坡	上部岩层滑动,挤压下部产生变形,滑动速度较快,滑体表面波状起伏,多见于有堆积物分布的斜坡地段
	牵引式滑坡	下部先滑,使上部失去支撑而变形滑动。一般速度较慢,多具上小下大的塔式外貌,横向张性裂隙发育,表面多呈阶梯状或陡坎状
发生原因	工程滑坡	由于施工或加载等人类工程活动引起滑坡。还可细分为①工程新滑坡:由于开挖坡体或建筑物加载所形成的滑坡;②工程复活古滑坡:原已存在的滑坡,由于工程扰动引起复活的滑坡
	自然滑坡	由于自然地质作用产生的滑坡。按其发生的相对时代可分为古滑坡、老滑坡、新滑坡
现今稳定程度	活动滑坡	发生后仍继续活动的滑坡。后壁及两侧有新鲜擦痕,滑体内有开裂、鼓起或前缘有挤出等变形迹象
	不活动滑坡	发生后已停止发展,一般情况下不可能重新活动,坡体上植被较盛,常有老建筑
发生年代	新滑坡	现今正在发生滑动的滑坡
	老滑坡	全新世以来发生滑动,现今整体稳定的滑坡
	古滑坡	全新世以前发生滑动,现今整体稳定的滑坡
滑体体积 ($\times 10^4 m^3$)	小型滑坡	<10
	中型滑坡	10~100
	大型滑坡	100~1 000
	特大型滑坡	1 000~10 000
	巨型滑坡	>10 000

(四)滑坡的判断及识别方法

在野外,根据滑坡体的一些外表迹象和特征,可以从宏观角度粗略地判断滑坡的稳定性。

(1)不稳定的滑坡体常具有如下的迹象:滑坡体表面总体坡度较陡,而且延伸很长,坡面高低不平;有滑坡平台,面积不大,且有向下缓倾和未夷平现象;滑坡表面有泉水、湿地且有新生冲沟;滑坡表面有不均匀沉陷的局部平台,参差不齐;滑坡前缘土石松散,小型坍塌时有发生,并面临河水冲刷的危险;滑坡体上无巨大直立树木。

(2)已经稳定的老滑坡体有以下特征:滑坡后壁较高,长满了树木,找不到擦痕且十分稳定;滑坡平台宽大且已经夷平,土体密实,有沉陷现象;滑坡前缘的斜坡较陡,土体密实,长满了树木,无松散崩塌现象,前缘迎河部分有被河水冲刷过的现象;目前的河水远离滑坡的舌部,甚至在舌部外已有漫滩、阶地分布;滑坡体两侧的自然冲刷沟切割很深,甚至已达基岩;滑坡体舌部的坡脚有清澈的泉水流出等。

三、泥石流

泥石流是发生在山区的一种携带有大量泥沙、石块的暂时性湍急水流,其固体物质的含量有时超过水量,是介于砂水流和滑坡之间的土石、水、气混合或颗粒剪切流。泥石流是山地环境退化、地表侵蚀作用加剧、水土泥沙骤然流失的产物,多发生在新构造运动强烈、地震频发的山区沟谷中。泥石流具有暴发突然、流速极快、挟带力强、历时短暂以及破坏性大等特点,可在短时间内冲毁地表建筑、运输线路、桥梁等设施,甚至毁坏整个城镇和途经的居民点,造成重大的人员伤亡和财产损失。

(一)泥石流的形成条件

泥石流的形成和发展与流域内的地形、地质以及气象水文条件密切相关,同时也受到人类活动的广泛影响。

1. 地形条件(势源、动力源)

泥石流总是发生在陡峻的山岳地区,一般情况下,泥石流多沿着纵坡降较大的狭窄沟谷活动。这种陡峻的地形条件为泥石流发生、发展提供了充足的位能,赋予泥石流一定的侵蚀、搬运及堆积的能量。每一处泥石流自成一个流域,典型泥石流流域可以划分出形成区、流通区以及堆积区3个区段。

2. 地质条件(物源)

流域地质条件决定了松散物质的来源、组成、结构、补给方式和速度等,凡泥石流发育的地区,往往都是岩层性质结构疏松软弱、风化强烈、地质构造复杂、新构造运动活跃、地震频发、崩塌和滑坡灾害多发的地段,为泥石流提供了丰富的固体物质来源,也为泥石流活动提供了动能。

3. 气象水文条件(水源)

泥石流的形成必须有强烈的暂时性地表径流,它为暴发泥石流提供动力条件。暂时性地表径流来源于暴雨、冰雪融化和水体溃决等,由此可将泥石流划分为暴雨型、冰雪融化型及水体溃决型等类型。

4. 其他条件

土壤和植被直接影响地表径流的形成和泥石流的形成及泥石流搬运物质的颗粒级配。由于人类活动导致地质和生态环境的恶化,更促使泥石流加剧。山区滥伐森林,不合理开垦土地,破坏植被和生态平衡,造成水土流失,并产生大面积山体崩塌和滑坡,为暴发泥石流提供了固体物质来源。此外,采矿堆渣和水库溃决等,也可导致泥石流发生。

综上所述,有陡峻便于集水、集物的地形,有丰富的松散物质来源,短时间内有大量的水来源,是形成泥石流的3个基本条件。

(二)泥石流的分类

泥石流的分类是对泥石流本质的概括。国内外学者先后提出了多种分类方案,各种分类都从不同的侧面反映了泥石流的某些特征。表2-5是对一些主要分类方案的总结。

表2-5 泥石流分类表

分类指标	分 类	特 征
水源类型	暴雨型泥石流	由暴雨因素激发形成的泥石流
	溃决型泥石流	由水库、湖泊等溃决因素激发形成的泥石流
	冰雪消融型泥石流	由冰雪消融水流激发形成的泥石流
	泉水型泥石流	由泉水因素激发形成的泥石流
地貌部位	山区泥石流	峡谷地形,坡陡势猛,破坏性大
	山前区泥石流	宽谷地形,沟长坡缓势较弱,危害范围大
流域形态	沟谷型泥石流	流域呈扇形或狭长条形,沟谷地形,沟长坡缓,规模大,一般能划分出泥石流的形成区、流通区和堆积区
	山坡型泥石流	流域呈斗状,无明显流通区,形成区与堆积区直接相连,沟短
物质组成	泥流	由细粒土组成,夹砂砾,黏度大,颗粒均匀
	泥石流	由土、砂、石混杂组成,颗粒差异较大
	水石流	由砂、石组成,粒径大,堆积物分选性强
固体物质提供方式	滑坡型泥石流	固体物质主要由滑坡堆积物组成
	崩塌型泥石流	固体物质主要由崩塌堆积物组成
	沟床侵蚀泥石流	固体物质主要由沟床堆积物侵蚀提供
	坡面侵蚀泥石流	固体物质主要由坡面或冲沟侵蚀提供
流体性质	黏性泥石流	层流,有阵流,浓度大,破坏力强,堆积物分选性差
	稀性泥石流	紊流,散流,浓度小,破坏力较弱,堆积物分选性强
发育阶段	发育期泥石流	山体破碎不稳,日益发展,淤积速度递增,规模小
	旺盛期泥石流	沟坡极不稳定,淤积速度稳定,规模大
	衰败期泥石流	沟坡趋于稳定,以河床侵蚀为主,有淤有冲,由淤转冲
	停歇期泥石流	沟坡稳定,植被恢复,以冲刷为主,沟槽稳定

续表 2-5

分类指标	分类	特征
暴发频率 n(次/a)	极高频泥石流	$n \geqslant 10$
	中频泥石流	$1 \leqslant n < 10$
	低频泥石流	$0.1 \leqslant n < 1$
	间歇性泥石流	$0.01 \leqslant n < 0.1$
	老泥石流	$0.001 \leqslant n < 0.01$
	古泥石流	$n < 0.0001$
堆积物 体积 V ($\times 10^4 \mathrm{m}^3$)	巨型泥石流	$V > 50$
	大型泥石流	$20 \leqslant V \leqslant 50$
	中型泥石流	$2 \leqslant V < 20$
	小型泥石流	$V < 2$

四、地面塌陷

地面塌陷是指地表岩（土）体在自然或人为因素作用下向下陷落，并在地面形成塌陷坑（洞）的一种动力地质现象。坑洞大多呈圆形，直径几米到几十米，个别巨大的直径可达百米以上。深的达数十米，浅的只有几厘米到十几厘米。

（一）地面塌陷的原因

地震、地下工程、晚期溶洞、采矿、过量抽取地下水等都有可能造成地面塌陷，此外，持续干旱后，突然发生强降雨往往也可能造成局部地面的塌陷。

人类活动对地面塌陷的形成、发展产生了重要的作用。不合理的或强度过大的人类活动都有可能诱发或导致地面塌陷，常见的有以下几种情况：

（1）矿山采空。地下采矿活动造成一定范围的采空区，使上方岩体失去支撑，从而导致地面塌陷，这种人为活动是采矿区地面塌陷的主要原因。我国已有许多矿区发生了这类地面塌陷，产生了相当程度的危害。

（2）地下工程排水疏干。矿坑、隧道、人防及其他地下工程施工排疏地下水，使地下水位快速降低，其地表岩（土）体失去平衡而发生塌陷。

（3）过量抽取地下水。由于地下水位下降，地下水对岩石和土体的托浮力减小，土的有效重度增加，容易发生塌陷，尤其在岩溶发育地区。

（4）人工重载。地下有隐性洞穴或土壤过于松散时，如地面有重物堆积或压过，可引起地面塌陷。

（5）人工震动。地下有空洞的土壤上方如发生爆炸或有载重车或大型机械振动，也能引起地面塌陷。

(二)地面塌陷的类型

地面塌陷的形成原因复杂,种类很多。根据发育的地质条件和作用因素的不同,可分为不同的类型。常见的地面塌陷分类如下:

(1)按照成因分类,可以分为自然塌陷和人为塌陷两大类。自然塌陷是由于自然因素引起的地表岩石或土体向下陷落,如地震、降雨下渗、地下潜水、自重等。人为塌陷是因人为作用导致的地表塌落,如地下采矿、坑道排水、过量开采地下水、人工爆破等。在这两大类中,又可以根据具体因素分为许多类型,如地震塌陷、矿山采空塌陷等。

(2)按照地质条件分类,可以分为岩溶地面塌陷和非岩溶地面塌陷。岩溶地面塌陷分布在存在地下岩溶现象的地区,隐患分布广,数量多,发生频率高,诱发因素多,具有较强的隐蔽性和突发性,一旦发生规模较大,危害严重。非岩溶地面塌陷是由于非岩溶洞穴产生的塌陷,如采空塌陷、黄土地区黄土陷穴引起的塌陷、玄武岩地区其通道顶板产生的塌陷等多种类型。

五、地裂缝

地裂缝是指地表岩(土)体在自然或人为因素作用下产生开裂,并在地面形成一定长度和宽度裂缝的地质现象。地裂缝一般产生在第四纪松散沉积物中,分布没有很强的区域性规律,成因较多。其特征主要表现为发育的方向性、延展性和灾害的不均一性与渐进性。地裂缝可造成地面工程、地下工程、房屋和农田的损坏,给人民的生命财产造成损失。地裂缝往往伴随地面沉降或塌陷而产生,具有活动性。

(一)地裂缝的成因

(1)构造地裂缝:是由于地壳构造运动和外动力地质作用在基岩或土层中所产生的开裂变形。前者是地裂缝形成的前提条件,决定了地裂缝活动的性质和展布特征;后者是诱发因素,影响着地裂缝发生的时间、地点和发育程度。

构造地裂缝形成的外部因素主要有:①大气降水加剧裂缝发展;②人为活动,因过量地开采地下水或灌溉水渗入等都会加剧地裂缝的发展。

(2)非构造地裂缝:它的形成原因较为复杂,崩塌、滑坡、岩溶塌陷和矿山开采以及过量开采地下水等都会伴有地裂缝的形成;黄土湿陷、膨胀土胀缩、松散土潜蚀也可以造成地裂缝。此外,还有干旱、冻融引起的地裂缝等。

(二)地裂缝的分类

地裂缝的形成原因复杂多样。地壳活动、水的作用和部分人类活动是导致地面开裂的主要原因。按照地裂缝的成因,常将其分为以下几类:

(1)基底断裂活动裂缝。由于基底断裂长期蠕动,使岩体或土层逐渐开裂并显露于地表。

(2)隐伏裂隙开启裂缝。发育隐伏裂隙的土体,在地表水或地下水的冲刷、潜蚀作用下,裂隙中的物质被水带走,裂隙向上开启、贯通而成。

(3)地震裂缝。各种地震引起地面的强烈震动,均可产生地裂缝。

(4)松散土体潜蚀裂隙。由于地表水或地下水的冲刷、潜蚀、软化和液化作用,松散土体中部分颗粒随水流失,土体开裂而成。

(5)黄土湿陷裂隙。因黄土地层受到地表水或地下水的浸湿,产生沉陷而成,主要出现在黄土高原地区。

(6)胀缩裂隙。由于气候的干、湿变化,使膨胀土或淤泥质软土产生胀缩变化发展而形成。

(7)地面沉陷裂隙。因各类地面塌陷或过量开采地下水、矿山地下采空引起地面沉降过程中的岩(土)体开裂而形成。

(8)滑坡裂隙。由于斜坡滑动造成地表开裂而成。

此外,通常还按照形成地裂缝的动力原因,将地裂缝分为构造地裂缝、非构造地裂缝及混合成因地裂缝三大类。

六、地面沉降

地面沉降是指地壳表面在内力地质作用、外力地质作用与人类活动的作用下,地壳表面某一局部范围内或大面积的、区域性的沉降活动,其垂直位移一般大于水平位移。地面沉降的特点是发展比较缓慢,无仪器观测而难以察觉,一旦发生,即使除去地面沉降的原因也难以完全恢复。

(一)地面沉降的诱发因素

1. 自然动力地质因素

地球内营力地质因素包括地壳近期下降运动、地震、火山运动与基底构造等。由地壳运动所引起的地面下降是在漫长的地质历史时期中缓慢地进行的,其沉降速率较低;地球外营力作用包括溶解、氧化、冻融、蒸发等作用。

2. 人类活动

人类活动是诱发高速率地面沉降的重要因素。与地面沉降的发生和发展有关的人类活动有持续性超量抽取地下水、开采石油、开采水溶性气体等。

(二)地面沉降的类型

(1)按照发生地面沉降的地质环境划分为:①现代冲积平原型,如我国东部的几个大平原;②三角洲平原型,如长江三角洲的常州、无锡、苏州、嘉兴等城市发生的地面沉降;③断陷盆地型,又可分为近海式和内陆式两类。近海式指滨海平原,如宁波;内陆式为湖冲积平原,如大同和西安。

(2)按照地面沉降发生的原因划分为:①构造沉降。由地壳沉降运动引起的地面下沉现象。②抽汲地下水引起的地面沉降。由于过量抽汲地下水引起地下水位下降,在欠固结或半固结土层分布区,土层固结压密而造成的大面积地面下沉现象。③采空沉降。因地下大面积开采石油、天然气,采空引起顶板岩(土)体下沉而造成的地面碟状洼地现象。④抽汲卤水引起的地面沉降。

（三）地面沉降的危害

地面沉降所造成的破坏和影响是多方面的。其主要危害表现为：①地面标高损失，继而造成雨季地表积水，防泄洪能力下降；②沿海城市低地面积扩大、海堤高度下降而引起海啸倒灌；③海港建筑物破坏，装卸能力降低；④地面运输线和地下管线扭曲断裂；⑤城市建筑物基础下沉脱空开裂；⑥桥梁净空减小，影响通航；⑦深井井管上升，井台破坏，城市供水及排水系统失效；⑧农村低洼地区洪涝积水，使农作物减产；⑨一些园林古迹、亭台楼阁、回廊假山倾斜变形或遭到水淹等。

第三节　地质灾害调查与评估

多年来，我国先后在全国有计划地开展了1∶50万环境地质调查、大江大河和重要交通干线沿线地质灾害专项调查工作。1999年以来开展了县（市）地质灾害调查与区划工作，初步摸清了我国地质灾害分布情况，划分了易发区和危险区，建立了群测群防体系，有效减轻了地质灾害损失。但随着我国社会经济迅速发展，滑坡、崩塌、泥石流等地质灾害呈加剧趋势，严重危害人民群众生命财产安全和社会经济可持续发展。系统翔实的大比例尺地质灾害详细调查可为减灾防灾提供重要的基础地质依据。

地质灾害危险性评估是在查明各种致灾地质作用的性质、规模和承灾对象的社会经济属性（承灾对象的价值、可移动性等）的基础上，从致灾体稳定性、致灾体和承灾对象遭遇的概率上分析入手，对其潜在的危险性进行客观评估。

一、地质灾害调查的内容与要求

（一）崩塌调查

(1)崩塌区的地形地貌及崩塌类型、规模、范围，崩塌体的大小和崩落方向。
(2)崩塌区岩体的岩性特征、风化程度和水的活动情况。
(3)崩塌区的地质构造，岩体结构类型，结构面的产状、组合关系、闭合程度、力学属性、延展和贯穿情况，编绘崩塌区的地质构造图。
(4)气象（重点是大气降水）、水文和地震情况。
(5)崩塌前的迹象和崩塌原因，地貌、岩性、构造、地震、采矿、爆破、温差变化、水的活动等。
(6)当地防治崩塌的经验。

（二）滑坡调查

(1)搜集当地滑坡史、易滑地层分布、水文气象、工程地质图和地质构造图等资料，并调查分析山体地质构造。
(2)调查微地貌形态及其演变过程，圈定滑坡周界、滑坡壁、滑坡平台、滑坡舌、滑坡裂缝、滑坡鼓丘等；查明滑动带部位、滑痕指向、倾角，滑带的组成和岩土状态，裂缝的位置、方向、深度、宽度、产生时间、切割关系和力学属性；分析滑坡的主滑方向、滑坡的主滑段、抗滑段及其变化,分析滑动面的层数、深度和埋藏条件及其向上、向下发展的可能性。

（3）调查滑带水和地下水的情况,泉水出露地点及流量,地表水体、湿地分布及变迁情况。

（4）调查滑坡内外建筑物和树木等的变形、位移及其破坏的时间与过程。

（5）对滑坡的重点部位宜摄影和录像。

（6）调查当地整治滑坡的经验。

（三）泥石流的调查

调查范围应包括沟谷至分水岭的全部地段和可能受泥石流影响的地段。并应调查下列内容：

（1）冰雪融化和暴雨强度、前期降雨量、一次最大降雨量,平均及最大流量,地下水活动情况。

（2）地层岩性,地质构造,不良地质现象,松散堆积物的物质组成、分布和储量。

（3）沟谷的地形地貌特征,包括沟谷的发育程度、切割情况,坡度、弯曲、粗糙程度,划分泥石流的形成区、流通区和堆积区,并圈绘整个沟谷的汇水面积。

（4）形成区的水源类型、水量、汇水条件,山坡坡度,岩层性质及风化程度；查明断裂、滑坡、崩塌、岩堆等不良地质现象的发育情况及可能形成泥石流固体物质的分布范围、储量。

（5）流通区的沟床纵横坡度、跌水、急湾等特征,查明沟床两侧山坡坡度、稳定程度,沟床的冲淤变化和泥石流的痕迹。

（6）堆积区的堆积扇分布范围,表面形态,纵坡,植被,沟道变迁和冲淤情况；查明堆积物的性质、层次、厚度,一般粒径及最大粒径以及分布规律；判定堆积区的形成历史、堆积速度,估算一次最大堆积量。

（7）泥石流沟谷的历史,历次泥石流的发生时间、频数、规模、形成过程、暴发前的降雨情况和暴发后产生的灾害情况,并区分正常沟谷或低频率泥石流沟谷。

（8）开矿弃渣、修路切坡、砍伐森林、陡坡开荒及过度放牧等人类活动情况。

（9）当地防治泥石流的措施和经验。

（四）地面塌陷调查

地面塌陷包括岩溶塌陷和采空塌陷。宜以搜集资料、调查访问为主,分别查明下列内容。

（1）岩溶塌陷：①依据已有资料进行综合分析,掌握区内岩溶发育、分布规律及岩溶水环境条件；②查明岩溶塌陷的成因、形态、规模、分布密度、土层厚度与下伏基岩岩溶特征；③地表水、地下水动态及其与自然和人为因素的关系；④划分出变形类型和土洞发育区段；⑤调查岩溶塌陷对已有建筑物的破坏情况,圈定可能发生岩溶塌陷的区段。

（2）采空塌陷：①矿层的分布、层数、厚度、深度、埋藏特征和开采层的岩性、结构等；②矿层开采的深度、厚度、时间、方法,顶板支撑及采空区的塌落、密实程度、空隙和积水等；③地表变形特征和分布规律,包括地表陷坑、台阶,裂缝位置、形状、大小、深度、延伸方向及其与采空区、地质构造、开采边界、工作面推进方向等的关系；④地表移动盆地的特征,划分中间区、内边缘区和外边缘区,确定地表移动和变形的特征值；⑤采空区附近的抽、排水情况及对采空区稳定性的影响；⑥搜集建筑物变形及其处理措施的资料等。

（五）地裂缝调查

对地裂缝主要调查以下内容：①单缝发育规模和特征以及群缝分布特征与分布范围；②形成的地质环境条件（地形地貌、地层岩性、构造断裂等）；③地裂缝的成因类型和诱发因素（地下水开采等）；④发展趋势预测；⑤现有防治措施和效果。

（六）地面沉降调查

对地面沉降主要调查由于常年抽汲地下水引起水位或水压下降而造成的地面沉降，不包括由于其他原因所造成的地面沉降。主要通过搜集资料、调查访问，查明地面沉降原因、现状和危害情况。着重查明下列问题：

(1)综合分析已有资料，查明第四纪沉积类型、地貌单元特征，特别要注意冲积、湖积和海相沉积的平原或盆地及古河道、洼地、河间地块等微地貌的分布；第四系岩性、厚度和埋藏条件，特别要查明压缩层的分布。

(2)查明第四系含水层的水文地质特征、埋藏条件及水力联系；搜集历年地下水动态、开采量、开采层位和区域地下水位等值线图等资料。

(3)根据已有地面测量资料和建筑物实测资料，同时结合水文地质资料进行综合分析，初步圈定地面沉降范围和判定累计沉降量，并对地面沉降范围内已有建筑物损坏情况进行调查。

（七）潜在不稳定斜坡调查

对潜在不稳定斜坡主要调查建筑场地范围内可能发生滑坡、崩塌等潜在隐患的陡坡地段。调查的内容包括以下几方面：

(1)地层岩性、产状、断裂、节理、裂隙发育特征、软弱夹层岩性、产状、风化残坡积层岩性、厚度。

(2)斜坡坡度、坡向、地层倾向与斜坡坡向的组合关系。

(3)调查斜坡周围，特别是斜坡上部暴雨、地表水渗入或地下水对斜坡的影响，人为工程活动对斜坡的破坏情况等。

(4)对可能构成崩塌、滑坡的结构面的边界条件、坡体异常情况等进行调查分析，以此判断斜坡发生崩塌、滑坡、泥石流等地质灾害的危险性及可能的影响范围。

有下列情况之一者，应视为可能失稳的斜坡：①各种类型的崩滑体；②斜坡岩体中有倾向坡外、倾角小于坡角的结构面存在；③斜坡被两组或两组以上结构面切割，形成不稳定棱体，其底棱线倾向坡外，且倾角小于斜坡坡角；④斜坡后缘已产生拉裂缝；⑤顺坡向卸荷裂隙发育的高陡斜坡；⑥岸边裂隙发育、表层岩体已发生蠕动或变形的斜坡；⑦坡足或坡基存在缓倾的软弱层；⑧位于库岸或河岸水位变动带，渠道沿线或地下水溢出带附近，工程建成后可能经常处于浸湿状态的软质岩石或第四纪沉积物组成的斜坡；⑨其他根据地貌、地质特征分析或用图解法初步判定为可能失稳的斜坡。

（八）其他灾种

根据现场实际情况，可增加调查灾种，并参照国家有关规范的要求进行。

二、地质灾害评估的基本要求、范围和级别

(一)基本要求

(1)在地质灾害易发区内进行工程建设,必须在可行性研究阶段进行地质灾害危险性评估;在地质灾害易发区内进行城市总体规划、村庄和集镇规划时,必须对规划区进行地质灾害危险性评估。

(2)地质灾害危险性评估,必须对建设工程遭受地质灾害的可能性和该工程在建设中和建成后引发地质灾害的可能性作出评价,提出具体的预防和治理措施。

(3)地质灾害危险性评估的灾种主要包括崩塌、滑坡、泥石流、地面塌陷(含岩溶塌陷和矿山采空塌陷)、地裂缝和地面沉降等。

(4)地质灾害危险性评估的主要内容是阐明工程建设区和规划区的地质环境条件的基本特征;对工程建设区和规划区各种地质灾害的危险性,进行现状评估、预测评估和综合评估;提出防治地质灾害的措施和建议,并作出建设场地适宜性评估的结论。

(5)地质灾害危险性评估工作,必须在充分搜集利用已有遥感影像、区域地质、矿产地质、水文地质、工程地质、环境地质和气象水文等资料的基础上,进行地面调查,必要时可适当进行物探、坑槽探和取样测试。

(二)地质灾害危险性评估的范围

地质灾害危险性评估的范围,不能局限于建设用地和规划用地面积内,应根据建设和规划项目的特点、地质环境条件和地质灾害的种类确定,具体要求是:

(1)若危险性仅限于用地面积内,则按用地范围进行评估。

(2)崩塌、滑坡的评估范围应以第一斜坡带为限。

(3)泥石流必须以完整的沟道流域面积为评估范围。

(4)地面塌陷和地面沉降的评估范围应与初步推测的可能范围一致。

(5)地裂缝应与初步推测的可能延展、影响范围一致。

(6)当建设工程和规划区位于强震区,工程场地内分布有可以产生明显位错或构造性地裂缝的全新活动断裂或发震断裂时,评估范围应包括邻近地区活动断裂的一些特殊构造部位(不同方向的活动断裂的交会部位、活动断裂的拐弯段、强烈活动部位、端点及断裂上不平滑处等)。

(7)重要的线路工程建设项目,评估范围一般应以相对线路两侧扩展500~1 000m为限。

(8)在已进行地质灾害危险性评估的城市规划区范围内进行工程建设,建设工程处于已划定为危险性大—中等的区段,还应按建设工程项目的重要性与工程特点进行建设工程地质灾害危险性评估。

(9)区域性工程项目的评估范围,应根据区域地质环境条件和工程类型确定。

(三)地质灾害危险性评估的分级

地质灾害危险性评估的分级,应根据地质环境条件复杂程度(表2-6)和建设项目的重要

性(表 2-7)划分为 3 级,见表 2-8。在充分搜集分析已有资料的基础上,编制评估工作大纲,明确任务,确定评估范围和级别,拟定地质灾害调查内容和重点、工作部署、工作量,提出质量监控措施和成果等。

表 2-6　地质环境条件复杂程度表

级别	复杂	中等	简单
特征	地质灾害发育强烈	地质灾害发育中等	地质灾害一般不发育
	地形与地貌类型复杂	地形较简单,地貌类型单一	地形简单,地貌类型单一
	地质构造复杂,岩性、岩相变化大,岩(土)体工程性质不良	地质构造较复杂,岩性、岩相不稳定,岩(土)体工程性质较差	地质构造较简单,岩性单一,岩(土)体工程性质良好
	工程地质、水文地质条件不良	工程地质、水文地质条件较差	工程地质、水文地质条件良好
	破坏地质环境的人类工程活动强烈	破坏地质环境的人类工程活动较强烈	破坏地质环境的人类工程活动一般

注:每类 5 项条件中,有一条符合条件者即划为该类型。

表 2-7　建设项目重要性分类表

项目类型	项目类别
重要建设项目	开发区建设,城镇新区建设,放射性设施,军事设施,核电厂,二级及二级以上公路、铁路、机场,大型水利工程、电力工程、港口码头、矿山、集中供水水源地、工业建筑、民用建筑、垃圾处理场、水处理厂等
较重要建设项目	新建村庄,三级及三级以下公路,中型水利工程、电力工程、港口码头、矿山、集中供水水源地、工业建筑、民用建筑、垃圾处理场、水处理厂等
一般建设项目	小型水利工程、电力工程、港口码头、矿山、集中供水水源地、工业建筑、民用建筑、垃圾处理场、水处理厂等

表 2-8　地质灾害危险性评估的分级表

项目重要性＼复杂程度	复杂	中等	简单
重要建设项目	一级	一级	二级
较重要建设项目	一级	二级	三级
一般建设项目	二级	三级	三级

(四)地质灾害危险性评估的深度要求

1. 一级评估

(1)应有充足的基础资料,进行充分论证。
(2)必须对评估区分布的各类地质灾害体的危险性和危害程度逐一进行现状评估。
(3)在建设场地和规划区范围内,对工程建设可能引发或加剧的和本身可能遭受的各类地质灾害的可能性和危害程度分别进行预测评估。
(4)依据现状评估和预测评估结果,综合评估建设场地和规划区地质灾害危险性程度,分区段划分出危险性等级,说明各区段主要地质灾害种类和危害程度。对建设场地适宜性作出评估,并提出有效防治地质灾害的措施和建议。

2. 二级评估

(1)应有足够的基础资料,进行综合分析。
(2)必须对评估区域分布的各类地质灾害的危险性和危害程度逐一进行初步现状评估。
(3)在建设场地范围和规划区内,对工程建设可能引发或加剧的和本身可能遭受的各类地质灾害的可能性和危害程度分别进行初步预测评估。
(4)在上述评估的基础上,综合评估其建设场地和规划区地质灾害危险性程度,分区段划分出危险性等级。说明各区段主要地质灾害种类和危害程度,对建设场地适宜性作出评估,并提出可行性的地质灾害防治措施和建议。

3. 三级评估

应对必要的基础资料进行分析,参照一级评估要求的内容,作出概略评估。

三、地质灾害危险性评估的内容

地质灾害危险性评估包括地质灾害危险性现状评估、地质灾害危险性预测评估和地质灾害危险性综合评估。

(一)地质灾害危险性现状评估

基本查明评估区已发生的崩塌、滑坡、泥石流、地面塌陷(含岩溶塌陷和矿山采空塌陷)、地裂缝和地面沉降等灾害形成的地质环境条件、分布、类型、规模、变形活动特征,主要诱发因素与形成机制,对其稳定性进行初步评价,在此基础上对其危险性和对工程危害的范围、程度作出评估。

(二)地质灾害危险性预测评估

对工程建设场地和可能危及工程建设安全的邻近地区,可能引发或加剧的、工程本身可能遭受的地质灾害的危险性作出评估。

地质灾害的发生是各种地质环境因素相互影响、不等量共同作用的结果。预测评估必须在对地质环境因素系统分析的基础上,判断降水或人类活动因素等激发下,某一个或一个以上的地质环境因素的变化,导致致灾体处于不稳定状态,预测评估地质灾害的范围、危险性和危害程度。

地质灾害危险性预测评估内容包括：

(1)对工程建设中和建成后可能引发或加剧崩塌、滑坡、泥石流、地面塌陷、地裂缝和不稳定的高陡边坡变形等的可能性、危险性和危害程度作出预测评估。

(2)对建设工程自身可能遭受已存在的崩塌、滑坡、泥石流、地面塌陷、地裂缝、地面沉降等危害隐患和潜在不稳定斜坡变形的可能性、危险性和危害程度作出预测评估。

(3)对各种地质灾害危险性预测评估可采用工程地质比拟法、成因历史分析法、层次分析法、数字统计法等定性和半定量的评估方法进行。

(三)地质灾害危险性综合评估

依据地质灾害危险性现状评估和预测评估结果,充分考虑评估区的地质环境条件的差异和潜在的地质灾害隐患点的分布、危险程度,确定判别区段危险性的量化指标,根据"区内相似,区际相异"的原则,采用定性、半定量分析法,进行工程建设区和规划区地质灾害危险性等级分区(段),并依据地质灾害危险性、防治难度和防治效益,对建设场地的适宜性作出评估,提出防治地质灾害的措施和建议。

(1)地质灾害危险性综合评估,危险性划分为危险性大、危险性中等和危险性小3级。

(2)建设用地适宜性分类如表2-9所示。

(3)地质灾害危险性综合评估应根据各区(段)存在的和可能引发的灾种的多少、规模、稳定性和承灾对象的社会经济属性等综合判定。

(4)分区(段)评估结果,应列表说明各区(段)的工程地质条件以及存在和可能诱发的地质灾害种类、规模、稳定状态、对建设项目的危害情况并提出防治要求。

表2-9 建设用地适宜性分类表

级别	分类说明
适宜	地质环境简单。工程建设遭受地质灾害危害的可能性小,引发、加剧地质灾害的可能性小,危险性小,易于处理
基本适宜	不良地质现象较发育、地质构造、地层岩性变化较大,工程建设遭受地质灾害的可能性中等,引发、加剧地质灾害的可能性中等,危险性中等,但可采取措施予以处理
适宜性差	地质灾害发育强烈,地质构造复杂,软弱结构发育,工程建设遭受地质灾害的可能性大,引发、加剧地质灾害的可能性大、危险性大。防治难度大

四、地质灾害危险性评估成果

2014年在《国土资源部关于加强地质灾害危险性评估工作的通知》中,对地质灾害危险性评估的成果报告,提出以下要求：

地质灾害危险性评估成果应包括地质灾害危险性评估报告书或说明书,并附评估区地质灾害分布图、地质灾害危险性综合分区评估图和有关的照片、地质地貌剖面图等。

地质灾害危险性一级、二级评估,要求提交地质灾害危险性评估报告书;三级评估应提交地质灾害危险性评估说明书。

第四节　地质灾害勘查与防治

一、地质灾害勘查目的与内容

1. 勘查目的

地质灾害勘查的目的是为了科学地确定地质体的特征、稳定性和发展趋势,为分析地质灾害发生的危险性,论证地质灾害防治的可行性和比选防治工程方案,最终确定是否需要治理,采取躲避方案或实施防治工程等不同对策提供依据。地质灾害勘查的最终成果要满足地质灾害防治工程可行性研究与设计施工对地质资料的需求。

2. 勘查内容

(1)灾情调查。主要查明已经造成的危害,如人员伤亡、直接经济损失、间接经济损失和生态环境破坏及其特点。

(2)区域调查。主要调查地质灾害形成的区域地形地貌环境和地质环境,特别是新构造期以来的地球表层动力学特征。

(3)具体地质灾害体的勘查。采用工程手段和简易监测方法,勘查地质灾害体的形态、结构和主要作用因素及其变化等,采用地质历史分析法综合评价其稳定性。

(4)室内外试验。根据稳定性评价分析的需求,有目的地在适当位置开展现场原位试验,采取样品进行室内试验。

(5)成因机制分析、研究模拟和稳定性评价。综合上述几方面的资料,分析地质体破坏的成因机制,抽象提取正确的地质模型,开展物理模拟和数学模拟,最后进行定性分析和定量评价。

(6)进行防治工程可行性论证,提出防治工程规划方案。根据灾情调查和勘查评价结论,作出未来危险性预测,初步提出并论证不需要治理、需要治理和必须搬迁躲避或综合方案的依据、布置与工程概算。

二、地质灾害勘查阶段划分

将地质灾害勘查分为5个阶段,各阶段勘查的特点、勘查的目的和任务各不相同,如表2-10所示。

表 2-10　地质灾害勘查阶段划分

勘查阶段	特点	目的	任务
规划前勘查	具有区域性和个体综合的特点,以区域地质背景为依据,完成区域地质灾害防治规划,体现个体的危险性差异,分类型、分阶段地进行规划设计	为区域地质灾害防治规划提供地质调(勘)查依据,使规划防治的崩塌、滑坡和塌岸具体与准确,提出合理的防治规划建议,尽量节约国家投入的防治费用	以现场踏勘和评价为基础,对拟规划为工程治理的灾害点进行简要勘查,对拟规划为搬迁避让的地质灾害点进行地质调查,初步调(勘)查评价其地质环境规模、结构、稳定性和危害对象,对地质灾害的危险性、危害性和防治的必要性作出基本评价,提出防治对策和防治方案意向性意见,提出防治规划建议,提交调(勘)查报告,为防治规划编制提供地质调(勘)查依据
可行性勘查	以个体地质灾害点为对象,以灾害点所处区的地质环境为依据,可行性勘查,确定防治的必要性和可行性	为地质灾害点防治工程可行性研究提供地质勘查依据,确定地质灾害体工程治理的必要性和可行性,提出合理的防治工程建议	在规划前勘查的基础上,进行可研勘查,论证对致灾地质体进行工程治理的必要性和可行性。勘查其产出的地质环境、边界条件、规模、岩(土)体结构、水文地质条件、有关稳定性计算的参数,对稳定性进行分析与计算,并作出综合评价,分析其成灾的可能性、成灾的条件,调查其危害范围及实物指标,分析论证防治的必要性和可行性,进行工程治理与搬迁避让的比较,提出工程防治方案建议。为可行性研究提供必要的地质资料
初步设计勘查	以个体地质灾害点为对象,满足防治工程设计需求,具有明显的针对性	为地质灾害点防治工程初步设计提供地质勘查依据,提供设计所需的工程地质参数,提出合理的防治工程措施、工程施工等方面的建议	在充分分析、利用已有资料及可研阶段勘查成果的基础上,根据可研方案设计的工程布置及尚需研究的地质问题,对设计的治理工程轴线、场地和重点部位进行针对性的工程地质勘探和测试,进一步查明边界条件,复核有关物理力学指标及计算参数,为治理工程初步设计提供所需的工程地质资料。对治理工程措施、结构型式、埋置深度和工程施工等提出工程地质方面的要求和建议
施工图设计勘查	具有全面性、针对性和准确性的特点,对地质灾害点的地质条件、组成结构和施工所揭露的地质现象进行全面和准确把握,针对需要补充的重大工程地质问题开展工作	为地质灾害点防治工程施工图设计提供地质勘查依据,为优化工程设计提供准确的地质依据	对初步设计审批中要求补充论证的重大工程地质问题进行专门性或复核性勘查。施工期间开展地质工作,对开挖所揭露地质现象进行地质素描、地质编录和检验,验证已有的勘查成果;必要时补充更正勘查结论,并将新的地质信息反馈设计和施工。当勘查成果与实际情况明显不符、不能满足设计施工需要或设计有特殊需要时,应进行施工勘查。施工勘查应充分利用已有施工工程

续表 2-10

勘查阶段	特点	目的	任务
应急勘查	具有紧急性、迫切性和易发性的特点，地质灾害处于不稳定状态，勘查和治理的时间紧急，迫切需要处置，灾害体受扰动容易加速变形和破坏	为地质灾害点应急处置提供地质依据，使应急处置方案更加合理，降低地质灾害所带来的损失	以专家现场踏勘和评价为依据，初步判定地质灾害近期稳定性的变化趋势，对于已处于临滑状态且无法治理的灾害体，预测发生的时间；对于可治理的灾害体，进行地质调查，在确保不诱发的前提下，进行简易的勘查，评价其稳定性发展趋势，为应急治理设计提供工程地质依据

三、地质灾害防治工程勘查阶段划分

（1）地质灾害防治工程勘查应视情况确定是否分阶段进行。当致灾地质体规模不大、基本要素明显或地质条件简单或灾情危急、需立即抢险治理时，宜进行一次性勘查；当致灾地质体规模大、基本要素不明显或地质环境复杂时，应分控制性勘查和详细勘查两个阶段进行。

（2）地质灾害防治工程控制性勘查应在充分搜集分析以往地质资料的基础上，根据需要进行调查测绘勘探和测试等工作，查明地质灾害的基本成因、形成机制，对致灾地质体在现状和规划状态下的稳定性作出初步分析并对致灾地质体的危险性作出评价，作出是否需要进行详细勘查和防治的结论，控制性勘查成果应能作为详细勘查的依据，但一般不宜作为地质灾害防治工程设计的依据。

（3）地质灾害防治工程详细勘查应考虑城镇建设、移民迁建、道路、沿江港口码头及岸坡治理等规划建设的需要，依据控制性勘查的结果，结合可能采取的治理方案部署工作量，分析评价致灾地质体在现状和规划状态下的稳定性及发生灾害的可能性，并提出防治方案建议。详勘成果应能作为地质灾害防治工程设计依据。

（4）一次性勘查的工作程度应符合详细勘查的基本要求。

（5）地质灾害防治工程施工期间应开展地质工作，对开挖形成的边坡、基坑和洞体进行地质素描、编录与检验，验证已有的勘查成果；必要时补充更正勘查结论，并将新的地质信息反馈设计和施工。当勘查成果与实际情况明显不符、不能满足设计施工需要或设计有特殊需要时，应进行施工勘查。施工勘查应充分利用已有的施工工程。

四、地质灾害防治工程勘查设计

地质灾害防治工程控制性勘查、详细勘查或一次性勘查实施前均应进行勘查设计。

地质灾害防治工程勘查设计书应包含以下主要内容：

（1）前言，包括勘查依据、目的任务、前人研究程度、执行的技术标准、勘查范围、防治工程等级。

（2）勘查区自然地理条件，包括位置与交通状况、气象、水文、社会经济概况。

（3）勘查区地质环境概况，包括地形地貌、地层岩性、地质构造与地震、水文地质、不良地质

现象、破坏地质环境的人类工程活动、地质环境复杂程度。

(4)致灾地质体基本特征,包括形态特征、边界条件、物质组成、近期变形特征、发育阶段、影响因素及形成机制、破坏模式及其危险性。

(5)勘查工作部署,包括勘查手段的选择、勘查工作比例尺的确定、地质测绘及勘探点密度的确定、控制测量、地形测量、定位测量的布置,工程地质测绘、控制剖面的布置,物探、钻探、槽探、井探、洞探等勘探工作的布置,水文地质试验、岩土现场试验、岩土水样的采集及试验的布置,监测工作的布置以及各种方法的工作量等。

(6)技术要求,包括各种手段、方法的技术要求及精度。

(7)勘查进度计划,包括各项勘查工作的时间安排及勘查总工期(用进度横道图表示)。

(8)保障措施,包括人员组织、仪器、设备、材料、资金配置,质量保证措施、安全保障措施。

(9)经费预算(含执行的定额标准)。

(10)预期成果,包括勘查报告及各种附图、附表;实物标本、影集及成果数字化光盘;监理报告、监测报告和野外工作验收报告以及相关附件。

对于地质灾害防治工程控制性勘查和一次性勘查设计,应在充分搜集现状地形图及其他有关资料、认真进行现场踏勘、划分地质环境复杂程度、确定地质灾害防治工程等级的基础上进行;而地质灾害防治工程详细勘查设计,应在控制性勘查结论的基础上编制,勘查工作的布置应充分利用控制性勘查阶段工作量。当进行地质灾害防治工程勘查工作时,应按勘查设计书实施,不得随意变更勘查工作量。若在勘查过程中发现勘查设计书预估的地质情况与实际地质情况有较大出入时,可以根据实际地质情况对勘查工作量作适当调整。

五、地质灾害勘查方法

1. 资料收集与分析

所收集的资料应该包含以下内容:①地质灾害形成条件与诱发因素资料,包括气象、地形地貌、地层与构造、地震、水文条件、工程地质和人类工程经济活动等;②地质灾害现状与防治资料,包括历史上所发生的各类地质灾害的时间、类型、规模、灾情和其调查、勘查、监测、治理及抢险、救灾等工作的资料;③有关社会、经济资料,包括人口与经济现状、发展等基本数据,城镇、水利水电、交通、矿山、耕地等工农业建设工程分布状况和国民经济建设规划、生态环境建设规划,各类自然、人文资源及其开发状况与规划等;④各级政府和有关部门制定的地质灾害防治法规规划和群测群防体系等减灾防灾资料。

2. 遥感解译

对于一些如滑坡、泥石流等类型的地质灾害,其勘查区范围较大,地形地貌、地质构造、水文地质条件等复杂,难以获取地质灾害及其发育环境要素等信息。遥感图像视域广、宏观性强,可通过遥感图像解译,识别地质灾害体,解译灾害体的空间分布特征,灾害体的类型、边界、规模及形态特征等,分析其位移特征、活动状态、发展趋势,评价其危害范围和程度。进而指导野外勘查的整体部署、勘探剖面和勘探网点的布设及施工场地的选择等,可以减少盲目性,节约时间、人力、物力和投资。

3. 工程地质测绘

工程地质测绘是最基本、最重要和最经济的地表勘查手段。通过地质测绘可查明地质灾害区的地形地貌特征及其地层岩性、地质构造、水文地质、工程地质特征，以及地质灾害形成、分布、形态、规模、发育程度等信息。测绘资料可及时用于指导物探、钻探和山地工程以及试验的布置。

4. 地球物理勘探

物探具有设备轻便、勘探成本低、速度快，具有一定线上、面上的"透视性"及覆盖面大等优势，但其勘查结果往往具有多解性，并受应用前提和现场条件的制约，因而在使用时受到一定的限制。在应用物探方法时，应根据地质灾害类型和调查需要，因地制宜地选择物探方法。对于单一方法不易明确判定的地质灾害体，可采用两种或两种以上的物探方法。

5. 钻探

钻探可用于获得地下深部的地质资料，其成果（岩芯等）直观、准确并能长期保存，还可以进行综合测井、录像和跨孔探测，并可用于长期观测和变形监测。

6. 坑探工程

坑探工程包括探槽、试坑、浅井、竖井（斜井）及平硐等。其中，前三种为轻型坑探，后两种为重型坑探。它们各自特点以及适用条件见表2-11。

表2-11 工程地质坑探工程的类型

类型	特 点	使用条件
探槽	在地表垂直岩层或构造线，深度小于5m的长条形槽	剥除地表覆土，揭露基岩，划分地层岩性；探查残坡积层；研究断层破碎带；了解坝接头处的情况
试坑	从地表向下，铅直深度为小于5m的圆形或方形坑	局部剥除地表覆土，揭露基岩；确定地层岩性；做载荷试验，取原状土样
浅井	从地表向下，铅直深度为5～15m的圆形或方形井	确定覆盖层及风化层的岩性和厚度；做载荷试验，取原状土样
竖井（斜井）	性状与浅井相同，但深度大于15m，有时需支护	在平缓山坡、河漫滩、阶地等岩层又较平缓的地方布置，用以了解覆盖层的厚度及性质、风化壳的厚度及岩性、软弱夹层的分布、断层破碎带及岩溶发育情况、滑坡体结构及滑动面等
平硐	在地面有出口的水平坑道，深度较大	布置在地形较陡的基岩坡上，用以查明斜坡地层结构，对清河谷地段的地层岩性、软弱夹层、破碎带、风化岩层等效果较好；取样做原位岩体力学试验及地应力的测量

7. 原位测试和室内试验

原位测试是在岩（土）体所处的位置，在基本保持其原来的结构、湿度和应力状态下，对其进行的性质测试。它可以最大限度地免除钻探、取样、运输及样品制作等作业流程对岩（土）体原生结构的扰动，并能快速地反映岩（土）体宏观结构的工程性质参数。

室内试验是通过在对地质灾害开展勘查及部分地质测绘过程中，采取代表性的岩（土）样品进行室内试验。在室内对岩石的物理力学性质测试指标一般包括密度、天然重度、干重度、孔隙率、孔隙比、吸水率、饱和吸水率、抗剪强度、弹性模量、泊松比、单轴抗压等；对土的物理力学性质测试指标一般包括密度、天然重度、干重度、天然含水量、孔隙比、饱和度、颗粒成分、压缩系数、凝聚力、内摩擦角。黏性土应增测塑性指标（塑限、液限、计算塑性指数、液性指数和含水比）、无侧限抗压强度等。砂土应增测最大干密度、最小干密度、颗粒不均匀系数、相对密度、渗透系数等。

六、地质灾害的防治

（一）地质灾害防治的原则及防治工作步骤

1. 防治的原则

(1)预防为主，避让与治理相结合。
(2)重点治理与群测群防相结合。
(3)统筹兼顾，因地制宜，长远规划，逐步实施。
(4)把防治地质灾害与工程建设、资源开发、环境保护相结合。
(5)把防治地质灾害与防治其他自然灾害相结合。
(6)把防治地质灾害与发展经济和脱贫扶困，全面建设小康社会相结合。

2. 防治的工作步骤

(1)查明地质灾害的特征及致灾的地质环境条件。
(2)确定地质防治目标。
(3)经多方案比选确定防治工程方案。
(4)地质灾害防治工程施工。
(5)地质灾害及其防治工程的监测。

（二）滑坡防治方法

1. 滑坡治理的原则

防治滑坡应当贯彻"早期发现，以防为主，防治结合"的原则。对滑坡的整治，应针对引起滑坡的主导因素进行，原则上应一次根治不留后患；对性质复杂、规模巨大、短期内不易查清或工程建设进度不允许完全查清后再整治的滑坡，应在保证建设工程安全的提下，做出全面整治规划,采用分期治理的方法,使后期工程能获得必需的资料,又能争取到一定的建设时间,保证整个工程的安全和效益;对建设工程随时可能产生危害的滑坡,应先采用立即生效的工程措施,然后再做其他工程;一般情况下,对滑坡进行整治的时间宜放在旱季为好。施工方法和程序应以避免造成滑坡产生新的滑动为原则。

2. 滑坡防治措施

1)滑坡治理要点

滑坡治理应符合下列要求:

(1)防止地面水浸入滑坡体,宜填塞裂缝和消除坡体积水洼地,并采取排水天沟截水或在滑坡体上设置不透水的排水明沟或暗沟,以及种植蒸腾量大的树木等措施。

(2)对地下水丰富的滑坡体可采取在滑坡体外设截水盲沟和泄水隧洞,或在滑坡体内设支撑盲沟和排水仰斜孔、排水隧洞等措施。

(3)当仅考虑滑坡对滑动前方工程的危害或只考虑滑坡的继续发展对工程的影响时,可按滑坡整体稳定极限状态进行设计。当需考虑滑坡体上工程的安全时,除考虑整个滑体的稳定性外,尚应考虑坡体变形或局部位移对滑坡整体稳定性和工程的影响。

(4)对于滑坡的主滑地段可采取挖方卸荷、拆除已有建筑物等减重辅助措施;对抗滑地段可采取堆方加重等辅助措施,对滑坡体有继续向其上方发展的可能时,应采取排水支撑抗滑措施,并防止滑体松弛后减重失效。

(5)采取支撑盲沟、挡土墙、抗滑桩、抗滑锚杆、抗滑锚索(桩)等措施时,应对滑坡体越过支挡区或自抗滑构筑物基底破坏进行验算。

(6)可采用焙烧法、灌浆法等措施改善滑动带的土质。

2)预防措施

(1)在斜坡地带进行房屋、公路、铁路建设前,必须首先做好工程勘查工作,查明有无滑坡存在,或滑坡的发育阶段。

(2)在斜坡地带进行挖方或填方时,必须事先查明坡体岩土条件,地面水排泄和地下水情况,做好边坡和排水工程设计,避免造成工程滑坡。

(3)施工前应做好施工组织设计,制定挖方的施工顺序,合理安排弃土的堆放场地,做好施工用水的排泄管理等。

(4)做好使用期间的管理和有危险边坡的监测。

(5)对于已查明为大型滑坡,或滑坡群,或近期正在活动的滑坡,一般情况下建设工程均宜加以避让。当必须进行建设时,应制定详细的防治对策,经技术、经济论证对比后慎重取舍建设场地。

3)整治方法

(1)清除滑坡体:①对无向上及两侧发展可能的小型滑坡,可考虑将整个滑坡体挖除;②用某些导滑工程,改变滑坡的滑动方向,使其不危害建设工程。

(2)治理地表水:①在滑坡体周围做截水沟,使地表水不能进入滑坡体范围以内;②在滑坡范围内修筑各种排水沟,使地表水排于滑坡体范围以外,但应注意沟渠的防渗,防止沟渠渗漏和溢流于沟外;③整平地表,填塞裂缝和夯实松动地面,筑隔渗层,减少地表水下渗并使其尽快汇入排水沟内,排于滑坡体外。

(3)治理地下水。

治理滑体中的地下水:①加强滑坡范围以外的截水沟,切断其补给来源;②针对出露的泉水和湿地等,做排水沟或渗沟,将水引出滑坡体外;③滑坡体前缘,常因坡体内的地下水活动而松软、潮湿,引起坡体坍塌滑动,为此可做边坡渗沟疏干,或做小盲沟,兼起支撑和疏干作用;④整个坡面植树,加大蒸发量,保证坡面干燥。

治理滑带附近的水:①拦截,要求所设排水构筑物的走向垂直于地下水的流向。根据地下水的埋藏深度部位和土的密实程度而使用不同的排水构筑物,一般浅层地下水可以使用截水渗沟、盲沟;深层地下水则用盲洞、平孔等。②疏干、排除,一般在滑坡前缘附近做支撑盲沟疏导这部分滑动带的水,而在其他部位做排水构筑物排除滑动面上的地下水,后者通常多为盲洞(也叫泄水隧道)或平洞等。③降低地下水位,若滑动带上的水是由下向上承压补给时,多采用将补给水源排走的盲洞或平洞,将补给水源向下漏走的垂直排水等措施,使地下水位降低到滑动面以下。

排除深层地下水:①长水平钻孔;②集水井。

(4)减重和反压。

上部减重:对推动式滑坡,在上部主滑地段减重,常起到根治滑坡的效果。对其他性质的滑坡,在主滑地段减重也能起到减小下滑力的作用,减重一般适用于滑坡床为上陡下缓、滑坡后壁及两侧有稳定的岩(土)体,不致因减重而引起滑坡向上和向两侧发展造成后患的情况。

下部反压:在滑坡的抗滑段和滑坡体外前缘堆填土石加重,如做成堤、坝等,能增大抗滑力而稳定滑坡。但必须注意只能在抗滑段加重反压,不能填于主滑地段。而且填方时,必须做好地下排水工程,不能因填土堵塞原有地下水出口,造成后患。

减重与反压相结合:对于某些滑坡可根据设计计算后,确定需减小的下滑力大小,同时在其上部进行部分减重和在下部反压。减重和反压后,应验算滑面从残存的滑体薄弱部位及反压体底面剪出的可能性。

(5)抗滑工程。

抗滑挡土墙:一般常采用重力式挡土墙。挡土墙一般设置于滑体的前缘;如滑坡为多级滑动,当总推力太大、在坡脚一级支挡工作量也太大时,可分级支挡。

抗滑桩:适用于深层滑坡和各类非塑性流滑坡,对缺乏石料的地区和处理正在活动的滑坡,更为适宜。

锚杆挡墙:是一种新型支挡结构,它可节约材料,成功地代替了庞大的圬工挡墙。锚杆挡墙由锚杆、肋柱和挡板三部分组成。滑坡推力作用在挡板上,由挡板将滑坡推力传于肋柱,再由肋柱传至锚杆上,最后通过锚杆传到滑动面以下的稳定地层中,靠锚杆的锚固力来维持整个结构的稳定。

(三)崩塌防治方法

崩塌的治理应以根治为原则,当不能清除或根治时,对中、小型崩塌可采取下列综合措施。

(1)遮挡:对小型崩塌,可修筑明洞、棚洞等遮挡建筑物使线路通过。

(2)对中、小型崩塌,当线路工程或建筑物与坡脚有足够距离时,可在坡脚或半坡设置落石平台或挡石墙、拦石网。

(3)支撑加固:对小型崩塌,在危岩的下部修筑支柱、支墙。亦可将易崩塌体用锚索、锚杆与斜坡稳定部分联固。

(4)镶补勾缝:对小型崩塌,对岩体中的空洞、裂缝用片石填补,混凝土灌注。

(6)护面:对易风化的软弱岩层,可用沥青、砂浆或浆砌片石护面。

(7)排水:设排水工程以拦截疏导斜坡地表水和地下水。

(8)刷坡:在危石突出的山嘴以及岩层表面风化破碎不稳定的山坡地段,可刷缓山坡。

(四)泥石流防治方法

1. 预防措施

(1)水土保持,植树造林,种植草皮,退耕还林,以稳固土壤不受冲刷,不使流失。

(2)坡面治理:包括削坡、挡土、排水等,以防止或减少坡面岩(土)体和水参与泥石流的形成。

(3)坡道整治:包括固床工程,如拦砂坝、护坡脚、护底铺砌等;调控工程,如改变或改善流路、引水输砂、调控洪水等,以防止或减少沟底岩(土)体的破坏。

2. 治理措施

(1)拦截措施:在泥石流沟中修筑各种形式的拦渣坝,如拦砂坝、石笼坝、格栅坝及停淤场等,用以拦截或停积泥石流中的泥沙、石块等固体物质,减轻泥石流的动力作用。

(2)滞流措施:在泥石流沟中修筑各种位于拦渣坝下游的低矮拦挡坝(谷坊),当泥石流漫过拦渣坝顶时,拦蓄泥沙、石块等固体物质,减小泥石流的规模;固定泥石流沟床,防止沟床下切和拦渣坝体坍塌、破坏;减缓纵坡坡度,减小泥石流流速。

(3)排导措施:在下游堆积区修筑排洪道、急流槽、导流堤等设施,以固定沟槽、约束水流、改善沟床平面等。

(五)地面塌陷(地裂缝)防治方法

(1)换填、镶补、嵌塞与跨盖等。对于洞口较小的洞隙,挖除其中的软弱充填物,回填碎石、块石、素混凝土或灰土等,以增强地基的强度和完整性。必要时可加跨盖。

(2)梁、板、拱等结构跨越。对于洞口较大的洞隙,采用这些跨越结构,应有可靠的支承面。梁式结构在岩石上的支承长度应大于梁高的1.5倍。也可辅以浆砌块石等堵塞措施。

(3)灌浆加固、清爆填塞。用于处理围岩不稳定、裂隙发育、风化破碎的岩体。

(4)洞底支撑或调整柱距。对于规模较大的洞隙,可采用这种方法。必要时可采用桩基。

(5)钻孔灌浆。对于基础下埋藏较深的洞隙,可通过钻孔向洞隙中灌注水泥砂浆、混凝土、沥青及硅液等,以堵填洞隙。

(6)设置"褥垫"。在压缩性不均匀的土岩组合地基上,凿去局部突出的基岩(如石芽或大块孤石),在基础与岩石接触的部位设置"褥垫"(可采用炉渣、中砂、粗砂、土夹石等材料),以调整地基的变形量。

(7)调整基础底面面积。对有平片状层间夹泥或整个基底岩体都受到较强烈的溶蚀时,可进行地基变形验算,必要时可适当调整基础底面面积,降低基底压力。当基底蚀余石基分布不均匀时,可适当扩大基础底面面积,以防止地基不均匀沉降造成基础倾斜。

(8)地下水排导。对建筑物地基内或附近的地下水宜疏不宜堵。可采用排水管道、排水隧洞等进行疏导,以防止水流通道堵塞,造成场地和地基季节性淹没。

(六)地面沉降防治方法

1. 已发生地面沉降的地区

(1)压缩地下水开采量,减小水位降深幅度。在地面沉降剧烈的情况下,应暂时停止开采地下水。

(2)向含水层进行人工回灌,回灌时要严格控制回灌水源的水质标准,以防止地下水被污染。并要根据地下水动态和地面沉降规律,制定合理的采灌方案。

(3)调整地下水开采层次,进行合理开采,适当开采更深层的地下水。

(4)在高层建筑密集区域内应严格控制建筑容积率。

(5)当地面沉降尚不能有效控制时,在新建或改建桥梁、道路、堤坝、排水设施等市政工程时,应考虑到使用期限内可能出现的地面沉降量。

2. 可能发生地面沉降的地区

(1)估算沉降量,并预测其发展趋势。

(2)结合水资源评价,研究确定对地下水的合理开采方案。

(3)在进行桥梁、道路、管道、堤坝、水井及各类房屋建筑等规划和设计时,预先对可能发生的地面沉降量作充分考虑。

第五节 地质灾害监测与预警

一、地质灾害监测

地质灾害监测是运用各种技术和方法测量,监视地质灾害活动以及各种诱发因素动态变化的工作。它是预测预报地质灾害的重要依据,因此是减灾防灾的重要内容。其中心环节是通过直接观察和仪器测量记录地质灾害发生前各种前兆现象的变化过程和地质灾害发生后的活动过程。

1. 监测目的

(1)及时掌握灾害体变形动态,分析稳定性,超前做出预测预报,防止灾难发生。

(2)提供变形块体的运动学与动力学(破坏机制)特征,为建立地质力学模型、正确进行稳定性评价和防治工程设计提供依据。

(3)为勘查施工安全提供预警预报,及时反馈勘探施工如重型山地工程的扰动作用,为确定合理的勘查施工部位和施工强度服务。

(4)为治理工程施工监测和竣工后期的工程效果监测奠定基础。

(5)为政府部门对在地质灾害易发区的经济建设、环境治理等方面的规划和决策提供依据。

2. 监测内容

地质灾害监测按观测的内容可以分为变形监测、地下水监测、物理化学场监测、诱发因素监测4类。

(1)变形监测:是以测量位移变形量为主的监测方法,包括表面位移监测和内部位移监测,目的是监测水平位移和垂直位移,掌握变化规律,研究有无裂缝、滑坡、滑动和倾覆的可能。由于所获得的是地质灾害位移形变的直观信息,因而往往成为预测预报主要依据之一。

(2)地下水监测:主要是以监测地质灾害地下水活动、富含特征、水质特征为主的监测方法。大部分地质灾害的形成、发展与地质灾害体内部或周围的地下水活动关系密切,同时在地质灾害发生的过程中,地下水本身的特征也相应发生变化。

(3)物理化学场监测:监测地质灾害体在灾前、灾后的物理化学场等的变化信息,如应力监测、地声监测、放射性元素测量、地球化学测量以及地脉动测量等。地质灾害体的物理化学场发生变化,往往同灾害体的变形破坏联系密切,相对于位移变形,具有超前性。

(4)诱发因素监测:地质灾害的诱发因素是多样的,灾害的发生往往是多因素综合作用的结果。因此对地质灾害诱发因素的监测是地质灾害监测的重要组成部分,监测内容一般包括气象、地下水、地震、人工活动等。

3. 监测方法

地质灾害监测的方法因灾害类型的不同而各有特点,但概括起来主要有5种:宏观地质观测法、简易观测法、设站观测法、仪表观测法和自动遥测法。

(1)宏观地质观测法:人工观测地表裂缝。主要观测地面膨胀、沉降、坍塌、建筑物变形特征(发生和发展的位置、规模、时间等)及地下水异变、动物异常等现象。

(2)简易观测法:设置跨缝式简易测柱桩和标尺、简易玻璃条和水泥砂浆带,用钢卷尺等量具直接测量裂缝相对张开、闭合、下沉、位错变化。

(3)设站观测法:是指在充分了解工程地质背景的基础上,在工程结构物及其周围岩(土)体上设立变形观测点、站、线、网,在变形区影响范围之外的稳定地点设置固定点,观测变形区内网点的三维(X,Y,Z)位移变化的一种行之有效的监测方法。常采用大地测量法(交会法、几何水准法、小角法、测距法、视准线法)、近景摄影法及GPS测量等监测危岩和滑坡地面的变形位移。

(4)仪表观测法:是指用精密仪器仪表对工程结构物及其周围岩(土)体进行表面及深部的位移、倾斜(沉降)动态,裂缝相对张、闭、沉、错变化及地声、应力应变等物理参数与环境影响因素进行监测。其监测方法主要有测缝法,测斜法,重锤法,沉降观测法,电感、电阻式位移观测法,电桥测量法,应力应变测量法,声波法等。

(5)自动遥测法:伴随着电子技术及计算机技术的发展,各种先进的自动遥控监测系统相继问世,为地质灾害自动化连续遥测创造了条件。自动遥测法采用自动化程度高的远距离遥控监测警报系统或空间技术——卫星遥测,自动采集、存储和显示变形观测数据,绘制各种变形曲线和图表。

4. 监测网点的布设

地质灾害监测网点在布设过程中应注意以下几方面的问题：

(1)基准点应设置在远离致灾地质体的稳定地区，并构成基准网。监测网型应根据致灾地质体的范围、规模、地形地貌、地质因素、通视条件及施测要求选择，可布设为十字型、方格型、放射型。

(2)致灾地质体的监测网可分为高程网和平面网或三维立体监测网，应满足变形方位、变形量、变形速度、时空动态及发展趋势的监测要求。

(3)监测剖面应以绝对位移监测为主，应能控制滑坡、危岩主要变形方向，并与勘探剖面重合或平行，宜利用勘探工程的钻孔、平硐、探井布设。当变形具有多个方向时，每一个方向均应有监测剖面控制。

(4)对地表变形地段应布设监测点，并且在变形强烈地段及当变形加剧时应调整和增设监测点。

(5)在泥石流区若有滑坡、危岩崩塌，应按滑坡及危岩崩塌区的监测要求布置监测工作，但泥石流区的监测剖面应与泥石流区主勘探线重合。

(6)塌岸监测剖面应垂直于岸坡走向布置。

(7)每条监测剖面的监测点不应少于3个，且监测点的布置应充分利用已有的钻孔、探井或探洞进行。

5. 监测系统设计

为了进行有效的监测，必须建立有监测技术组成的监测系统。监测系统不是各种监测仪器的简单堆积，而是从实际条件出发，经过精心设计和精心施工而建成的，因此必须遵守一定的设计原则。

(1)可靠性原则：这是建立监测系统的首要要求。

(2)多层次监测原则：须采用多种手段进行监测，以便互相补充和校核，同时考虑地表和地下相结合组成立体监测系统。

(3)从实际条件出发的监测仪器选择原则：监测系统所采用的监测仪器包括仪器种类、型号、精度、量程等，但仪器选择应根据实际灾害地质条件、地形、监测目的、监测经费等条件加以选择。

(4)简便实用原则：仪器的安装和测读应尽可能简便、快捷。

(5)高效信息反馈原则：高效的信息反馈是实现可变更设计和信息化施工的保证，对信息反馈的任何延误都将降低监测的价值。

(6)无干扰和少干扰的设计原则：要求尽量避免或减少外部不相关因素对监测仪器的干扰。

(7)有利于仪器保护的设计原则：一般监测仪器所处的环境条件十分恶劣，因此在监测设计时将仪器设置于较易保护的地方，并采取有力的保护措施，以便延长仪器的使用寿命。

(8)经济合理的设计原则：监测系统并非越复杂越好，监测仪器也并非越先进、越昂贵越好，在设计时必须充分考虑检测系统的经济合理性。

二、地质灾害预警

一般意义上的灾害预警是指某一灾害发生的地点、时间基本上确定,但尚未威胁到要预警的地区,从而向该地区预先发出警报。在一般概念上,狭义的预警就是指警报,而广义的预警则是包括了从预测到预警的全过程。地质灾害预警是一个从预测到警报的工作过程,在时间尺度上包括了预测或预估(估测)、预警、预报和警报等多个阶段,每个阶段都是一个公共管理、科学技术与公众社会共同参与的综合体系。

（一）地质灾害预警类型

1. 空间预警

空间预警是在滑坡、泥石流灾害调查与区划的基础上,比较明确地划定非确定时间内滑坡、泥石流灾害将要发生的地域或地点及其危害性大小。空间预警基于滑坡、泥石流灾害的主要控制因素(如地层岩性、地质构造、地形地貌、地层突变等)和诱发因素(如降雨、地震、冰雪消融、人工活动等)开展工作,其中控制因素是基本条件,诱发因素在不同的地区或同一地区的不同地段常常表现出极大的差异。

2. 时间预警

时间预警是针对某一具体地域或地点(单体),给出滑坡、泥石流灾害在某一种(或多种)诱发因素作用下在某一时间段或某一时刻将要发生的预警信息。时间预警基于预警区域的地质环境状况、诱发因素发生范围与强度及其持续时间等开展工作。时间预警一般是在空间预警的基础上,通过专业技术观测、系统理论分析和专家会商并报有关管理部门认可后发布。

3. 强度警报

强度预警是指对滑坡、泥石流灾害发生的规模和暴发的方式、破坏的范围和强度等做出的预测或警报,是在时空预警基础上做出的进一步预警,是科学研究和技术进步追求的目标,也是目前研究工作的最薄弱环节。

（二）地质灾害预警目标区

地质灾害预警目标区包括山地居民不宜撤离的地区；乡镇所在地及公共基础设施如电力、通信等地段；重要工程如桥梁、水坝和铁路等设施安全的地段；水上航运和水库运营者范围；严重破坏交通线路地段；可能造成严重后果的工矿区；可能造成严重经济损失的农业区；重要自然保护区或古文化区；区域生态地质环境脆弱,且有必须开发区。

（三）地质灾害预警阶段划分

地质灾害监测预警是一种长期的、持续的、跟踪式的、深层次的和各阶段相互联系的工作,是一项有组织的科学和社会行为,而不是随每次灾害的发生而开始和结束的活动。其预警阶段可划分为预测、预警、预报和警报,相应的时间精度分别为数年、数月和数小时,如表 2-12 所示。

表 2-12 预警工程的阶段划分

阶段	时间尺度	空间尺度	方法	数据	指标	措施
预测	1~10年	大区域	区域评价区划	地质调查数据库	危险程度	建设规划预防
预警	1月~1年	小区域	一次过程观测	监测数据库	临界区间值	局部转移或全部准备避难
预报	数日	局部	精密仪器监测	分析模型库	警戒值	搬迁
警报	数小时	局部	精密仪器监测	灵敏度分析	警戒值	紧急搬迁

第三章 实践教学区地质环境背景

第一节 长江三峡概况

一、自然地理

长江是中华民族的母亲河,发源于青藏高原唐古拉山的主峰南侧,流经青海、西藏、云南、四川、湖北、湖南、江西、安徽、江苏、上海 10 个省(市)、自治区,注入东海,干流全长 6 397km,流域面积 $180\times10^4 km^2$,约占中国总面积的 1/5,是世界第三长河。

长江的年入海水量近 $10\,000\times10^8 m^3$,占中国所有江河年入海水量的 1/3 以上。长江从源头到入海口的总落差为 5 800m,在世界上无与伦比。长江素有"黄金水道"之称,终年不冻,航运条件优越,干流、支流可通航里程 7×10^4 多千米。据测算,一条长江的承运能力相当于 40 条铁路的运输量。长江流域物产丰富,淡水鱼产量占中国的 1/2,有各种鱼类 300 多种,其中生存有国家一类保护动物白鳍豚、扬子鳄、中华鲟鱼等。此外,长江流域矿产资源、森林资源也十分丰富。长江两岸自然风景优美,有中华民族悠久的历史文化遗产,是世界著名的旅游胜地之一,尤其是长江三峡,被誉为自然历史的画廊。

长江三峡是瞿塘峡、巫峡和西陵峡 3 段峡谷的总称(图 3-1),横穿鄂西、渝中山地,大致以奉节白帝城为界,分为东、西两个地貌单元。东部为三峡隆起中低山,长江河谷强烈下切,形成以侵蚀、溶蚀中山峡谷为主的地貌景观,山地高程多为 1 000~2 000m,相对高差 500~1 500m,发育多级夷平面;西部为四川盆地低山丘陵区,地貌形态严格受四川盆地东部边缘川东褶皱带内构造形态控制,形成与构造格架一致,走向北东至北东东的"宽谷窄岭"剥蚀侵蚀低山丘陵地形。气候具有平均气温高、降雨充沛、空气湿度大、少冰雪严寒等特点,属典型的亚热带湿润性季风气候。

瞿塘峡最短,全长 8km。瞿塘峡亦称夔峡,西起奉节县的白帝城,东至巫山县的大溪镇,以其雄伟壮观著称。

巫峡自巫山县城东的大宁河口起,到湖北省巴东县的官渡口止,全长 46km,以幽深秀丽擅奇天下。巫峡分东、西两段,西段由金盔银甲峡、箭穿峡组成;东段由铁棺峡、门扇峡组成。峡中多云雾,古人留下了"曾经沧海难为水,除却巫山不是云"的千古绝唱。

西陵峡西自宜昌市秭归县的香溪口,东到宜昌城头的南津关,全长 66km。由庙南宽谷把它分割成东、西两段峡谷,依次为兵书宝剑峡、牛肝马肺峡、崆岭峡、灯影峡、黄猫峡等。峡内多险滩急流。

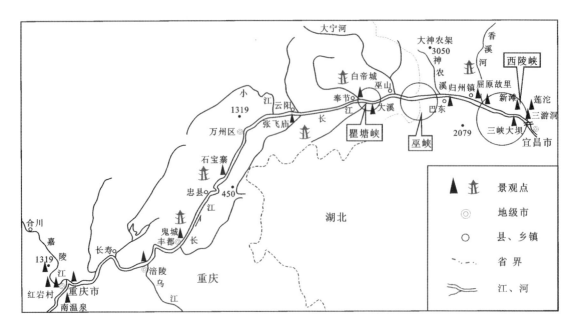

图 3-1 长江三峡与三峡库区位置图

二、长江三峡形成过程

许多科学家曾对长江三峡的起源、成因及其时代等做过调查研究,有过不同的意见。长江三峡河段地貌的形成过程包括河流贯通、河谷深切、河岸后退与谷坡堆积几个部分。一般认为,长江三峡是通过河流袭夺在百多万年前贯通的。长江三峡所在的神农架(海拔3 045m)(古)山系及巫山(海拔2 400m)山系等,曾是太平洋水系与古特提斯海水系及印度洋-南海水系之间的区域性分水地带。在三峡地区以西,广布侏罗系、白垩系和第三系(古近系、新近系),最新的区域性汇流形成的沉积是昔格达组与元谋组厚厚的河湖相沉积,时代为距今百万年以前;与金沙江东流有关的冲积成因的堆积物是宜宾附近长江河谷中的雅安砾石层,时代为第四纪中期(沈玉昌,1965)。而三峡地区以东,与长江三峡贯通有关的粗颗粒洪冲积扇形堆积体,位于宜昌虎牙滩东,时代为距今百万年左右。再者,长江三峡3个峡谷段都是直角相交横截灰岩构成的背斜山或单面山系,表明该地曾发生过河流袭夺。

关于长江三峡河段的深切速率,根据该河段第Ⅰ级至第Ⅳ级河流阶地上的堆积物的岩性特征、测年数据以及它与目前河床同类堆积的高差,估算的结果平均值为81.1cm/ka(表3-1)(杨达源,1988)。相对而言,长江三峡河段的奉节县瞿塘峡附近,深切速率稍偏高一些,而其下段的三斗坪附近就稍偏低一些。

长江三峡河段的阶地主要分布在宽谷河段和长江支流河口部位,多数分布在弧形弯曲河段的凸岸,个别在凹岸(图3-2)。

三峡库区内,Ⅰ级阶地普遍存在,为嵌入-基座型,组成阶地物质具有明显的二元结构,上部为黏土质砂层,下部为胶结的冲积砂砾层,测年显示,阶地大体形成于4.1~30.0ka B P,由于测年方法和测年位置的不同,形成时代相差较大,阶地大体形成于全新世。

表 3-1　长江三峡河段的阶地与深切速率

地点		岩性特征	采样高程(m)	河漫滩成砾石滩面高程(m)	相对高差(m)	年龄测试类型	年龄(ka B P)	估算下切速率(cm/ka)
重庆	广阳坝	河漫滩相	230	178.0	25.0	TL	28.25±2.40	88.3
	广阳坝	河漫滩相	194	178.0	16.0	TL	17.42±1.48	92.4
丰都	镇江镇	冲积砾石	192	135.2	56.8	TL	81.34±6.91	70.1
忠县	水平小区	河漫滩相	148	142.5	5.5	TL	7.22±0.61	78.5
	水平小区	冲积砾石	172	123.0	49.0	TL	61.93±50.26	79.0
奉节	草堂河口	河漫滩相	155	98.7	56.3	TL	75.13±6.39	75.1
	草堂河	河漫滩相	194	98.7	95.3	TL	102.86±8.74	92.5
三斗坪	三斗坪中堡岛	河漫滩相底部钙华	75	60.0	15.0	^{14}C	20.210±0.9	74.3

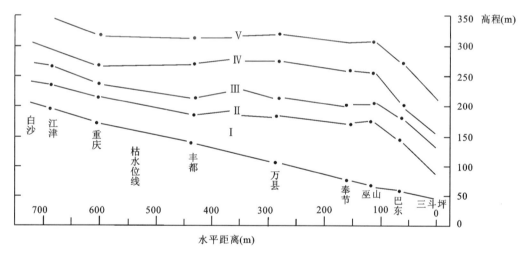

图 3-2　长江三峡地区河流阶地位相图（欧正东等，1992）

Ⅱ级阶地为嵌入-基座型，组成物质以似黄土状堆积物为主，阶地大体形成于10～80ka B P，形成于晚更新世晚期。

Ⅲ级阶地为基座阶地，不同地方阶地组成物质不同，其中宜昌一带上部为粉砂土层、下部为卵砾石层，新滩一带为黄土状堆积，巫山和奉节等地上部为黄土状堆积；下部为古壤层，阶地形成于80～140ka B P，对应晚更新世早期。

Ⅳ级阶地为基座阶地，组成物质在宜昌一带为砂质黏土，奉节、巫山一带为洪积物，上覆黄土层，形成于晚更新世早期。

Ⅴ级阶地为基座阶地，仅在重庆、万州和宜昌一带保留，组成物质为网状红土及砂砾石层，形成于早更新世。

长江三峡谷坡上岩壁陡崖，分别处在水下、水面线上下以及岸坡之上，不同部位的岩壁陡崖有不同的后退速率。水下的岩壁陡崖在急流的强烈深切过程中形成。它一方面受到急流减压的牵引而发生张裂,并发生水下崩塌;另一方面还受到纵向急流及横向下沉流的冲蚀和磨蚀作用。有的水下的岩壁陡崖还受到江水及地下水的溶蚀作用,所以水下与水面线上下的岩壁陡崖的后退速率比较快。基于嵌在基岩中的深槽,是在上游流域大水期形成的,上述三斗坪附近花岗闪长岩中水下深潭岩壁,在氧同位素3期后退约4m,估算其后退速率约40cm/ka。由于长江三峡河段的深切,原本处于水下的岩壁陡崖逐渐地相对上升,成为处于水面线上下的岩壁陡崖及处于岸坡上的岩壁陡崖。岸坡上的岩壁陡崖,由于减荷张裂而崩塌后退。在近期完成的三峡岸坡有关问题的调查研究中,据早期崩石所压堆积物的时代以及该早期崩石与现代崖面之间的水平距离,来估算岸坡上岩壁陡崖的崩塌后退速率。巫山鸦鹊溪老滑坡体前缘陡崖的后退速率大约是4cm/ka;万州铺垭口红砂岩陡崖的后退速率为6.7~19.0cm/ka。

谷坡堆积成因及其衍生的主要动力是重力,但常有雨水或地下水的作用,物质运动的方式则多种多样,有颗粒运动、块体运动及整体运动等。长江三峡谷坡堆积物分为两大系列,即风化残积-残坡积-坡积-洪(冲)坡积-洪(冲)积;减荷张裂崩塌堆积-崩坡积(坡积)-滑坡-泥石流。两大系列之间可能会有交叉,或还有一些其他类别组合的分支系列。

三峡河段谷坡上有上千处古滑坡,越接近江面高度,滑坡数量越多。大部分滑坡都起因于陡峭岩坡的张裂和崩塌活动。已张裂的岩坡,当地人称"裂口山"。崩塌物质积累到一定程度,就发生滑动,到山麓就成为滑坡(体)。滑坡是三峡库区长江河谷岸坡坡地变形及其物质运动的主要形式之一,并对安全构成严重威胁。

三、三峡工程简介

长江三峡水利枢纽工程(三峡工程)(图3-3),是我国治理和开发长江的关键性骨干工程,是目前世界上规模最大的水利枢纽工程,也是中国有史以来建成的最大型工程项目。三峡大坝选址湖北省宜昌市夷陵区西南部的三斗坪镇,为混凝土重力坝,泄洪坝段居中,两侧为电站厂房坝段和非溢流坝段。坝轴线全长2 309m,坝顶高程185m,最大坝高181m。水库正常蓄水位高程175m,总库容$393\times10^8 m^3$,其中防洪库容$221.5\times10^8 m^3$。三峡水电站的机组布置在大坝的后侧,共安装32台$70\times10^4 kW$水轮发电机组,其中左岸14台,右岸12台,地下6台,另外还有2台$5\times10^4 kW$的电源机组,总装机容量$2 250\times10^4 kW$。

三峡水库是三峡水电站建成后蓄水形成的人工湖泊,长600余千米,总面积约$1 084 km^2$,范围涉及湖北省和重庆市的21个县市,淹没陆地面积约$632 km^2$。三峡工程设计最高蓄水淹没线以下的人口约84.75万人,考虑到人口自然增长等因素,根据三峡工程移民规划搬迁人口最终约为113万人。

三峡工程主要有三大效益,即防洪、发电和航运,其中防洪被认为是三峡工程最重要的功能。长江的治理开发对中国社会经济发展具有重大的影响。长江流域是中华民族的发祥地之一,流域内资源丰富,土地肥沃,特别是中下游地区,是中国社会和经济最发达的地区之一。但由于河道行洪能力不足,洪水高出两岸地面数米至十几米,这一地区也是洪水灾害频繁且严重的地区。据历史记载,自汉初至清末2 000年间(公元前185—1911年),长江曾发生大小洪灾214次,平均约10年1次(表3-2)。三峡工程建成后形成的水库,正常蓄水位高程175m,设计预留的防洪库容为$221.5\times10^8 m^3$;三峡水利枢纽最大泄洪能力为$116 110 m^3/s$,可削减的洪峰流量达 27 000～33 000m³/s,属世界水利工程之最,极大地改善了长江中下游防洪条件,可使江汉平原 1 500 万人口和 150hm²(hm² = 0.01km²)耕地免受洪水威胁,在遭遇特大洪水时可避免发生大量人口伤亡的毁灭性灾害。

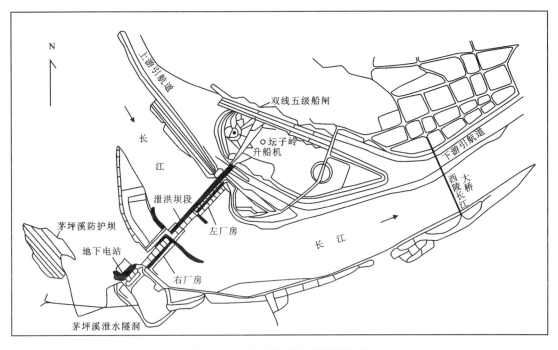

图 3-3 三峡工程坝区平面示意图

表 3-2 长江历史洪灾情况表

年份	长江洪灾
1931	受灾面积达 13×10⁴km²,淹没农田 339×10⁴hm²,被淹房屋 180 万间,受灾人口 2 855 万人,被淹死亡者达 14.5 万人,估计损失 13.45 亿银元
1935	长江中下游洪水灾区 8.9×10⁴km²,湖北、湖南、江西、安徽、江苏、浙江六省份均受灾,淹没农田 151×10⁴hm²,受灾人口 1 000 万人,淹死 14.2 万人,估计损失 3.55 亿银元
1949	长江中下游地区受灾农田 181×10⁴hm²,受灾人口 810 万人,淹死 5 699 人
1954	长江中下游共淹农田 318×10⁴hm²,受灾人口 1 888.4 万人,被淹房屋 427.66 万间,淹死 33 169 人,受灾县(市)123 个,京广铁路不能通车达 100d
1998	1998 年全流域性洪水,国家动用大量人力、物力进行了近 3 个月的抗洪抢险,全国各地调用 130 多亿元的抢险物资,高峰期有 670 万群众和数十万军人参加抗洪抢险,但仍有重大的损失。湘、鄂、赣、皖四省共淹没耕地 23.9×10⁴hm²,受灾人口 231.6 万人,死亡 1 526 人

三峡工程的经济效益主要体现在发电上。该工程是中国西电东送工程中线的巨型电源点,所发的电力将主要售予华中电网的湖北省、河南省、湖南省、江西省、重庆市,华东电网的上

海市、江苏省、浙江省、安徽省,以及南方电网的广东省,可缓解我国的电力供应紧张局面,为节能减排做出了积极贡献。

三峡水库蓄水前,川江单向年运输量只有 $1\,000\times10^4$ t,万吨级船舶根本无法到达重庆。三峡工程结束了"自古川江不夜航"的历史,显著改善了宜昌至重庆 660km 的长江航道,万吨级船队可直达重庆港。航道单向年通过能力可由前期的约 $1\,000\times10^4$ t 提高到 $5\,000\times10^4$ t,运输成本可降低 35%~37%。经水库调节,宜昌下游枯水季最小流量可从现在的 $3\,000\mathrm{m}^3/\mathrm{s}$ 提高到 $5\,000\mathrm{m}^3/\mathrm{s}$ 以上,使长江中下游枯水季航运条件也得到较大的改善。

水库水位的变化是造成水库型滑坡稳定性变化的主要原因之一。按照最初的设计方案和实际情况,三峡水库的蓄水分为 4 个阶段,历时 16 年。其中,第一个阶段为 1993 年至 2003 年的一期、二期工程施工期,这段时间的坝前水位控制在 60~80m 之间;第二个阶段为 2003 年至 2006 年的施工蓄水期,该段时期的坝前水位上升为 135m 左右;第三个阶段为 2007 年至 2008 年的初期蓄水期,该段时间的最高坝前水位为 156m 左右,最低坝前水位为 145m 左右;经过暂定 6 年的初期蓄水阶段,2009 年后,三峡水库进入最高水位 175m,最低水位 145m 的周期性正常蓄水期。

根据三峡工程的正常运行方案,三峡水库设计采用"蓄清排浑"的运行方式,该方式可使水库在较长的运行时间内保持更大的有效库容。在每年的 6 月汛期到来之前,从长江上游搬运至库区的泥沙量还没有达到最大值,此时设计库水位为最低水位 145m,在 6 月至 9 月的汛期期间,大坝持续泄洪,使库水位仍然基本维持在 145m 左右。汛期过后,则关闭部分闸门开始持续蓄水,并最终于每年的 10 月底达到最高设计水位 175m。按照这种"蓄清排浑"的运行方案,三峡水库在冬季将以高水位运行,在夏季则以低水位运行,正常蓄水期每年的水位变化情况见表 3-3。

表 3-3 三峡水库正常蓄水期年内水位变化情况表

月份	1	2—3	4	5	6—9	10	11—12
水位(m)	175~170	170~165	165~160	155	145	145~175	175

从表 3-3 中可以看出,正常运行期,三峡水库每年的水位变化大致可分为 4 个阶段,并且有快升慢降的特点。其中,第一个阶段为每年 1 月至 6 月的水位缓慢下降期,该段时间内,库水位历时约半年从最高水位 175m 缓慢下降至 145m;第二个阶段为每年 6 月至 9 月的低水位稳定期,该段时间为长江的汛期,库水位始终保持在 145m 左右约 4 个月时间;第三个阶段为每年 10 月的水位快速上升期,在这一个月内,库水位会从最低水位 145m 快速上升到最高水位 175m;第四个阶段为每年的 11 月和 12 月的高水位稳定期,这两个月的水位始终维持在最高水位 175m。2003 年至 2011 年长江三峡坝前实际水位变化见图 3-4。

三峡工程投资概算按 1993 年 5 月价格计算,静态投资为 900.9 亿元人民币,其中枢纽工程投资 500.9 亿元,移民安置 400 亿元。计入物价上浮及施工期贷款利息的动态总投资估计约为 2 039 亿元。

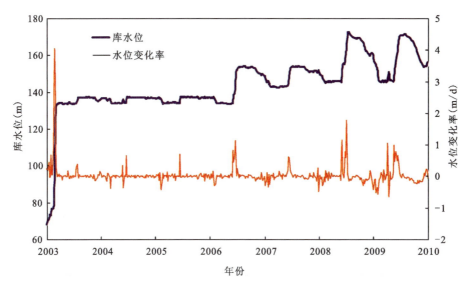

图 3-4　三峡水库 2003 年 4 月至 2011 年 4 月期间的实测水位变化曲线

四、三峡库区地质灾害概况

三峡库区地质灾害调查涉及的地质灾害种类主要有滑坡、崩塌、泥石流、地面塌陷、地裂缝和不稳定斜坡 6 类。在三峡库区 54 462km² 范围内，发现并登记灾害点总数 5 706 个，其中滑坡 3 830 处，占 67.1%；崩塌 549 处，占 9.6%；泥石流 90 处，占 1.6%；地面塌陷 85 处，占 1.5%；地裂缝 45 处，占 0.8%；不稳定斜坡 1 107 处，占 19.4%。

滑坡是三峡库区数量最多的地质灾害类型，在三峡库区 3 830 处滑坡灾害点中，体积大于 $100 \times 10^4 m^3$ 的巨型和大型滑坡点 433 处，占滑坡总数的 11.31%；小型滑坡所占比例最大，发育 2 218 个，占总数的 57.91%。从分布数量看，三峡库区滑坡数量超过 200 处的县(区)依次为秭归县、巴东县、万州区、武隆县、云阳县和丰都县。

崩塌是高陡斜坡变形破坏常见形式之一。三峡库区峡谷众多，岩质崩塌较为发育。三峡库区共发现崩塌 549 处，其中体积大于 $100 \times 10^4 m^3$ 的巨型崩塌 41 处，占崩塌总数的 7.5%；大型崩塌 82 处，占崩塌总数的 14.9%；中型崩塌 150 处，占崩塌总数的 27.3%；小型崩塌所占比例最大，发育 276 处，占总数的 50.3%。从分布数量看，宜昌县的崩塌最多，达 100 处，占库区崩塌总数的 18.21%；三峡库区内崩塌超过 30 处的县(区)依次为巴东县、夷陵区、万州区、秭归县和石柱县。宜昌县巨型崩塌数也位居库区前列，发育巨型崩塌 22 处，占该县崩塌总数的 22%。巴东县巨型崩塌数为 11 处。

泥石流是山区特有的一种外动力地质现象，是因暴雨而形成的一种挟带大量泥沙、石块等固体物质的特殊洪流。三峡库区泥石流共登录 90 处，总体分布较集中，主要分布在巫溪县和巴东县，两县内的泥石流数量占泥石流总数的 52.22%，在 90 处泥石流灾害中，主要为小型泥石流，占总数的 77.78%，中型泥石流 18 处，占总数的 20%，大型泥石流仅 1 处，无巨型泥石流发育。库区内直接汇入长江的灾害性泥石流共计 13 处，泥石流较发育的支流有草堂河、梅溪河等。

三峡库区地面塌陷85处,以巴东、奉节、秭归和武隆最为发育。从规模上看,主要为小型地面塌陷,占总数的82.35%;大型地面塌陷7处,中型地面塌陷8处,分别占总数的8.24%和9.41%,库区内无巨型地面塌陷。

三峡库区地裂缝45处,占地质灾害总数的0.89%,宜昌县地裂缝最为发育,共有18处,占地裂缝总数的40%。从规模上看,主要为小型地裂缝,占总数的93.33%,中型地裂缝2处和巨型地裂缝1处。

不稳定斜坡是形成地质灾害的最大隐患,是地质灾害发生的前兆,崩塌、滑坡、泥石流等地质灾害就是不稳定斜坡最终变形结果。对三峡库区来讲,也可将不稳定斜坡看作是地质灾害的一种类型。三峡库区不稳定斜坡共计1 107处,占地质灾害总数的21.80%,秭归县和兴山县的不稳定斜坡最为发育,其次为奉节、巴南、开县和巴东,这6个县(区)的不稳定斜坡数占总数的60.61%。不稳定斜坡主要以影响或危及公路、集镇、桥梁和长江、清江航道的不稳定斜坡点(段)为主。

第二节 三峡库区地层与地质构造

一、三峡库区地层

三峡地区地层出露较齐全,从震旦系至第四系(缺失上志留统、下泥盆统、上石炭统)均有出露(表3-4,附图2)。以沉积岩分布最广,沉积总厚8~25km。岩浆岩、变质岩仅在三斗坪一带出露。岩浆岩类以花岗岩、闪长岩等侵入岩体为主;变质岩类以片岩、片麻岩、混合岩、大理岩等为主。区内松散岩类仅零星分布在长江和其支流沿岸阶地及坡脚,以冲、洪积黏土,亚黏土,砂砾石层,崩坡积和滑坡堆积层为主。

自秭归顺江而下至宜昌附近,沿江两岸地层发育比较完整,是我国开展地层研究最早、研究程度较高的地区之一。早在1924年,我国著名地质学家李四光曾率队在这一地区从事地层及古生物的研究工作;20世纪50年代以后,各生产、科研部门多次在三峡地区进行深入的调查研究,可靠地建立了该区的地层层序,特别是在古生代地层中发现了丰富的古生物化石,如古杯类、三叶虫、笔石、头足类、腕足类、珊瑚类等。目前这一地区的古生代地层系统被视为我国南方的标准剖面(图3-5),也是我国建立震旦系的典型地区,具有全球地层对比的意义,是我国研究区域地层、地球发展历史最为理想的地区之一。

二、三峡库区地质构造

三峡库区大地构造位置属扬子陆块,主体处于上扬子陆块川中前陆盆地和黄陵基底隆起南部陆表海,各类物质出露齐全,从太古宙陆核物质、古元古代表壳沉积、中元古代变质碎屑岩和火山岩建造、新元古代花岗岩及新元古代—新生代盆地沉积等均有出露,区内经历了多期次、多阶段的变形变质作用和岩浆活动,地质构造较为复杂。构造变形主要形成于晋宁期、印支-燕山期和喜马拉雅期。现今所见的地壳构造样式,黄陵基底主要是晋宁期构造-热事件的结果,沉积盖层区主要是印支-燕山期构造事件的结果,喜马拉雅运动造就了一系列断陷盆地。

表 3-4 秭归地区地层简表

年代地层						厚度 (m)	岩石地层
界	系	统	阶	组	段		岩性简述
新生界	第四系	全新统				Qh^{al} Qh^{pal} 0～10.0	岩块体、卵石、砾、砂、黏土混杂堆积，为河流冲击物、崩积物
		更新统				Qp_3^{al} 0～12.0	岩块本、卵石、砾、砂、黏土混杂堆积，为河流冲击物、崩积及滑坡堆积
中生界	白垩系	上统	四方台阶 嫩江阶	红花套组		K_2h 491	鲜红色、棕红色中厚层状细砂岩，粉砂岩夹厚层砂岩，含砾砂岩
			姚家阶 青山口阶	罗镜滩组		K_2l 273	灰红色、紫红色、灰厚层块状砾岩，含粒细砂岩夹粉砂岩
		下统	泉头阶	五龙组	三段	K_1w^3 386	灰红色、灰白色块状中厚层粗砾岩砂岩与石英岩状互层
					二段	K_1w^2 945	浅棕色、灰色、灰白色薄至中层状细—中粒石英砂岩，含粒砂岩
			承家湾阶		一段	K_1w^1 535	浅灰色、浅灰绿色、紫红色厚层含钙质细粒砂屑砂岩
				石门组		K_1s >100	紫红色、紫灰色块状中粗砾岩夹砖红色细砂岩透镜体
	侏罗系	中统		泄滩组	上段	J_2x 300～500	下部为紫红色泥岩与黄绿色、灰绿色中厚层细粒石英岩砂岩，粉砂岩互层；中部以黄绿色中厚层泥岩为主，夹粉砂岩、石英岩及紫红色泥岩；上部为深灰色、灰绿色泥岩夹粉砂岩、泥灰岩
					下段		下部为灰黄色厚层细粒石英砂岩、薄层泥岩，局部夹粉砂岩；中部为黄绿色薄至厚层钙质泥岩，粉砂岩夹碳质泥岩透镜体；上部为黄绿色钙质泥岩、泥灰岩夹含细粒砂岩，中间夹深灰色薄层灰岩或岩状透镜体
		下统		香溪组		J_1x 150～180	底部为深灰色色砾岩、含粒石英砂岩与粗中粒石英砂岩；中部主要为灰黄色细砂岩、粉砂岩与泥页岩互层；上部主要为灰黄色、灰色细砂岩，粉砂岩、泥岩夹煤层
	三叠系	上统		沙镇溪组		T_3s 9～158	以灰黄色长石石英砂岩、薄层泥岩及粉砂岩为主，偶夹泥岩、煤层和透镜状菱铁矿
		中统		巴东组	三段	T_2b^3 45	紫红色泥质砂岩、粉砂质页岩互层，夹薄层状灰岩透镜体，局部含钙质团块
					二段	T_2b^2 40	灰绿色粉砂质泥页岩夹薄层状泥灰岩
					一段	T_2b^1 20	土黄色灰质泥页岩，夹灰色透镜状、条带状灰岩
		下统		嘉陵江组	三段	T_1j^3 500～700	灰—浅灰色中厚层灰质白云岩与薄层微晶灰岩及白云质岩岩、白云质灰岩夹角砾状灰岩，可见石膏、石盐假晶
					二段	T_1j^2	灰色、浅灰色至灰黄色中厚层状泥质灰岩夹紫灰色微晶灰岩至角砾状灰岩
					一段	T_1j^1	灰色中厚层粉晶白云岩夹紫色薄层状微晶白云岩
				大冶组	四段	T_1d^4 300～790	浅灰色、紫灰色薄—微晶层微晶灰岩，夹厚层状灰岩，顶部为厚层鲕粒灰岩
					三段	T_1d^3	灰黄色、紫灰色薄层泥质条带状泥灰岩
					二段	T_1d^2	灰黄色薄层泥质条带状泥灰岩
					一段	T_1d^1	灰黄色、黄绿色泥灰岩，泥质灰岩及钙质岩岩或泥岩，局部夹浅灰色薄至中厚层微晶灰岩
上古生界	二叠系	上统		吴家坪组	保安段	P_3w 2～10	灰黑、深灰色薄层状硅质岩、泥岩及泥灰岩，上部夹2～3层黏土岩
					下窑段	P_3w 100～170	深灰色中厚层状含燧石结核或条带状生物碎屑灰岩，泥质团块生物碎屑灰岩，底部见珊瑚礁灰岩
			吴家坪阶		炭山湾段		青灰色透镜状硅质岩夹黄色黏土岩，其顶部夹不规则薄煤层，生物化石稀少
		中统	茅口阶	茅口组		P_2m 281	灰色中—厚层状含泥生物碎屑灰岩，局部夹燧石条带或结核，富含蜓类化石
		下统		栖霞组		P_1q 138	深灰色沥青质泥晶生物碎屑灰岩夹瘤状泥晶生物碎屑灰岩
				梁山组		P_1l 20	灰白色中厚层石英岩状细砂岩，粉砂岩、泥岩及煤层
	石炭系	上统	威宁阶	黄龙组		C_2h 33	灰色厚层—块状生物碎屑含砾泥晶灰岩、亮晶灰岩，局部段含灰质白云岩角砾和团块
				大浦组		C_2d 53	浅灰色块状白云岩、白云质灰岩，含团块状燧石，局部见底砾岩
	泥盆系	上统	锡矿山阶	写经寺组		D_3x 8.2～34	上部为灰黄色、灰黑色薄层碳质页岩，砂质页岩，石英砂岩夹粉砂岩；下部为灰色中厚层灰岩、泥质灰岩夹钙质页岩，普遍夹鲕状赤铁矿和鲕绿色菱铁矿
			余桥田阶	黄家磴组		D_3h 16	灰色中厚层石英细砂岩和粉砂岩、泥岩互层，偶夹中层状鲕状赤铁矿层
		中统	东岗岭阶	云台观组		D_2y 50	灰白色厚层—中层块状细粒石英砂岩，底部含砾砂岩，见石英质砂岩

续表 3-4

年代地层						厚度	岩石地层
界	系	统	阶	组	段	代号	（m）	岩性简述

界	系	统	阶	组	段	代号	厚度(m)	岩性简述
下古生界	志留系	下统	紫阳阶	纱帽组	三段			
					二段	$S_1 s$	91	灰色薄层粉砂岩、中厚层岩屑石英砂岩夹泥岩,顶部岩性为中厚层细粒石英砂岩夹粉砂岩
					一段			
			大中坝阶	罗惹坪组	二段	$S_1 lr$	349.6	下部为黄绿色薄层粉砂质泥岩夹瘤状或薄层状灰岩,上部以深灰色薄—中层泥灰岩,以生屑灰岩为主
					一段			
			龙马溪阶	龙马溪组	二段	$S_1 l^2$	350	黄绿色粉砂质泥岩、泥质粉砂岩,偶夹钙质泥岩透镜体
					一段	$S_1 l^1$	250	黑色、灰绿色薄层粉砂质泥岩,石英粉砂岩,偶夹薄层状石英细砂岩
	奥陶系	上统	赫南特阶	五峰组		$O_3 w$	8	黑灰色、灰黑色薄—极薄层含碳质、硅质泥岩,灰黑色薄层状硅质泥岩
			钱塘江阶	临湘组		$O_3 l$	15	灰色中层瘤状泥灰岩夹泥质灰岩,泥质条带发育
				宝塔组		$O_3 b$	19	灰色中厚层龟裂纹泥晶灰岩夹瘤状泥灰岩
		中统	艾家山阶	庙坡组		$O_2 m$	2.5	黄绿色、灰黑色钙质页岩,粉砂质泥岩夹薄层生物屑灰岩透镜体
			达瑞威尔阶	牯牛潭组		$O_2 g$	18	灰色、紫红色中层瘤状生物屑泥晶灰岩,砾状灰岩或中层状泥晶灰岩与瘤状灰岩呈互层状
		下统	大湾阶	大湾组	上段	$O_1 d^3$	28	黄绿色薄层粉砂质泥岩夹生屑灰岩或呈不等厚互层状
					中段	$O_1 d^2$	13	紫红色、灰绿色或浅灰色薄层生物屑泥晶灰岩,瘤状泥晶灰岩,夹少许钙质泥岩
					下段	$O_1 d^1$	14	灰绿色、深灰色、浅灰色薄层含生屑灰岩,微晶灰岩间夹极薄层黄绿色页岩
			道保湾阶	红花园组		$O_1 h$	27	灰色中厚层砂屑生物鲕粒灰岩夹灰黑色燧石条带
				分乡组		$O_1 f$	16	深灰色厚层—块状砂屑生物灰岩、亮晶砂屑灰岩夹黄绿色薄层页岩
			新厂阶	南津关组	四段	$O_1 n^4$	14	灰白色厚层—中厚状亮晶灰岩,含砾屑、生物屑、砂屑灰岩,间夹薄层泥晶灰岩
					三段	$O_1 n^3$	11~20	浅灰—深灰色厚层夹中层状亮晶含砾砂屑、鲕粒灰岩,硅质条带发育
					二段	$O_1 n^2$	8~15	浅灰—灰白色厚层微晶—细晶白云岩夹中层含砾砂屑、粒粉—细晶白云岩
					一段	$O_1 n^1$	10~30	深灰色中层砾屑生物灰岩、鲕粒灰岩、泥晶灰岩夹白云岩、泥岩
	寒武系	上统	凤山阶 长山阶	三游洞群	雾渡河组	$\in_3 Sy^2$	121.8	灰色、深灰色厚层块状泥晶灰岩,含砾屑细晶白云岩与中层状粉—细晶白云岩不等厚互层状,间夹少量薄层白云岩,含砾砂屑粉晶灰岩,硅质条带等
			崮山阶 张夏阶		新坪组	$\in_3 Sy^1$	108.2	灰白色厚层—块状含方解石充填晶洞细晶白云岩与粉晶灰岩互层,局部层段为中层状泥晶灰岩
		中统	徐庄阶	覃家庙组	官山垴段	$\in_2 q^2$	190	浅灰色、灰色中厚层白云岩、泥晶白云岩夹土黄色白云泥页岩
			毛庄阶		磙膝包段	$\in_2 q^1$	70	灰色薄层状浅泥晶白云岩、泥质白云岩与土黄色泥页岩互层
		下统	龙王庙阶	石龙洞组		$\in_1 sl$	105	浅灰色中厚层至块状泥晶白云岩
			沧浪铺阶	天河板组		$\in_1 t$	88	灰色条带状灰岩、瓦状灰岩,含核形石灰岩、古杯礁灰岩、内碎屑灰岩
				石牌组		$\in_1 sp$	294.9	下部细砂岩、薄层灰岩、灰页岩互层,中部灰岩团块状灰岩,上部灰绿色粉砂质泥岩
			筇竹寺阶	水井沱组		$\in_1 s$	114	上部浅灰色巨厚层状灰岩,中部为深灰色中层泥质灰岩与碳质页岩互层,下部为黑色碳质泥岩夹锅底泥灰岩
			梅树村阶	岩家河组		$\in_1 y$	50	下部灰黄色泥灰岩与土黄色泥页岩互层,夹硅质条带;上部为深灰色泥质灰岩、碳质灰岩与碳质页岩互层,碳质灰岩中含硅质结核
新元古界	震旦系	上统	龙灯溪阶	灯影组	白马沱段	$Z_2 dy^b$	17.5	灰白色厚—中层状白云岩,夹中—薄层状细晶白云岩,局部夹硅质条带
			石板滩阶		石板滩段	$Z_2 dy^s$	136	深灰色、灰黑色纹层状泥灰岩,偶夹燧石条带,局部见叠层石化石
			蛤蟆井阶		蛤蟆井段	$Z_2 dy^h$	8~25	灰—浅灰色中层夹厚层内碎屑白云岩、细晶白云岩,含硅质细条带
		下统	庙河阶	陡山沱组	四段	$Z_1 d^4$	4~22	黑色薄层硅质泥岩、碳质泥岩夹白云质灰岩
					三段	$Z_1 d^3$	60.9	下部灰白色薄至中厚层状白云岩、粉晶—细晶灰岩,燧石结核及条带发育;上部为薄至厚层状粉晶白云岩
			翁安阶		二段	$Z_1 d^2$	89.2	深灰—黑色厚层泥质灰岩、白云质灰岩夹碳质泥岩,呈不等厚互层状叠置
					一段	$Z_1 d^1$	5.5	灰色、深灰黑色厚层含硅质白云岩,含燧石结核,薄—中层状灰岩、灰质白云岩
	南华系	上统		南沱组		$Nh_2 n$	103.4	下部为紫红色冰碛砾岩,上部为灰绿色含砾冰碛砂质泥岩或泥岩
		下统		莲沱组	二段	$Nh_1 l^2$	80	由下往上为浅灰色长石石英含砾砂岩、砂岩夹紫红色泥页岩、紫红色泥岩以岩中厚层状长石石英砂岩,构成一个完整的韵律层
					一段	$Nh_1 l^1$	110	由下往上依次为紫红色砾岩、含砾长石石英砂岩或岩屑砂岩、砂岩夹泥页岩或互层、紫红色泥岩夹中厚层状砂岩,构成一个完整的韵律层
中元古界				庙湾岩组		$Pt_2 m$	864	斜长角闪岩、含透辉长石角闪岩,偶夹薄层含长透辉石英岩、大理岩等
古元古界				小渔村岩组		$Pt_1 x$	645	角闪片岩、云英片岩、角闪黑云斜长片麻岩,大理岩、透闪透辉岩夹黑云斜长片麻岩、斜长角闪岩夹黑云斜长片麻岩

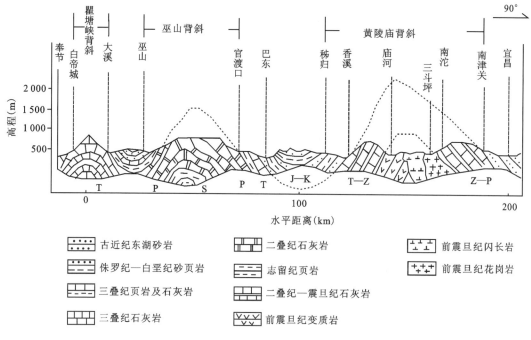

图 3-5 长江三峡典型地质剖面示意图

库区构造格架总体受黄陵地块的控制，外围褶皱构造呈弧形环绕或向其收敛。西为川东弧形褶皱带，构造线走向自西向东，由北北东—北东向渐变为北东东向；西南和南面为近南北—北北东向转向北东向的弧形褶皱带及长阳东西向褶皱带；东侧上叠中新生代江汉-洞庭凹陷盆地（图 3-6）。

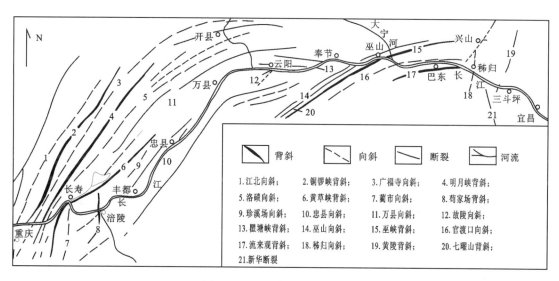

图 3-6 三峡库区构造纲要图

第三节 实践教学区自然地理概况

湖北省巴东县历史悠久,南朝宋景平元年置县,隋开皇十八年更名巴东,迄今有1 500余年历史。巴东县行政区划隶属湖北省恩施土家族苗族自治州(以下简称恩施州),新、老县城均位于巫峡与西陵峡之间的长江南岸。巴东之所以出名,除了那两句"巴东三峡巫峡长,猿鸣三声泪沾裳"的诗句外,还与一位名人有关。这位名人就是北宋名相寇准。寇准原籍山西,19岁时被派往巴东做县令。1 500多年以前,始建的巴东县城最初是在大江北岸,后来称作"旧县坪"。20岁的寇准见当时的巴东县"野水无人渡,孤舟尽日横",发奋改良农事,开拓南岸,以图有所作为,因此将县城搬到了江南的金字山。他在巴东三年任期内,写下了上百首诗文,并在旧县城内建了一座"秋风亭",常在此观景吟诗,饮酒作赋。后来寇准当了宰相,秋风亭因此名声大振。

巴东县范围处于东经110°04′—110°32′、北纬30°28′—31°28′之间,大巴山东,长江三峡中段,湖北省西部,恩施州的东北部。东连兴山、秭归县和长阳土家族自治县,东南与五峰土家族自治县相邻,南与鹤峰县接壤,西邻建始、重庆市巫山县,北界神农架林区。巴东县扼川鄂咽喉,据鄂西门户,历来为经济和军事要冲,境内地势西高东低,南北起伏,多崇山峻岭、悬崖陡坡、峡谷深沟和溶洞伏流,地形狭长,东西宽(最窄处)10.3km,南北长(水平距)135km,素有"八百里巴东"之称。县城信陵镇,濒临长江南岸,在209国道线上与长江交会点上,水路沿江东下至武汉,溯江西上抵重庆,陆上经209国道和318国道通达恩施州,209国道连接南北,318国道贯通东西,西南沿209国道与318国道相接(图3-7)。巴东县国土总面积3 354km²,

图3-7 巴东县交通位置图

辖区有一个开发区、12个乡镇、491个村(居委会),总人口49.1万人,其中少数民族占总人口的43%。巴东县境内武陵山余脉、巫山山脉、大巴山余脉盘踞南北,长江、清江横贯东西。地形地貌特点为地表崎岖,山峦起伏,峡谷幽深,沟壑纵横,是典型的喀斯特地貌。最高海拔3 005m,最大相对高差2 938.2m。地表平均坡度28.6°,其中25°以上的高山占总面积的66%,地形以山地为主;海拔1 200m以上的高山占总面积的37.09%,800~1 200m的中山区占33.07%。

巴东县城区域在地形地貌成因上属于构造侵蚀中低山峡谷区,位于长江三峡中部,是西陵峡和巫峡之间的过渡地带。该区域最高山顶的高程为700~1 230m之间,与低处相对高差为600~800m。长江在此段顺轴向近东西的官渡口复向斜核部偏南发育,流向自NE80°转南偏东50°。由于三峡水库蓄水将造成水位抬升,从1984年开始,位于175m高程以下巴东县城陆续迁移至海拔高于175m水位的黄土坡区域。巴东县新城区紧靠老县城西侧,受地质灾害的制约,曾3次选址,2次搬迁(图3-8)。据1995年10月调整后的县城新址扩建总体规划,新城区呈沿江展布的长约8km的带状组团结构,自东向西依次为黄土坡、大坪、白土坡、营沱、西瀼坡组团(图3-9)。

巴东县城区属亚热带季风气候区,具有雨量充沛、四季分明、冬冷夏热等特点。城区多年平均气温17.5℃,7—8月日均气温达35.3℃,极端最高气温41.4℃(1981年8月6日);1—2月日均气温3.8℃,极端最低气温-9.4℃(1977年1月3日)。常年主导风向为东南风,平均风速2.7m/s,最大瞬时风速达24m/s。

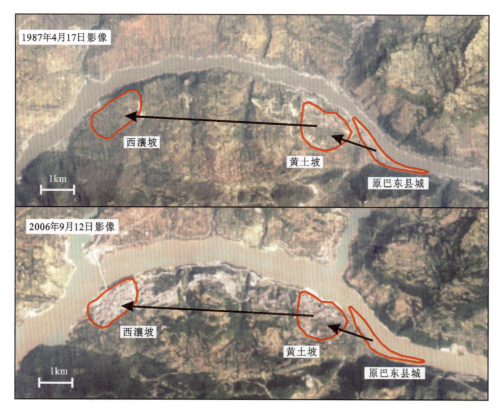

图3-8 巴东县移民搬迁过程示意图

图 3-9 巴东新城区组团位置示意图

巴东县城区位于鄂西暴雨区五峰暴雨中心北缘,多年平均降雨量 1 100.7mm(1954—2000 年),最大年降雨量1 522.4mm(1954 年),最小年降雨量 694.8mm(1966 年)。降雨具连续集中的特点,4—9 月降雨量占年降雨量的 71.8%(图 3-10)。巴东城区雨季经常发生大暴雨或连续降雨,一小时最大降雨量为 75.2mm(1991 年 8 月 6 日),一日最大降雨量达 193.3mm(1962 年 7 月 15 日),7 日最大降雨量 237.5mm(1991 年 8 月 7—14 日)。降雨量大且强度高是本区滑坡、泥石流等地质灾害的重要诱发因素。

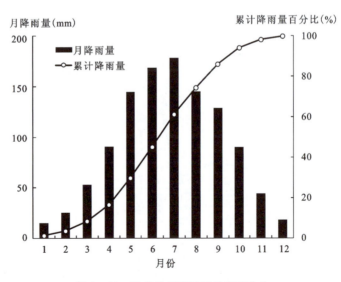

图 3-10 巴东县月降雨量累积百分比

长江流经巴东城区河段呈向北凸出的弧形,江面宽300～600m,为三峡地区相对较宽的河段。长江水量丰沛,枯洪变幅较大,洪水期出现在7—9月间,最高洪水位112.85m(1970年)。枯水期1—3月间,最低枯水位54.77m(1979年)。葛洲坝水库蓄水后,枯水位回升至66.02m,最大洪峰流量75 000m³/s,最枯流量2 700m³/s,枯洪水位变幅达46.83m,枯洪流量之比达27.8倍。

第四节 实践教学区地层

巴东县地层区划隶属扬子区利川小区,主要出露沉积岩,在巴东县除西南部出露少部分古生代地层外,主要出露中生界三叠系和侏罗系(表3-5)。

表3-5 巴东县地层简表

界	系	统	地层名称	接触关系	代号	厚度(m)
新生界	第四系	全新统			Qh	1～11
		更新统			Qp	>15
中生界	白垩系	下统	石门组		$K_1 s$	380
	侏罗系	上统	蓬莱镇组		$J_3 p$	1 224～1 943
			遂宁组		$J_3 s$	572～1 065
		中统	上沙溪庙组		$J_2 s$	1 060～1 244
			下沙溪庙组		$J_2 x$	945～1 139
			聂家山组		$J_{1-2} n$	678～1 066
		下统	香溪组		$J_1 x$	374～547
	三叠系	上统	沙镇溪组		$T_3 s$	0～158
		中统	巴东组	五段	$T_2 b^5$	0～18
				四段	$T_2 b^4$	0～469
				三段	$T_2 b^3$	0～392
				二段	$T_2 b^2$	0～417
				一段	$T_2 b^1$	94～116
		下统	嘉陵江组	上段	$T_1 j^3$	125～185
				中段	$T_1 j^2$	179～323
				下段	$T_1 j^1$	120～313
			大冶组		$T_1 d$	476～882

续表 3-5

界	系	统	地层名称		接触关系	代号		厚度(m)	
古生界	二叠系	上统	大隆组	长兴组		P_2d	P_2c	12～36	3～6
			吴家坪组			P_2w		82～278	
		下统	茅口组			P_1m		145～282	
			栖霞组	灰岩段		P_1q^l		100～253	
				马鞍段		P_1q^m		0～36	
	石炭系	上统	黄龙组			C_2h		0～67	
		下统	岩关组			C_1y		0～25	
	泥盆系	上统	写经寺组			D_3x		0～34	
			黄家磴组			D_3h		0～16	
		中统	云台观组			D_2y		0～81	
	志留系	中统	纱帽组			S_2s		91～182	
		下统	罗惹坪组	上段		S_1lr^2		87～542	
				下段		S_1lr^1		298～492	
			龙马溪组			S_1l		496～610	

一、志留系(S)

巴东县志留系仅发育下、中志留统，自下而上可划分为下志留统龙马溪组(S_1l)，罗惹坪组下段(S_1lr^1)、罗惹坪组上段(S_1lr^2)，中志留统纱帽组(S_2s)。志留系地层厚度达 972～1 826m。

龙马溪组(S_1l)上部为灰绿色页岩、粉砂质页岩夹中厚层粉砂岩；下部为灰黑色含碳硅质黏土岩、含碳质页岩夹粉砂岩。本组以黏土岩为主，具水平层理，波痕发育，为浅海陆棚相沉积。

罗惹坪组下段(S_1lr^1)为灰绿色薄层粉砂岩、黏土质粉砂岩夹细砂岩、粉砂质黏土岩；顶部为灰色中厚层钙质砂岩夹微晶生物屑灰岩；巴东宋子园一带以细砂岩、粉砂岩沉积为主。本段富含腕足、珊瑚、海百合、三叶虫、苔藓等，灰岩中珊瑚、海百合常形成礁体，具虫迹，波痕构造发育，属浅海陆棚相。北部巴东宋子园一带以粗碎屑岩沉积为主，说明靠近陆源，可能为沿岸滩坝相沉积。

罗惹坪组上段(S_1lr^2)为灰绿色页岩、粉砂质页岩夹薄层粉砂岩或黏土质粉砂岩。本段岩性较稳定，主要为黏土岩沉积，化石稀少，仅见少量腕足、海百合、苔藓等，常见虫迹构造，波痕构造发育。表明继承了罗惹坪组下段沉积特点，仍属浅海陆棚相沉积。

纱帽组(S_2s)为灰绿色中厚层—薄层石英细砂岩、粉砂岩夹粉砂质页岩，上部夹黏土质结晶灰岩。本组以细砂岩为主，化石稀少，仅顶部灰岩中含三叶虫、腕足、鱼化石碎片等。具有虫管构造、波痕、交错层理、泥裂构造发育,为沿岸滩坝相沉积。志留系矿产仅见纱帽组顶部夹低品位磷矿,厚度小,不具有工业价值。

二、泥盆系(D)

巴东县地区泥盆系普遍缺失下统,仅发育中、上泥盆统,由下而上划分为中泥盆统云台观组(D_2y),上泥盆统黄家蹬组(D_3h)、写经寺组(D_3x)。泥盆系地层总厚 0~131m,与下伏地层呈平行不整合接触。

云台观组(D_2y)以灰白色中—厚层石英岩状砂岩、细粒石英砂岩为主。局部夹粉砂岩及粉砂质黏土岩。具水平纹理和大型斜层理构造。化石贫乏。仅上部偶见炭化植物碎片,底部石英岩状砂岩常含有石英砾石。云台观组岩性单一,具水平纹理和大型斜层理构造,化石稀少,且超覆于中志留统纱帽组之上,充分说明在经历长期风化、夷平,地形趋于平缓的基础上,随着华南泥盆系自南向北的海侵范围扩大进而穿过江南古陆阻隔,形成宽缓的岸海滩地带。由于海浪作用,使沉积物充分淘洗、分选,不宜于生物生长。加之地壳运动相对平静,得以形成横向和纵向上单一的岩性,是典型的滨岸陆屑滩相沉积。

黄家蹬组(D_3h)为黄绿色、灰绿色页岩,细粒石英砂岩及粉砂岩,粉砂质页岩夹1~2层赤铁矿层。含植物碎片及鱼碎片、腕足、海百合等海相底栖动物,多呈磨损介壳或生物屑出现。鲕状赤铁矿层在绿葱坡、十道水等地以及长庄以北钟家山发育,以粉砂岩、泥岩为主,往南东新滩、杨林等地赤铁矿层不甚发育,沉积物粒度明显变粗,以石英砂岩、含铁砂岩为主。本组厚度由南向北减薄,以至缺失。再往北至巴东北缘缺失。

写经寺组(D_3x)为灰黄色、青灰色泥质灰岩,生物屑灰岩及黄绿色、黄褐色泥质-钙质粉砂岩、泥岩。顶、底部常夹鲕状赤铁矿层及黄铁矿结核,呈中厚层状,具泥质条带构造。灰岩、钙质泥岩中含丰富的腕足和少量珊瑚,化石平行层理分布,多富集于层面,有磨损现象。本组仅分布在长江以南、香龙山周围,其他地区则剥蚀殆尽。写经寺组岩性、厚度变化迅速,杨林尚西头厚度较大,为34.20m。以灰岩、钙质泥岩为主,下部铁矿层不发育,顶部发育泥质石英砂岩及赤铁矿层。香龙山背斜西翼绿葱坡、十道水等地厚20余米,以黄绿色、黄褐色泥质粉砂岩为主,下部夹鲕状赤铁矿 Fe_2O_3,上部泥质灰岩厚仅4m左右,顶部相变为紫红色含铁粉砂岩。香龙山背斜北翼残留厚不足2m,仅见黄绿色、紫红色页岩及鲕状赤铁矿。

三、石炭系(C)

石炭系在巴东地区出露不全,自下而上仅发育下石炭统岩关组(C_1y)和上石炭统黄龙组(C_2h),总厚 0~92m。黄龙组、岩关组与下伏泥盆系地层皆平行不整合接触。

岩关组(C_1y)下部为深灰色页岩及深灰色含生物屑微晶灰岩,上部为杂色、紫红色粉砂岩,细砂岩及页岩;顶部页岩中含针铁矿及赤铁矿结核。岩性较复杂。多呈中—厚层状,具水平纹层构造,腕足、珊瑚及海百合等较丰富,化石保存不完整,多呈碎片状平行层理分布。从岩关组岩性、构造以及海相生物的保存状态分析,基本上说明巴东地区在早石炭世早期(岩关期)属滨岸潮坪相区沉积。至岩关期晚期,西部坳马阡等地有植物碎片沉积,是近岸沼泽相的标志。

黄龙组（C_2h）下部为浅灰色中—厚层白云岩、灰质白云岩；底部常见硅化结晶白云岩及角砾状白云岩；上部浅灰色厚层白云质灰岩及含生物屑灰岩。巴东绿葱坡上部灰岩中可见丰富的珊瑚和蜓。本组岩性在横向上变化不大，但各地残留厚度变化迅速，巴东绿葱坡、十道水最厚达87.26m，往北至兴山大峡口完全缺失。晚石炭世早期（黄龙期）实践教学区遭受了比早石炭世更大规模的海侵，黄龙组下部白云岩中化石稀少，是局限海台地相的产物；上部灰岩中呈磨圆碎屑状保存的浅海底栖生物化石较丰富，是开阔海台地相的产物。

四、二叠系（P）

巴东地区二叠系出露广泛，自下而上划分为下二叠统栖霞组（P_1q）、茅口组（P_1m），上二叠统吴家坪组（P_2w）、长兴组或大隆组（P_2c/P_2d），二叠系地层总厚330～885m，与下伏地层呈平行不整合接触。

栖霞组马鞍段（P_1q^m）为灰黑色含砂质页岩、灰白色砂岩夹煤层，底部为灰绿色薄层泥质页岩，褐黄色黏土层。顶界以富含介形类灰色砂质页岩为标志与栖霞组灰岩段疙瘩状灰岩相区别，界线明显。马鞍段仅分布在巴东至兴山大峡口一线以南，岩性可分为上、下两部分，下部以石英岩状砂岩为主，夹煤线及煤层；上部为石英砂岩、粉砂质页岩。

栖霞组灰岩段（P_1q^l）下部为黑—黑灰色薄至中厚层含燧石结核疙瘩状灰岩，夹含碳钙质页岩；中部黑—深灰色中厚层状含沥青质灰岩，深灰色薄至中厚层含燧石结核灰岩，见瘤状构造。

茅口组（P_1m）下部以灰黑色巨厚层灰岩为主，夹少量燧石结核；中部以燧石结核灰岩为主，燧石显著增多；上部为浅灰色灰岩，横向上岩性变化不大。

吴家坪组（P_2w）下部为硬砂岩、碳质页岩夹煤层；上部为浅灰色块状厚层灰岩，含少量燧石结核；顶部以灰白色、灰色硅质灰岩为主，含燧石结核。灰岩段尚较稳定，下部含煤段因地而异，变化较大。

巴东地区二叠纪晚期岩相分异明显，可划分为南、北两个相。长兴组（P_2c）分布于北相区。岩性为浅灰色、灰黑色薄至中厚层含燧石结核灰岩。厚度12.92m。岩性厚度较稳定。大隆组（P_2d）分布于南相区，岩性为黑色薄板状硅质岩，含碳硅质页岩夹碳质页岩，厚度变化较大。

早二叠世马鞍期，巴东地区南部广大地区接受了以石英为主的沉积。砂岩分选良好，分布广泛，发育楔形交错层理、不规则波状层理，层面见有雨痕、虫迹构造和植物茎干化石，显示为滨岸沉积。至栖霞期和茅口期，海侵范围进一步扩大，沉积物以灰黑色含生物碎屑灰岩为主，具瘤状构造，含燧石结核及黄铁矿晶体，主要生物有珊瑚、蜓、腕足、苔藓、有孔虫等，岩石含有较多灰岩，属于开阔海台地相沉积。早二叠世末，受东吴运动影响，海水一度退出实践教学区，形成上、下二叠统之间的沉积间断。

晚二叠世早期，巴东地区普遍沉积了以生物粉屑微晶灰岩为主的吴家坪组，生物化石丰富，除蜓、有孔虫、腕足外，尚有棘皮动物、海绵骨针、珊瑚、绿藻等生物碎屑，属于开阔台地相。晚二叠世晚期，由于古地理环境发生明显分异，形成了南、北两个不同的相区。南相区以黑色硅质岩沉积为主，具水平微细层理，生物以富有生物和菊石、箭石和营底栖的小个体腕足为特征，说明当时海底处于浪基面附近，水体能量较弱，为台地相水体能量最弱的地带。二叠系矿产主要有煤、黏土矿及黄铁矿。下二叠统马鞍煤系主要分布在巴东绿葱坡、麻沙，一般含煤

1~2层,煤层厚0.8~3m。吴家坪组含煤段一般含可采煤层1层,煤层厚0.6~1.55m,常构成小型矿床,供地方开采利用。黏土矿产于马鞍煤系顶部。厚度1~2m,最厚达4.69m。含Al_2O_3 35.68%~39.5%。黄铁矿主要赋存于吴家坪组下部含煤段,呈似层状、结核状。矿层厚0.1~0.6m,含S 18%~29.73%,具一定的工业价值。

五、三叠系(T)

巴东地区,三叠系自下而上划分为下三叠统大冶组(T_1d)、嘉陵江组(T_1j),中三叠统巴东组(T_2b),上三叠统沙镇溪组(T_3s)。其中嘉陵江组可进一步分为3个岩性段,巴东组分为5个岩性段。三叠系与下伏地层呈整合接触,总厚度994~3 273m。

大冶组(T_1d)岩性较单一,主要为浅灰色、肉红色薄层微晶灰岩夹中厚层微晶灰岩和泥灰岩。上部为灰色中厚层亮晶砂屑灰岩;下部夹黄绿色页岩;底部为4.5~50.6m黄绿色页岩。本组以薄层微晶灰岩为主,并见有条带状构造和瘤状构造,具水平层理,局部发育斜层理,生物较为丰富,主要为双壳、菊石、介形虫、海百合,个体完整,属开阔海台地相沉积,下部页岩夹层多,双壳、菊石较丰富,显然海水较深,可能为浅海陆棚相沉积。

嘉陵江组(T_1j)下段下部为浅灰色中厚层微晶白云岩及厚层岩溶角砾岩。底部为厚1.8~5.99m的含生物屑、砾屑亮晶鲕粒灰岩,上—中部为灰色、深灰色微薄层—中厚层微晶灰岩夹少量砾屑、砂屑灰岩及一层亮晶鲕粒灰岩。岩性各地差异不大。嘉陵江组中段下部灰色细晶生物屑,砂屑灰岩夹微晶灰质白云岩、岩溶角砾岩;底部为一层含石膏假晶白云岩;中—上部浅灰色、肉红色中—厚层微晶灰岩,夹微晶砾屑灰岩和生物微晶灰岩。上部岩性较为稳定,各地变化甚微,总厚度具有由南向北逐级减薄的趋势。嘉陵江组上段下部浅灰色中厚层含石膏假晶白云岩夹灰色溶崩角砾岩,中上部为灰—深灰色厚层微晶灰岩夹灰白色中厚层微晶白云岩。

下三叠统嘉陵江组主要为一套碳酸盐岩沉积。鲕粒灰岩、内碎屑灰岩较为普遍,具波纹状、波状层理,白云岩中见斜层理及干裂构造。生物稀少,仅见双壳和螺类,种属单一,且多呈碎屑状。白云岩、溶崩角砾岩夹层中常见石膏、石盐假晶,并夹燧石结核或燧石条带,为干燥气候条件下半闭塞-闭塞台地相沉积。

巴东组(T_2b)实践教学区内出露广泛,自下而上分为5段。

巴东组一段:主要为灰色、紫红色微晶白云岩夹岩溶角砾岩及黑色膏泥透镜体假晶白云岩,顶部为黄绿色、蓝绿色页岩夹灰色薄层泥灰岩。

巴东组二段:为紫红色黏土质粉砂岩和紫红色含灰质粉砂质黏土岩不等厚互层,夹泥灰岩、细砂岩和灰绿色泥岩条带,各地所见岩性基本一致,由西向东厚度变薄。

巴东组三段:为浅灰色薄—中厚层含黏土质微晶灰岩和灰色中厚层微晶灰岩互层,夹泥岩。下部夹黄色薄—中厚层微晶白云岩及溶崩角砾岩;上部夹少量浅灰色薄—中厚层灰质细砂岩及水云母黏土岩,各地岩性均无大的变化。

巴东组四段:中、下部为紫红色厚层黏土岩,含灰质粉砂质黏土岩夹蓝灰色中厚层含黏土质、粉砂质微晶灰岩;上部为紫红色厚层粉砂岩夹细砂岩。

巴东组五段:见于秭归盆地西部,为浅灰—灰黄色厚层微晶白云岩夹泥质白云岩,顶部为浅灰色厚层含生物屑微晶灰岩。向南泥质成分增加,相变为泥质白云岩夹黄绿色页岩。

综上所述,巴东组为一套厚度较大的紫红色碎屑岩及碳酸盐岩沉积。紫红色碎屑岩中波痕、交错层、虫管构造常见,生物稀少,仅在灰岩夹层中见少数双壳类化石,属炎热干燥气候条件的潮坪潟湖环境。其中巴东组一段以白云岩、溶崩角砾岩为主,具水平层理,为闭塞台地相沉积。

沙镇溪组(T_3s)为灰绿—灰色薄—厚层石英砂岩、粉砂岩、黏土岩夹碳质页岩和煤。本组以深灰色含煤细碎屑岩沉积为特征,含有菱铁矿结核,下部含有灰质和泥灰岩条带,具水平层理和微细交错构造,化石丰富,主要有植物、双壳、叶肢介等,保存较好,属滨岸沼泽相沉积。

六、侏罗系(J)

侏罗系主要集中在秭归盆地,范围横跨秭归、巴东、兴山三县。巴东县侏罗系自下而上划分为下侏罗统香溪组(J_1x),中—下侏罗统聂家山组($J_{1-2}n$),中侏罗统上沙溪庙组(J_2s)、下沙溪庙组(J_2x),上侏罗统遂宁组(J_3s)、蓬莱镇组(J_3p)。

香溪组(J_1x)岩性为灰绿色中—薄层黏土质粉砂岩、粉砂质黏土岩夹细砂岩、碳质页岩及煤层。一般上部以泥岩、黏土岩为主,偶夹亮晶生物屑灰岩;下部以粉砂岩、砂岩为主,最底部为一层灰白色、黄绿色厚层中粒石英砂岩,含砾石或夹砾岩。香溪组自下而上划分为9个韵律层。含煤9层,但一般可采煤层1~3层。本组横向变化较大。本组底部含砾石英砂岩在秭归盆地西南部,覆于沙镇溪组之上,二者分界明显,接触界面常见冲刷现象。香溪组下部为砂岩,分选性差,斜层理、楔形层理发育,夹大型岩块,应为典型的河床相沉积;而煤层及黑色碳质页岩含大量植物叶片化石,属于泥炭沼泽相沉积,上部以砂岩、泥质粉砂岩为主,具微细斜层理,除含植物叶片外,尚见到保存完整的双壳类化石,应为湖泊-湖沼相沉积。

聂家山组($J_{1-2}n$)连续沉积于香溪组之上,按岩性大致分为三部分:下部为灰绿色薄—中厚层粉砂质黏土岩、粉砂岩、长石石英砂岩,夹少量紫红色泥岩、薄层粉砂岩;中部为紫红色薄—中厚层粉砂岩与灰绿色细粒长石石英砂岩不等厚互层,偶夹生物介壳亮晶灰岩;上部以紫红色中厚层粉砂岩、含砾黏土质粉砂岩为主,夹少量灰绿色薄层细砂岩、长石石英砂岩。本组岩性尚较稳定,仅砂岩含量由南向北略呈增高的趋势,地层厚度仍具西厚东薄的特点。

本组与下伏香溪河组比较,以开始出现紫红色为特征,砂岩分选较好,水平层理较发育,局部见对称波痕,灰岩夹层中富含淡水双壳类化石,属于热气候条件下浅湖相沉积,局部有的砂岩夹层不甚稳定,斜层理发育,说明局部具有河流相沉积特征。

下沙溪庙组(J_2x)下部为紫红色厚层粉砂质泥岩、泥质粉砂岩,夹青灰色厚层—中—细粒长石砂岩、岩屑长石砂岩,底部为灰绿色厚层至巨厚层砂质砾岩;上部为紫红色薄层粉砂岩、含灰质泥质粉砂岩,与青灰色至灰绿色厚层长石砂岩、岩屑长石砂岩不等厚互层。本组岩性区域变化较明显,地层从南东向北西增厚。

上沙溪庙组(J_2s)连续沉积于下沙溪庙组之上。为紫红色至紫灰色薄—中厚层粉砂岩、黏土质粉砂岩、灰质粉砂岩与灰白色中—厚层细粒长石砂岩、长石石英砂岩互层,底部为青灰色至灰绿色厚层至块状中—细粒岩屑长石砂岩。

综上所述,上沙溪庙组、下沙溪庙组为一套巨厚的砂泥岩沉积,其中泥岩富含砂质,砂岩较粗,分选性差,常含泥砾并夹透镜状砾岩,单向斜层理发育,常见正韵律层,横向变化大,冲刷切割现象普遍,系以河流相为主的快速堆积。下沙溪庙组底部、上沙溪庙组顶部个别层段,砂岩横向稳定,分选性好,偶见交错层理,泥岩夹层含砂较少,可能属浅湖至滨湖相。泥岩色红并含石膏,表明当时处于干热气候。

遂宁组(J_3s)连续沉积于上沙溪庙组之上。根据岩性特征分为上、下两部分,下部为红色含灰质粉砂岩、粉砂质泥岩,夹灰绿色厚层细粒长石砂岩;上部以灰白色中至厚层细粒长石石英砂岩为主,夹紫红色粉砂岩、泥质钙质砂岩。本组底部以一层厚10～20m砖红色石英粉砂岩作为遂宁组底界。砂岩含量总的趋势北高南低,砂岩粒度北粗南细。本组地层由南向北有增厚之势。遂宁组砂岩颗粒细,分选好,石英含量较高,并以灰质胶结为主;砂岩横向较稳定,以水平层理为主,常见波状层理,泥岩色红,见泥裂构造,应为干燥气候下形成的氧化浅湖相沉积。有的粉砂岩偶见斜层理及冲刷切割现象,为河流相沉积。

蓬莱镇组(J_3p)下部为紫红色薄—中厚层灰质黏土质粉砂岩、粉砂质泥岩与灰白色厚—中厚层中粒石英砂岩、长石石英砂岩略等厚互层;上部以灰白色中厚—厚层长石砂岩、长石石英砂岩为主,夹紫红色钙质细砂岩、粉砂岩、长石石英砂岩,局部含砾或夹砾岩。本组岩性横向变化不大,向斜西翼砂岩较多,碎屑颗粒以岩屑、长石含量较高,东翼泥岩层次增多,碎屑矿物以石英为主。砂岩以中粒为主,正韵律发育,粒度变化幅度大,微细层理发育,有的层段砂岩占绝对优势,富含炭化植物碎片、煤屑、赤铁矿结核、虫迹、虫管十分发育,在红色泥岩中富含灰质团块,泥砾大量出现,冲刷现象普遍,这些特征表明蓬莱镇组应属于浅湖相至河流相沉积。

七、白垩系(K)

白垩系仅分布于周坪、红崖子、北岩套沟等地,其中北岩套沟的白垩系为宜昌盆地的下白垩统石门组(K_1s)的西延部分,其他两地的白垩系为小断陷盆地沉积,均为陆相红色碎屑岩,划分为下白垩统石门组。与下伏地层呈角度不整合接触,总厚度大于380.2m。

石门组(K_1s)上部为砖红色厚层砾岩。砾石成分以灰岩和石英砂岩为主,次为黑色燧石,砾石大小不一,磨圆度尚好,但排列无方向性,基底式胶结,胶结物为硅质、灰质。中部为砖红色中厚层石英砂岩与中厚层泥质粉砂岩互层,另夹砖红色砂砾岩层,交错层发育。下部为砖红色厚层砾岩,顶部为砖红色、灰白色石英砂岩,砾石主要为灰岩、白云岩,次为黑色燧石,呈次滚圆状,排列具一定方向,略具分选,大小一般为1～30cm,基底式胶结,胶结物主要为硅质。上述岩性以周坪一带发育较全,沉积具粗—细—粗的旋回性,红崖子仅见下部砾岩。相当于邻区宜昌盆地下白垩统五龙组之下的石门组,时代定为早白垩世。

八、第四系(Q)

巴东县内第四系多沿长江及其支流河谷零星分布,往往组成河谷阶地。该区域位于地壳上升剥蚀区,河谷阶地极为发育,可分为10级,多为侵蚀阶地,但保存不好。现将区域内第四系分为更新统(Qp)和全新统(Qh)。

更新统(Qp)在长江河谷阶地极为发育,一般见有Ⅶ～Ⅹ级阶地。茅坪—庙河段河谷为宽谷,发育Ⅰ～Ⅶ级阶地,其中Ⅰ级阶地为基座阶地,具二元结构,下部为砾石层,上部为黏质砂土层;Ⅱ～Ⅶ级阶地为侵蚀阶地,堆积物甚少。庙河至香溪为西岭下西段,峡谷呈"V"字形,阶地不发育。香溪至官渡口河段呈宽谷,巴东、秭归一带发育Ⅰ～Ⅹ级阶地,堆积物甚少,一般见阶地后缘残留砾石层,零星分布于河谷两岸。总厚度大于15m。

在新滩龙马溪见有万宝山砾石层和龙马溪口砾石层,分别组成长江Ⅲ级阶地和Ⅱ级阶地。现描述如下:

万宝山砾石层,位于长江北岸龙马溪口万宝山顶,高出现代长江水面150m,为基座阶地。为灰色砾石,成分为奥陶纪结晶灰岩、志留纪页岩及红色砂岩,砾石大小混杂,磨圆度不好,泥砂质和钙质胶结,厚15m。不整合于志留系之上。

龙马溪口砾石层,位于万宝山脚下龙马溪口的小山丘顶,高出现代长江水面20～50m,为基座阶地。砾石层呈灰白色,成分为石英岩、花岗岩及志留纪页岩,砾石大小混杂,具半滚圆状,钙质胶结,固结坚硬,厚度不详。

分布于河谷阶地的沉(堆)积层与下伏地层均呈不整合接触,出露标高高于河漫滩和河床堆积,时代属更新世。但有人将龙马溪口砾石层的时代归于全新世。区域内碳酸盐岩分布区这种没有二元结构、砾石滚圆度差、排列无章、钙质胶结的所谓角砾,在很多地方均可见及,而这种胶结现在仍在进行,所以将龙马溪口砾石层置于全新世。这套砾石层是否在更新世沉积以后继续直至现在仍在进行堆积是值得今后进一步研究的。

全新统(Qh)沿长江及其支流分布,构成河床、河漫滩堆积,为卵石、砂、亚砂土和黏土。卵石成分复杂,胶结松散,厚1～11m。时代为全新世。此外,区域内见有重力堆积、洞穴堆积、坡积、残积等多种类型的全新世堆积,为碎石、岩块、亚砂土、亚黏土等的混杂物,厚度一般很小。

第五节　实践教学区地质构造

一、区域构造背景

巴东县位于扬子准地台四川台坳川东台褶带之巴东-利川台褶束,由志留系—三叠系组成近东西向之主体构造,并叠加有北北东向构造,其东部被中生代秭归盆地所叠覆,新构造运动亦表现强烈。在区域构造上位于扬子地台川东坳陷褶皱束的东端,区域性褶皱主要为一系列向北西外凸近于平行展布的弧形褶皱,背斜多属紧闭背斜,局部有倒转现象,向斜为复式向斜,多沿主轴两侧呈平行斜列式展布。褶皱轴向自西向东由北东转为北东东,最后以近东西向嵌入秭归向斜中。次级构造处于轴向近东西的官渡口复向斜的东端南翼、南邻沙镇溪至百福坪背斜北翼,东临秭归向斜。邻近黄土坡地区的主要区域性活动断裂有北北西向的仙女山断裂、北北东向的新华断裂和齐岳山断裂。这三大主干断裂在实践教学区附近呈汇而不交状态。巴东地区基本构造格局雏形形成于印支期,定型于燕山期,在喜马拉雅期又进一步得到了改造与加强。

二、近东西向构造

实践教学区内近东西向构造发育,其形迹贯穿全区,以褶皱为主、断裂为辅,形成于印支期。

(一)近东西向褶皱构造

实践教学区内近东西向褶皱构造主要显示侏罗山式褶皱特征,由北向南依此为蔡家背斜、水獭向斜、新屋背斜、官渡口向斜(营沱向斜)、作揖沱背斜及熊家坪向斜(图3-11)。

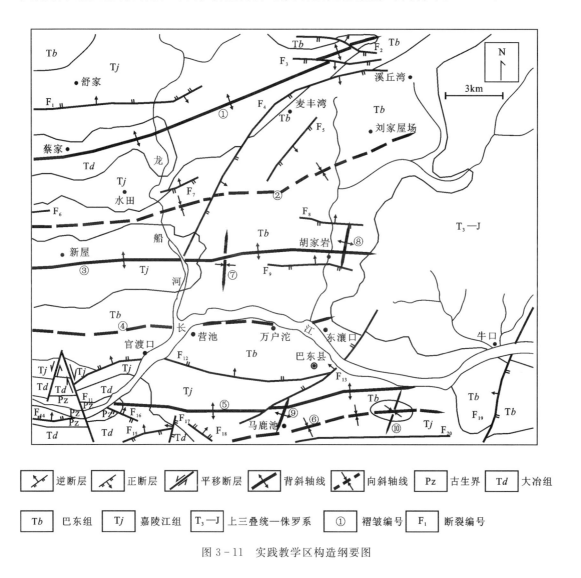

图 3-11 实践教学区构造纲要图

1. 蔡家背斜①

蔡家背斜实践教学区内长约18km,宽2~3km,轴向约70°,东部略向北偏转并倾伏于秭归盆地之下,核部地层为大冶组第四段,两翼地层主要为嘉陵江组,北翼地层产状一般为350°∠25°~30°,南翼地层产状一般为160°∠20°~30°。该背斜为上缓下陡的对称型箱状背斜。

2. 水獭向斜②

水獭向斜实践教学区内长约18km,宽1~3km,轴向约80°,东部扬起端受后期构造作用影响而急剧加宽,形成一个向东开放的喇叭口。向斜槽部地层为巴东组,两翼地层为嘉陵江组,北翼地层产状为170°∠25°~30°,南翼地层产状一般为5°∠30°~40°。该向斜为一西部对称、东部扬起并撒开的向斜。

3. 官渡口向斜(营沱向斜)④

官渡口向斜具有一定的区域规模,沿长江横贯本区,轴线位于实践教学区北部沿江大道附近。向斜总体近东西走向,核部跨长江两岸,东西长约14km,南北宽约4km。枢纽起伏不平,在平面上也略有弯曲。官渡口向斜所卷入的地层包括三叠系嘉陵江组、巴东组和侏罗系。在实践教学区,核部主要为巴东组,两翼为嘉陵江组灰岩。由于嘉陵江组岩性坚硬,控制着褶皱的基本格架,而巴东组岩性强弱相间,在褶皱过程中起到协调应力和应变的作用,从而在此地层中形成了大量的次级褶皱。

官渡口向斜为两翼近对称、轴面近直立的复式向斜。褶皱非常宽缓,显示出开阔的圆弧形褶皱特点。枢纽产状波状起伏,一般为85°∠25°,北翼地层产状一般为175°∠18°~35°,南翼地层产状一般为335°∠30°~45°。在平面上,为延伸不远的次级线状系列褶皱群;在剖面上,这些次级褶皱的核部,向斜较平缓宽阔,背斜稍紧闭,并沿官渡口向斜翼部方向呈斜列式展布,即次级褶皱枢纽的高程由翼部向核部降低。次级褶皱多发育在巴东组三段(T_2b^3)泥质灰岩、泥灰岩中,旁侧往往伴生因剪切滑移形成的软弱层劈理化现象,多为不对称褶皱,尤其是次级背斜不对称特征更加明显。

4. 作揖沱背斜⑤

作揖沱背斜实践教学区内东西长约19km,宽约1km,轴向约85°,东部倾伏于秭归盆地之下。核部地层由西向东依次由上志留统至下三叠统组成,两翼地层产状皆具由陡变缓特征,尤其古生代地层倾角可达80°,而翼部中生代地层倾角一般为20°~25°,轴脊线一般较宽缓,并具明显的波状起伏特点。该背斜为一核陡、翼缓、脊宽的对称状箱状背斜。

综合上述褶皱特征,区域属隔挡式褶皱。受燕山运动影响。区内背斜之东端轴一般被秭归盆地所覆盖,而向斜之东扬起端的巴东组则作为秭归盆地之基底,组成秭归向斜的翼部地层。其他近东西向褶皱特征见表3-6。

表3-6 近东西向褶皱特征表

编号	褶皱名称	位置	枢纽产状	特征		规模		备注
				卷入地层	两翼产状	长(km)	宽(km)	
③	新屋背斜	新屋—胡家岩	波状起伏 85°∠25°	三叠系嘉陵江组—巴东组	北翼:5°∠20°~35° 南翼:180°∠15°~30°	16	3	向东伏于秭归向斜之下
⑥	熊家坪向斜	石家—店子湾	波状起伏	三叠系嘉陵江组—巴东组	北翼:160°∠20°~45° 南翼:245°∠30°~35°	12	1.5	东部扬起

(二)近东西向断裂构造

实践教学区近东西向断裂构造与该方位褶皱相伴产出,主要分布于背斜、向斜翼部及转折部位,规模大小不一。主要有熊家槽断裂、官渡口断裂等。实践教学区内断裂普遍具有两期活动特点,早期,断裂北盘向南推覆,为压性;晚期,在原断面的基础上普遍发生伸展改造,为张性,使断裂性质复杂化。除熊家槽断裂、官渡口断裂以外的其他近东西向断裂基本性质见表3-7。

表3-7 近东西向断裂特征表

编号	断裂	走向	倾向倾角	规模长(km)	规模宽(km)	特征	性质	备注
F_2	周家湾断裂	110°	20°∠70°	4		岩石破碎,方解石脉发育、两盘地层弧形节理发育,缺失地层,地层发生左旋错动	逆断层	往北西西向延伸
F_3	瓦屋场断裂	275°	175°∠85°	2		岩石破碎,断面平直,擦痕发育,指示南盘下降、缺失地层	正断层	
F_6	野鸡坪断裂	270°～280°	不明	2	10	发育宽10m的断层破碎带,岩层错动(北盘往东位移),缺失地层	不明	向西延伸
F_7	青山梁子断裂	265°	350°～360°∠40°～50°	2		断面平直,地层错动,两侧产状相反,巴东组三段冲入巴东组一段之上	不明	
F_8	大屋场断裂	280°	30°∠70°	4		两盘岩层产状不一,上盘:60°∠10°;下盘:180°∠60°,岩性不一致。上盘岩层发育"Z"形揉皱,下盘岩层呈弧形向上盘方向凸起指示上盘上升	逆断层	
F_9	宋家梁子断裂	270°	270°	5	30	发育宽约30m的断层破碎带,带内岩石定向排列,发育一组密集的弧形节理,产状:340°∠35°～70°;上盘产状:180°∠80°;下盘产状:160°∠30°	逆断层	多期活动后期受到延伸改造
F_{14}	楠木园断裂	270°	360°∠55°	2.5	30	发育约30m的断层破碎带,带内岩石呈棱角状角砾,弱定向,地层发生重复,上盘新地层出露范围大	正断层	多期活动早期为逆断层
F_{15}	大岩梁子断裂	250°～110°	360°∠75°	3		断面清晰,呈圆弧形,上盘强烈揉皱,指示上盘上升,缺失地层被北北东向断裂切割	逆断层	向西向东延入区外风吹哑幅
F_{16}	杨家棚断裂	270°～280°	360°∠75°	2.5		地层重复,地表负地形,线性影像	逆断层	向西被北北西向断裂切割
F_{20}	南沟断裂	270°		7		属楠木园东段,沿断裂具岩石破碎特征,使地层重复或错位	不明	向南西延出区外

1. 熊家槽断裂（F_1）

该断裂属三溪河断裂东段，长约 8km，东端向北翘起，呈缓弧状，形成于三叠系嘉陵江组中。叶子坝以西断裂产状为 350°～360°∠75°～80°，以东则为 175°∠52°。发育宽 10～200m 的断层破碎带，带内岩石片理化、透镜状与棱角状角砾共存，显示出其多期活动性：早期，北盘向南推覆，使断层域内岩石普遍片理化、透镜化，并于叶子坝处发生断面扭曲；晚期，遭受伸展改造，产生大量的不规则棱角状角砾及张性方解石脉。该断裂为一规模较大的断裂，总体表现为正断层性质。

2. 官渡口断裂（巴东断裂）（F_{12}）

该断裂长约 15km，呈缓弧形弯曲，产状：340°～10°∠70°～75°。断裂形成于三叠系嘉陵江组与巴东组分界部位，沿走向使嘉陵江组上部和巴东组底部地层缺失。发育宽 5～40m 断层破碎带，带内岩石片理化、透镜化与不规则尖棱状角砾共存，角砾再破碎明显，并见拖拽现象，角砾间被大量的张性方解石脉充填。显示出多期活动性。早期，北盘向南推覆，使断层域内岩石普遍发生片理化、定向排列；晚期，沿原断面发生滑脱，产生大量的不规则尖棱状断层角砾岩，该断裂总体为一正断层。

三、北北东向构造

（一）北北东向褶皱构造

该构造主要是对近东西向褶皱的叠加、改造，造成近东西向褶皱枢纽的隆起和坳陷，按北北东向呈串珠状及马鞍状雁列展布，而构成北北东向褶皱序列。当背斜与背斜叠加时，则形成高点或隆起，这个高点或隆起在区域内常被河流下切形成负地貌，并将其清楚展现；当向斜与向斜或背斜叠加时，则形成低点或坳陷，这个低点或坳陷在区域内常被抬升形成正地貌，因此区域内多为短轴的北北东向褶皱。

1. 葫芦包叠加向斜⑦

该向斜南北长约 3.5km，东西宽约 1km，轴向约 15°，向斜槽部地层为巴东组二段，翼部地层为巴东组一段，出露高程约 700m 以上，向斜四周形成放射状水系。向斜北翼地层产状一般为 160°∠15°，南翼地层产状为 360°∠25°。该向斜叠加于新屋背斜之上，形成低点或坳陷，使早期背斜轴波状起伏。

2. 胡家垭叠加背斜⑧

该背斜长约 1.5km，宽约 1km，轴向约 10°，背斜核部为巴东组一段，周缘为巴东组二段，其南、北两翼倾角较陡，局部约 85°，东、西两翼分别向下倾没。该背斜叠加于新屋背斜东端，并形成高点或隆起，后被河流切割而清楚展现。

3. 马鹿池叠加背斜⑨

该背斜长约 1km,轴向约 15°,北部被断裂破坏,核部为大冶组,周缘为嘉陵江组,其地层产状分别向核部倾斜,倾角多小于 25°。该背斜叠加于作揖沱背斜之上,并形成高点,使早期背斜轴呈波状弯曲。

4. 高屋场叠加向斜⑩

该向斜叠加于熊家坪向斜东部扬起端,使之形成正地貌,在实践教学区南北长约 15km,东西宽 4～8km,面积约 87km^2,主要由侏罗系组成,地层产状皆向东倾斜,倾角一般 10°～30°。该向斜属一规模较大的叠加褶皱,与五龙背斜等呈北北东向雁列展布。

北北东向叠加褶皱的形成机制具体分为两个阶段。燕山运动早期:印支运动使实践教学区内形成近东西向褶皱之后,燕山运动初,由于滨太平洋构造运动的强烈作用,北北东向构造开始形成,并逐渐造成实践教学区内东部下降、西部抬升。燕山运动晚期:由于滨太平洋构造的进一步加强,从而形成一系列北北东向褶皱横跨,并叠加在近东西向褶皱之上,多形成呈串珠状展布的大小不等的短轴褶皱,构成现今基本构造格局。

(二)北北东向断裂构造

北北东向构造阶段所形成的断裂,实践教学区内不甚发育,主要形成两组相互配套的断层,一组呈北北东向,其规模较大,延伸较远,构造形迹明显,是该阶段的主要断层;另一组呈北西向,规模小,仅见两条。北北东向断裂是在东西向应力场作用下对早期断裂进行改造形成的,多为右旋错动,只少部分仍继承早期错动,为左旋错动,另不发育的北西向断裂是与北北东向断裂相伴产生的,互为共轭。

北北东向麦丰湾断裂(F_4)、牛口断裂(F_{19})的主要特征介绍如下,其他北北东向、北西向断裂特征如表 3-8 所示。

1. 麦丰湾断裂(F_4)

该断裂呈北北东—北东向"S"形展布,全长约 16km,断层产状:135°～160°∠55°～65°。沿断层走向有不同程度的地层缺失、错位,断距大于 0.9m,上盘多直接覆于下盘更老的地层之上,发育宽 20～150m 的断层破碎带,带内发育大小不等的断层角砾,角砾岩性混杂,角砾间填充有大量的断层泥,断层破碎带两侧地层产状混乱。该断层性质复杂,具多期活动性,总体为早期逆断层被后期伸展改造,体现出正断层的特征。

2. 牛口断裂(F_{19})

该断裂切割三叠系嘉陵江组、巴东组、沙镇溪组及侏罗系,呈北北东向缓"S"形展布,全长约 6.5km。断裂产状:290°∠65°,断裂西盘相对向南错动,并伴有牵引褶皱发育,为右旋错动,发育宽 20～200m 的断层破碎带,带内角砾呈棱角状、次棱角状杂乱排序,角砾间钙质胶结,断面上有大量的断层擦痕,指示西盘往南及上方逆冲。该断裂性质复杂,具多期活动性。总体早期为逆冲推覆断裂,晚期则遭受强烈的伸展改造。

表 3-8　北北东向、北西向断裂特征表

编号	断裂名称	走向	倾向倾角	规模 长(km)	规模 宽(km)	特征	性质	备注
F_5	铜矿岭断裂	45°	135°∠60°	3	2.5	发育宽2.5m的断层破碎带,两侧地层产状不一致,缺失巴东组一段上部地层	正断层	
F_{10}	作揖沱断裂	20°	不清	2		顺断层走向地层发生右旋错动,错距约30m,影像特征明显	平移断层	
F_{11}	南湾断裂	335°	不清	5		断层两侧岩石破碎、地层发生右旋错动(北段)、南段地层发生右旋错位,横切背斜	以平移断层为主,兼有东盘往北下滑特点	
F_{13}	巴东县断裂	240°	330°∠55°	6	15	发育约15m的断层破碎带,带内为不规则尖棱状角砾,并见挤压透镜体发生再破碎现象	以正断层为主	多期活动,早期为逆断层
F_{17}	朱家坪断裂	20°	297°∠75°	1.5	20	发育宽约20m的断层破碎带,地层发生左旋错动,错距大于50m,断面平直。破碎带内岩石呈透镜状,两盘岩石局部发生"Z"形搓褶	逆断层	风吹垭幅内朱家坪断裂延入部分
F_{18}	自断脉断裂	145°	55°∠45°	2	50	发育宽约50m的断层破碎带,带内角砾次棱角状大小混杂、断层泥发育亦见片理化及透镜化现象,断面呈波状	以正断层为主	多期活动,早期逆断层

四、新构造运动

挽近时期,实践教学区内新构造运动阶段主要表现为大面积的整体隆升,具体表现为以下几个方面。

(一)隆升运动

自挽近期以来,垂直间歇隆升非常明显,从而形成多级夷平面、多级阶地以及多层溶洞展布的地貌特征。实践教学区内共发育有鄂西期召风台亚期,山原期第一、第二亚期,三峡期共4级夷平面,多呈陡坡接触,不同地点地貌记录不全。夷平面地表主要为残丘-洼地岩溶组合及脊岗-槽谷地貌组合,在二级、三级夷平面上有大型坡立谷形成。

据区域资料,实践教学区可划分为3期5级夷平面。

1. 鄂西期夷平面

标高在1 300～2 000m,完成于古近纪末。
云台荒亚期:标高在1 000～1 200m。
召风台亚期:标高在1 300～1 500m。

2. 山原期夷平面

标高在800～1 200m,完成于新近纪末或中更新世初。
第一亚期:标高在1 000～1 200m。
第二亚期:标高在800～900m。

3. 三峡期夷平面

标高在500～600m,形成于中更新世晚或晚更新世初。

（二）河流阶地

实践教学区内河流切割深、落差大,只发育Ⅰ级阶地,属侵蚀基底阶地,由第四纪全新世河流冲积物堆积而成,属基底阶地。表明实践教学区在新构造运动时期为整体持续继承性上升。

（三）现代地壳变形

相关资料表明,鄂西山地相对江汉平原一直表现为隆起上升,在隆升背景下,存在局部隆起和沉降交替运动趋势。差异性的交替升、降,加上重力作用及其他营力作用,造成滑坡、岩崩、泥石流等地质灾害频繁发生。

第六节　实践教学区水文地质条件

一、地下水生成条件

地下水的生成条件与大气降水量、含水岩层(组)的岩性及构造条件、地貌条件的不同有很大关系,其赋存量随时间亦变化很大。

巴东地区位于长江中游,属湿润多雨地带,年均气温为17～19℃,长江沿岸的年均气温则为8～10℃。多年平均降雨量各地差异甚大,总趋势是从长江向两岸山地平均降雨量逐渐增大。降雨多集中在7—9月,12月至次年2月为枯季,历年最大暴雨日降雨量为385.5mm。年平均蒸发量为959mm(宜昌站资料),相对湿度为65%～85%。

区域内地下水的生成来源,明显地受各地段大气降雨量的影响,并且在大气降水的丰水年、干旱年及平水期、枯季都有所变化。据野外观察,区域内地下水的主要补给源为大气降水,少量为北部神农架地区地下水侧向补给。香溪河和九畹溪两条河流的流量损失,观测资料证明,在有断裂通过的地段,仍然是地下水补给地表水,而无相反现象存在。

区域内西部的碳酸盐岩分布区、秭归一带的碎屑岩分布区和太平溪一带的结晶杂岩分布区,其形成地下水的条件大致相同。碳酸盐岩裂隙发育,岩溶也强烈发育,含水条件良好。碎屑岩区裂隙不太发育,结晶杂岩区也只是在风化带内含水,其含水条件较差。就是在碳酸盐岩分布区,也因构造、地貌条件的不同,地下水的形成条件差别甚大。

区域内主要是地下水补给地表水,两者关系极为密切。地表河的径流量为地下水和地表水径流量的总和;而地表河的枯季径流量亦可视为地下径流量。区内地表水系发育,以长江为主干,贯穿区域中部。西自青石,东至茅坪,长达百余千米。峡谷最窄处仅百余米,茅坪附近长江深切至海拔10m,成为长江中游的主要落差地段,其纵坡降为0.032%。长江洪水期出现在7—9月,最大洪峰流量达70 600 m^3/s;枯水期在1—3月,其最枯流量仅为5 500 m^3/s。年平均流量为11 300 m^3/s;年平均径流量为3 750×$10^8 m^3$。区域内南北边界大致为本段长江的分水岭,发育有香溪河等16条支流,各支流地表流量、多年平均径流量差异甚大。

二、岩溶分布和发育情况

区域内碳酸盐类岩石分布广泛,西部青林坝至寻骡坪一带较集中,面积4 125 km^2。以灰岩、白云岩为主,次为硅质白云岩、泥质灰岩、灰岩夹碎屑岩。燕山期的构造运动,使黄陵背斜、锯居湾褶皱带、珍珠岭复背斜、香炉山背斜等构造部位变形强烈,裂隙发育。在漫长的地质历史发展过程中,地下水循环作用造成碳酸盐岩的岩溶强烈发育,各种岩溶形态广布。岩溶个体形态常见有溶槽、溶沟、岩溶洼地、坡立谷、溶蚀槽谷、岩溶湖、落水洞、岩溶漏斗、溶洞、暗河、天窗、伏流、岩溶泉等。这些岩溶形态,显示着地下水在碳酸盐岩中的溶蚀过程、赋存条件和运动状态。

地下水对碳酸盐岩的溶蚀作用,因岩石的成分、组合关系不同,其溶解度有很大差别。大量野外观察资料和实验证明,纯灰岩的成分以方解石为主,占80%~90%;含二氧化硅甚少,占5%以下;空隙大,夹碎屑岩少;相对溶解速度快。其次,溶解速度较快的是白云岩类岩石。再次为泥灰岩、碳酸盐岩夹碎屑岩。碳酸盐岩与碎屑岩的不同比例组合,其岩溶发育程度亦不同。

区域内厚度比较大的碎屑岩(如志留纪砂页岩),控制了岩溶的发育,因而在与灰岩的接触带常有大型暗河、岩溶泉等出露。地下水对碳酸盐岩的溶解作用,是在岩层的构造裂隙或层间裂隙中进行的。而岩层裂隙的展布方向和张开程度随所处构造部位不同而不同,它控制着岩溶的发育方向、形态特征和发育的程度。

地下水循环交替条件,是岩溶发育的重要控制因素。地下水各交替循环带,发育着不同的岩溶景观和个体形态。在包气带内及垂直循环带内,形成各级夷平面的岩溶景观。在一级、二级剥夷面上,常有岩溶洼地、漏斗、落水洞、岩溶湖等个体岩溶形态发育。在垂直循环带内,以垂直岩溶管道发育为主,特别是二级、三级、四级剥夷面或其陡坡接触部位,形成地下暗河或大型岩溶泉。在水平循环带,岩溶以水平岩溶通道发育为主,在有隔水层和当地排水基准面等条件的配合下,见有大型暗河、岩溶泉等出露。深部循环带岩溶现象少见。

地下水在碳酸盐岩中的赋存和溶解作用,扩大了构造裂隙和层间裂隙的张开程度,打开了运动的通道,促进了各类岩溶形态的发育和发展。随着地壳历次变动和现代地壳上升,河谷急剧下切等具体条件不同和地下水对碳酸盐岩溶解作用时间的延续,反映出岩溶发育的各向异性和发展过程中的继承性。

　　碳酸盐岩地层的展布及其与碎屑岩地层的相间沉积的组合关系,各构造形迹裂隙发育程度、地貌条件的配置关系等,反映出岩溶发育的平面分布特征。区域内东部庙河至香溪河一带为震旦系至三叠系,属黄陵背斜西翼单斜构造,呈单面山。其碳酸盐岩和碎屑岩呈条带状南北向展布,岩层倾角40°~50°。地表岩溶发育,见有溶槽、岩溶湖、岩溶泉等。唯邻近香溪河嘉陵江组分布地段见有少量大型岩溶泉和暗河分布。个别地段岩溶发育较差。

　　区域内北部锯居湾一带、西部边连坪一带、南部马家湾一带为二叠纪至三叠纪灰岩广泛分布的地段,属以褶皱为主的复式向斜、背斜构造,产状相对平缓,现代河谷深切强烈。岩溶在背斜轴部、向斜两翼以垂直岩溶管道发育为主,岩溶漏斗、落水洞广泛分布;而背斜两翼、向斜轴部则以水平岩溶管道发育为主。区域内西北部扮仓坪、西南部青林坝两地,广泛分布二叠纪至三叠纪灰岩,但因所处地势较高,近于分水岭,所以以小型垂直岩溶管道发育为主。总的来看,此两处岩溶发育程度中等。

三、地下水类型及富水性

　　区域内地层出露较齐全,各组地层受构造形变程度不同(以华夏系构造运动使地层形变强烈,"山"字形西翼反射弧盾地-秭归向斜地层形变最弱),长江及其支流形成参差不齐的地下水排泄基准面。地下水在黄陵背斜、秭归盆地、西部岩溶发育的褶皱山地等各地质块体的地层中,都储存和运移着不同类型、不同富水程度的地下水。其储存量、运移形式、水力坡度等均受构造、岩性、地貌和当地排水基准面的控制。

　　依据区域内各时代地层的空间分布特点和地下水资源的开采条件,可概括划分为有供水意义的含水岩层(组)和无供水意义的相对隔水层(组)两大类。含水岩组是指具有大体相同含水特征的岩层组合(不局限地层时代)。根据区域内各岩组的岩性,孔隙、裂隙发育程度,将含水岩组划分为4个地下水类型(包括若干亚类),分别为:①松散岩类孔隙潜水;②碎屑岩类层间裂隙承压水;③碳酸盐岩类岩溶水,即碳酸盐岩裂隙溶洞水和碳酸盐岩夹碎屑岩裂隙溶洞水;④基岩裂隙水,即构造裂隙水和风化带网状裂隙水。

　　各地下水类型的富水性不同,就是同一类型的地下水的富水性也不相同(表3-9)。根据区域内泉流量的调查结果,富水性级别按常见流量大于60%,泉水个数大于60%以及径流模数,划分为强富水、中等富水、弱富水3级。

表3-9　地下水富水性等级表

富水性等级	泉流量级别 (L/s)	泉流量级别百分比 (%)	泉个数百分比 (%)	地下通流模数级别 (L/s·km^2)
强	>50	>60	>60	>20
中	15~50	>60	>60	10~20
弱	<10	>60	>60	<10

(一)地下水类型

1. 松散岩类孔隙潜水

松散岩类孔隙潜水主要分布在茅坪、平阳坝等地,长江及其支流的河谷和山间洼地也有零星分布。平阳坝一带分布面积相对最大,约$4km^2$,最厚处达30m;岩性为黏土、黏质砂土、砾石等。茅坪一带长不足3km,宽约1km,厚5~15m,是长江的Ⅰ级阶地;基岩底部为砾石层,上部为黏质砂土。其他地段面积和厚度更小。松散岩类孔隙潜水主要接受大气降水和下伏基岩裂隙水或岩溶水的补给,径流途经段,泉流量小于0.5L/s,其动态不稳定,受季节变化影响较大,属弱富水,通常可作为当地居民饮用水源。

2. 碎屑岩类层间裂隙承压水

碎屑岩类层间裂隙承压水主要分布于秭归一带,面积$1\,040km^2$,由侏罗系组成。其岩性为:香溪组以砂岩为主;自流井群为泥岩夹砂岩;重庆群以泥岩为主,夹砂岩。因秭归向斜属淮阳"山"字形西翼反射弧砥柱西侧盾地,地应力相对微弱,断裂亦不发育,向斜平缓开阔,为中低山正地形。主要接受大气降水补给。由于地层、构造等条件,形成多层的层间裂隙承压水,但地下水富集条件不好。据泉流量统计和泉流量分散状态分析,一般泉流量小于1L/s,地下径流模数为$6.53L/s \cdot km^2$。

3. 碳酸盐岩类岩溶水

由于碳酸盐岩的岩性、裂隙发育程度、岩溶发育程度及其相互配置等的不同,造成地下水的富水性不同,其形成条件也因地而异。依据这个差异将碳酸盐岩类岩溶水划分为两个亚类:碳酸盐岩裂隙溶洞水和碳酸盐岩夹碎屑岩裂隙溶洞水。

1)碳酸盐岩裂隙溶洞水

碳酸盐岩裂隙溶洞水的富水性分强、中、弱3级。

(1)强富水:强富水的地层是由质较纯的灰岩组成,包括嘉陵江组(T_2j)、大冶组(T_1d)、上二叠统(P_2)、下二叠统(P_1)、下奥陶统(O_1)、中、上寒武统(ϵ_2、ϵ_3)、下寒武统石龙洞组($\epsilon_1 sh$)等。展布在青林坝、沿渡河、大峡口等地,面积达$3\,965km^2$。溶洞、暗河强烈发育,暗河流量达100L/s以上,泉流量50~100L/s。暗河、溶洞泉的总流量约占本类型泉水总流量的97%以上;地下径流模数高达$20L/s \cdot km^2$以上。

区域内较纯的灰岩地层,在地壳大面积继承性隆起和长江深切的条件下,地下暗河强烈发育。暗河主干展布在地下水循环带的季节变动带或水平循环带内,发育有3种情况:第一种是大气降水直接渗入暗河,暗河逐渐扩大;地下水呈管洞流状态。第二种是大气降水通过落水洞或裂隙渗入地下,以脉状岩溶泉形式出露地表,经短暂地表径流,再进入宽大地下暗河;地下水呈脉-洞状态。第三种属伏流或暗河,地表水在地下伏流过程中汇集地下水。地下水在垂直循环带或水平循环带内的过程中,常切穿各组灰岩地层,汇集于各向斜轴部、背斜的两翼、隔水岩层界面、深切溪沟等处,以岩溶泉的形式出露地表,并且常集成大型岩溶泉,其流量达30L/s以上。地下水动力类型常见有向斜谷地汇流排水型、背斜山地分流排水型、单斜山地同向排水型、单斜山地汇流排水型4种。

(2)中等富水:由白云质灰岩和泥灰岩组成碳酸盐岩裂隙溶洞水的中等富水地段,包括巴东组中段(T_2b^2)、中石炭统(C_2)。溶洞中等发育,溶洞泉流量 10~50L/s,地下径流模数为 10~20L/s·km^2。

(3)弱富水:区域内弱富水地段由震旦系灯影组(Zdn)白云岩组成。溶洞不发育,溶洞裂隙泉流量 1~10L/s,地下径流模数小于 10L/s·km^2。地下水动态受季节的影响变化较大,其水动力类型主要为单斜山地同向排水型。

2)碳酸盐岩夹碎屑岩裂隙溶洞水

碳酸盐岩夹碎屑岩裂隙溶洞水分布于庙河、锯居湾、绿葱坡等地,面积 160km^2,由中、上奥陶统(O_{2-3})、震旦系陡山沱组(Zd)组成。其岩性为灰岩夹页岩或互层。主要接受大气降水补给,渗入系数为 0.06,溶洞裂隙泉流量小于 10L/s,地下径流模数小于 10L/s·km^2,属弱富水。

4. 基岩裂隙水

1)构造裂隙水

区域内构造裂隙水由下白垩统(K_1)、中上泥盆统(D_{2-3})和下震旦统南沱组砂岩段(Zn^1)组成。下白垩统(K_1):上、下部为砂岩,分布在仙女山及天阳坪两地,面积约 35km^2,大气降水是其主要补给来源,多年平均渗入系数为 0.208。地下水赋存条件较差,一般泉流量小于 1L/s,大者可达 30L/s,为弱富水。由于仙女山及天阳坪两条活动性断裂形成富水带,所以造成本层地下水补给断裂富水带。

中上泥盆统和下震旦统南沱组砂岩段:呈条带状分布在黄陵背斜西翼以及香炉山背斜两翼、锯居湾褶皱带,面积约 170km^2。由于在燕山期构造运动的作用下,地层强烈形变,断裂、裂隙较发育。大气降水是其主要补给源,多年平均入渗系数为 0.017,地下水富集条件差、径流条件好。泥盆纪石英砂岩上覆黄龙灰岩和马鞍山页岩夹煤层,下伏志留纪砂页岩,与其他含水层基本无水力联系。

2)风化带网状裂隙水

风化带网状裂隙水分布于茅坪至太平溪一带,北至学堂坪,面积约 520km^2,为一套古老的结晶杂岩。在老构造形变的基础上,燕山期的地壳变动时期定型为淮阳"山"字形西翼反射弧(凹面)的脊柱(黄陵背斜核部),这个特定的构造部位,使结晶杂岩对地应力主要集中在表层。结晶杂岩表层,在近东西向压应力作用下,北北东压性断裂、北西西和北东东两组张性断裂及缓倾角断裂发育。同时,在外营力作用下,风化作用强烈,形成 10~50m 厚的风化壳。此风化壳分为剧风化、强风化、弱风化和微风化 4 个带。由于褶皱、断裂作用向深部迅速减弱,造成地下水在深部富集和运移条件极差。据茅坪、三斗坪的钻孔资料揭露,新鲜岩石裂隙不发育,基本不含水、不透水。风化带内网状裂隙水富集条件和运移条件较新鲜岩石稍好。据已调查的泉统计和泉水分散状态分析,一般泉流量小于 0.5L/s,地下径流模数为 7.46L/s·km^2,属弱富水。结晶杂岩风化带网状裂隙水,主要接受大气降水补给,多年平均渗入系数为 0.208,径流条件较好。泉流量受季节的变化影响较大,中等干旱年,部分泉都干旱。

(二)相对隔水岩组

相对隔水岩组分布于新滩、锯居湾、香炉山等地,面积约 1 100km^2。由中三叠统巴东组三段、一段(T_2b^3、T_2b^1),上二叠统吴家坪组(P_2w)、下二叠统马鞍山组(P_1mn),志留系(S),下寒武统石牌组($\epsilon_1 s$)等组成,以砂岩、页岩、泥岩为主,相对于碳酸盐岩隔水。其也接受大气降水补给,渗入系数为0.002 1。砂岩含少量裂隙水,以泉的形式出露,泉流量小于1L/s,属弱富水。单层隔水层吴家坪组页岩夹煤层的存在,使长兴灰岩有大型裂隙岩溶泉出露,表明长兴灰岩可能与上覆大冶灰岩、下伏阳新灰岩局部有水力联系。

(三)断裂集水带

仙女山、天阳坪两条活动性断裂带为地下水集水带。由于断裂带中的压碎岩和轻度角砾岩化岩石裂隙发育,同时活动性断裂配套的小型张性断裂充填胶结较差,透水良好,所以有利于地下水的富集。荒口至老林河(仙女山断裂)和老林河至天阳坪(天阳坪断裂)两地段,均见泉水沿断裂带成排出露,泉流量一般小于5L/s。

第四章　野外考察实践教学路线

第一节　巴东野外综合试验场路线

【教学路线】

基地—巴东野外综合试验场(黄土坡滑坡)(图 4-1)

路线距离:2km

考察时间:3h

图 4-1　考察路线一路径图

【目的与要求】

　　了解三峡库区巴东县移民搬迁历史,黄土坡滑坡的勘查、防治与研究历史,巴东县城区地质环境背景,黄土坡滑坡的工程地质条件;了解巴东野外综合试验场基本情况、科学意义、建设过程与科研工作内容;认识地下隧洞群揭露的黄土坡滑坡深部岩土类型与地下结构;掌握滑带土的基本特征与判别方法;了解滑坡监测仪器设备的种类、工作原理与安装布置原则;了解大型滑坡的防治方法与支护工程结构。

【教学点 1-1】 王家滩大桥西侧桥头

◆教学内容

黄土坡滑坡工程地质条件。

◆背景资料

1. 地形地貌

黄土坡地区为总体呈近东西向展布、南高北低的顺向斜坡,坡面形态为陡缓相间的折线形(图 4-2),大体为上陡(25°~35°),中缓(15°~20°),临江陡(30°~35°)。坡面走向与岩层走向基本一致,局部有所变化,但总体上为顺向斜坡。受多期次坡体变形影响,发育有多级缓坡平台。斜坡地段冲沟发育,主要受巴东断裂控制。冲沟大致沿张裂隙呈近南北向展布。规模较大的冲沟从东向西依次为二道沟、三道沟、四道沟。二道沟位于黄土坡东北部,总体呈 NE30°向延伸,总长度约 1.0km;三道沟位于黄土坡中部,总体呈近南北向,全长 1.5km 左右;四道沟位于黄土坡西侧,为测区规模最大的冲沟,总体呈 NE10°向延伸,全长 2.0km 左右。除上述主要沟谷外,二道沟与三道沟、三道沟与四道沟之间还分布有多条近南北向浅切沟谷,一般沟长 150~250m,沟底宽 2~10m,切深 10~20m,沟底及两侧岸坡多为结构较松散的碎(块)石土,局部地段受人工改造沟形已不十分显现,仅表现为浅切沟槽。上述沟谷是黄土坡地区汇集地表面流、排泄大气降水的主要通道,同时也切割分离了黄土坡滑坡,使其成为若干个块体,受长江最低侵蚀基准面控制,大部分冲沟未能切穿滑体,仅三道沟有局部切穿。

图 4-2 黄土坡滑坡三维视图

2. 地层岩性

黄土坡滑坡及其邻近区域的基岩地层主要为中三叠统巴东组(T_2b)碎屑岩岩组与碳酸盐岩岩组相间分布的海陆交互相地层,底部与下三叠统嘉陵江组第三段(T_1j^3)整合接触。该区域的巴东组地层总厚度约为1250m,根据岩性不同可分为5段,其中第一、三、五段以灰色、浅灰色灰岩,泥灰岩为主,岩性较坚硬,第二、四段为紫红色泥岩夹粉细砂岩,岩性较软,具体岩性特征见表4-1。

表4-1 黄土坡小区及邻区地层岩性表

系	统	组	段	岩性	分段厚度(m)
三叠系	中统	巴东组(T_2b^2)	第五段(T_2b^5)	浅灰色微晶灰岩,灰白色、灰黑色泥晶白云岩或夹泥岩,浅灰色白云质粉砂岩	21.52
			第四段(T_2b^4)	紫色灰质粉砂岩夹细砂岩、泥岩,紫色灰质泥岩夹粉砂岩、细砂岩,暗紫红色灰质泥岩夹灰绿色泥岩、微晶灰岩,紫红色灰质粉砂岩夹泥岩,紫红色灰质泥岩夹粉砂岩	354.50
			第三段上亚段(T_2b^{3-2})	浅灰绿—蓝灰色厚层泥岩,黄绿色、浅灰色、蓝灰色、黄色、绿灰色中厚层灰岩,夹肉红色、褐黄色中厚—厚层泥质白云岩,浅灰色含生物碎屑粗晶灰岩	153.00
			第三段下亚段(T_2b^{3-1})	棕黄色、灰黄色、浅灰色白云岩,蓝灰色、深灰色中厚层—厚层灰岩,夹黄绿色钙质泥岩、深灰色中厚层—厚层泥岩	229.30
			第二段(T_2b^2)	紫红色泥岩夹粉砂岩、紫红色含灰质结核粉砂岩、泥岩互层	418.87
			第一段(T_2b^1)	灰绿色、黄绿色、灰色灰质泥岩夹泥晶灰岩,白云岩,灰绿色石英砂岩	79.66
	下统	嘉陵江组(T_1j^3)	第三段	薄层白云质灰岩、白云岩、灰岩夹角砾状灰岩	

巴东组第二段(T_2b^2)主要分布于测区高程430~460m的坡体地段,岩性以紫红色泥岩、粉砂质泥岩为主,夹少量泥质粉细砂岩,岩石力学强度一般较低,易风化,遇水易软化、泥化,是三峡地区易滑地层之一。城区内地表出露的巴东组第二段岩体一般呈强风化状态,厚1~5m,在降水入渗作用下易产生坡体变形破坏,弱风化岩体仅出露于冲沟底部的局部地段,原岩结构保存完整,裂隙较发育,厚度6~10m。

巴东组第三段(T_2b^3)是滑坡勘查涉及的主要地层层位,依据岩性、结构、物质组成特征将T_2b^3细分为T_2b^{3-1}、T_2b^{3-2}两个亚段。下亚段(T_2b^{3-1})岩性以灰岩、白云岩为主,夹白云质灰岩、泥质灰岩及钙质泥岩，顶部以一层厚 2.9m 的棕黄色白云岩为划分上、下亚段的标志层。该亚段岩层以厚—巨厚度结构为特征，相对 T_2b^{3-2} 而言灰质含量高，泥质含量低，岩性硬脆。测区东部主要分布于二道桥以上坡段，西部主要分布于四道沟、岩湾桥以上坡段，中部多被后期崩滑堆积层覆盖。该亚段的碳酸盐岩沿构造裂面岩溶较发育，主要表现为裂隙发育的溶沟、溶槽，部分岩芯沿层面或裂面见有溶孔，孔径一般小于 1cm，最大 2cm 左右，局部地段还见有方解石晶簇。上亚段（T_2b^{3-2}）岩性为泥质灰岩、泥灰岩、泥质白云岩、钙质泥岩或钙质泥岩与泥质灰岩互层，构成软硬相间的厚薄不均的层状岩体结构。与 T_2b^{3-1} 亚段相比，泥质含量明显增加，岩性相对较弱软，力学强度较低，且软硬不均。主要分布于高程 200～300m 的坡段。地表出露的巴东组第三段（T_2b^3）碳酸盐岩一般为弱风化岩体，局部呈强风化，表现为裂隙发育的碎裂岩块，沟谷底部及岸边偶见有微风化岩石出露。弱风化带一般厚 10～20m，微风化带底部一般深 40～70m。T_2b^3 岩体强风化带虽不发育，但由于软硬相间，加之岩溶相对发育，其微风化带厚度远比 T_2b^2 紫红色碎屑岩大。

基岩上覆的第四纪松散堆积层包括崩滑堆积层、残坡积-崩坡积堆积层、滑坡堆积层、泥石流堆积层以及冲洪积层和人工堆积层。其中，崩滑堆积层岩性主要为碎（块）石土，土石比 3∶7～4∶6，结构较松散。母岩成分主要为 T_2b^3 灰岩、白云岩、泥质灰岩、泥灰岩及钙质泥岩。最大厚度达 95.27m，一般为 36～65m，最小 35.44m。该类堆积体中可见似基岩的层状块裂岩，有时厚度较大。残坡积-崩坡积堆积层由碎石土、黏土或粉质黏土夹碎块石组成，碎块石成分主要取决于母岩，土石比 3∶1～5∶1，结构较松散，一般厚度小于 5m 滑坡堆积层由滑移碎裂岩、碎（块）石土及滑带角砾土组成。泥石流堆积层零星分布于四道沟、三道沟等近沟口地段，由碎（块）石土或粉质黏性土夹碎块石组成，一般厚 0.5～3m。冲洪积层则零星分布在前缘临江地带及冲沟沟口，岩性以灰色中、细砂及碎（块）石土夹砂为主。

3. 地质构造

黄土坡滑坡区域主要的褶皱构造为呈近东西向展布的官渡口复向斜，向斜轴于黄土坡地区以西的凉水溪沟口延入长江，呈近东西向于黄土坡北部横穿而过。其核部地层除白岩沟口为 T_2b^4 外，大部为 T_2b^3 地层。黄土坡地区位于官渡口复向斜南翼，主要发育一系列与之平行的次级小褶皱。巴东组第三段（T_2b^3）中揉皱紧密的近东西向小褶曲比较发育。黄土坡及邻近地区的断层按走向可分为近东西向、近南北向、北东向及北西向断裂组。区域地质构造详见第三章第五节相关内容。

4. 滑坡的基本特征

根据 2001 年勘查结论，黄土坡滑坡可分为临江 1 号崩滑堆积体、临江 2 号崩滑堆积体、变电站滑坡和园艺场滑坡 4 个主要部分以及近期发生的小滑坡，总面积约为 $135\times10^4 m^2$，总体积约为 $6\,934\times10^4 m^3$。临江崩滑堆积体主要分布在二道沟和四道沟之间、高程 350m 以下的区域，被三道沟的基岩梁分为东、西两个部分，其中西侧的部分被称作临江 1 号崩滑堆积体，东侧的部分被称作临江 2 号崩滑堆积体。在黄土坡滑坡的 4 个主要组成部分中，临江崩滑体直接与江水接触，其稳定性受水库水位的影响最大，是黄土坡滑坡的主体也是最危险的区域。

临江 1 号崩滑堆积体的东西向宽度为 450～500m，南北向最大长度约为 770m，总面积 $32.50\times10^4 m^2$，其西侧边界穿过新港码头、职业高中、加油站以及县医院等区域，东侧边界整体上与三道沟的基岩梁重合,与临江2号崩滑堆积西侧相邻。在竖直方向上,临江1号崩滑堆积体的厚度一般在60~80m之间,前缘和后缘薄、中部厚,平均厚度约为69.40m。

临江2号崩滑堆积体的西侧边界与三道沟的基岩梁和临江1号崩滑堆积东侧边界重合,东侧边界基本沿二道沟走向分布,南北向最大长度约为500m,东西向宽度在400~600m之间,总面积约为$32×10^4 m^2$,平均厚度61.11m。两个临江崩滑堆积体的体积分别为$2255.5×10^4 m^3$和$1992×10^4 m^3$,约占滑坡总体积的61%。

临江崩滑堆积失稳后发生滑动的是变电站滑坡,该滑坡前缘物质覆盖在临江崩滑体后缘之上,前沿高程为160~210m,后沿高程为600m左右。滑坡的平面形态整体呈靴状,东西侧边界分别与二道沟和三道沟重合,滑体南北向最大长度为1 200m,后部较窄,平均宽度约为440m,前部相对较宽,平均宽度约为750m,滑体厚度一般为20~35m,总面积为$38.1×10^4 m^2$,总体积为$1333.5×10^4 m^3$。

最后发生滑动的是位于临江1号崩滑堆积体之后的园艺场滑坡,其前缘覆盖在临江1号崩滑体后缘与变电站滑坡西侧边缘之上,滑坡前沿高程为220~240m,后沿高程520m左右,东西侧边界位于三道沟和四道沟之间,南北向最大长度约为1 100m,平均宽度为500m左右,滑坡总面积为$32.6×10^4 m^2$,总体积为$1352.9×10^4 m^3$。黄土坡滑坡4个主要组成部分的分布位置和相互叠覆关系见图4-3。

临江滑坡体物质成分以块石土为主,次为碎石夹(含)黏性土,碎石土呈透镜体状分布,3类土的体积比约为6:3:1。块石土块径一般60~200cm,部分300~500cm,极少数大于500cm。块石与块石间多夹(含)有碎石、碎石土,土石比1:9~2:8。块石土累计厚度一般40~60m,多分布于135m高程以上地带。碎石夹(含)土,土石比2:8~3:7,碎石多呈棱角状至次棱角状,极少数呈次圆状。黏性土一般为砂质粉土、粉质黏土,可塑至硬塑状态,少部分见有挤压痕迹,擦痕既有水平方向,又有竖直方向,分析系崩滑堆积体形成后内部调整所致。该层主要分布于135m高程以下地带,累计厚度35~70m,100~135m高程带厚度为80~100m高程带。碎石土,土石比6:4~8:2,呈透镜体状分布于块石、碎石层中。碎石直径一般为2~5cm,少数为10~15cm,多呈次棱角状,接近基岩面的碎石多具弱至中风化特征,少数强风化。土体以粉质黏土为主,呈可塑-硬塑状态。单层厚度0.1~1.0m,少数5.0~10.0m。临江崩滑体物质来源为巴东组第三段,堆积体中块石为灰色灰岩或浅灰色泥岩。钻孔揭露临江崩滑体内存在多层明显的滑带,滑带物质多为粉质黏土夹碎石、碎屑,土石比6:4~8:2。碎石、碎屑成分为泥质灰岩,直径一般为1~5cm,多呈磨圆状—次棱角状,接近基岩面的碎石多具弱至中风化特征,少数强风化。土体以粉质黏土为主,呈可塑-硬塑状态,结构稍密—密实。

变电站滑坡被高程380m一带的$T_2 b^{3-1}$泥质灰岩组成的近东西向"基岩硬坎"将滑坡分成上、下两段。上段(高程380m以上)滑体堆积物质以$T_2 b^2$紫红色泥岩、粉砂岩的碎裂岩为主;下段(高程380m以下)以源于$T_2 b^2$紫红色泥岩的散裂岩为主,且在前缘地带覆盖在源于$T_2 b^{3-1}$的浅灰色白云质灰岩、灰岩、白云岩组成的散裂岩之上。变电站滑坡滑带以棕红色粉质黏土为主,含少量角砾及碎石土,土石比8:2~9:1,厚度一般为1.50~2.75m。棕红色粉质黏土受挤压碾磨,结构较密实细腻,挤压揉皱现象和擦痕明显。角砾及碎块石成分多为泥岩、泥质粉砂岩,砾径1~3cm,多呈棱角状—次棱角状,该滑带从后缘至"基岩硬坎"逐渐变厚,且角砾、碎块石数量逐渐增多。园艺场滑坡的物质组成与变电站滑坡比较类似,其滑面生成于

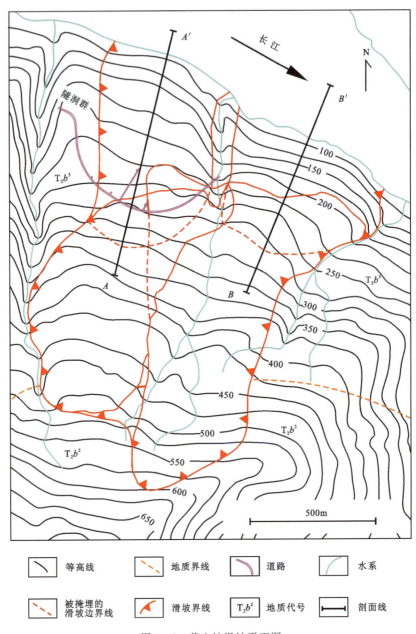

图 4-3 黄土坡滑坡平面图

T_2b^2 紫红色泥岩、泥质粉砂岩当中,滑动时因整合于 T_2b^2 紫红色岩系之上的 T_2b^{3-1} 灰岩层尚未崩滑或剥蚀殆尽,故 T_2b^{3-1} 残留灰岩不可避免地随下伏的紫红岩系一同下滑。因此园艺场滑坡滑体物质来源于 T_2b^2 紫红色泥岩、泥质粉砂岩和 T_2b^{3-1} 灰岩、白云质灰岩、白云岩两部分。滑坡前部以 T_2b^{3-1} 的散裂岩为主,后部以 T_2b^2 的块裂岩为主,而中部两者兼而有之,浅表层为 T_2b^{3-1} 的层状块裂岩及散裂岩,深层为 T_2b^2 的块裂岩(图 4-4)。滑带物质为粉质黏土,可见挤压镜面和擦痕。

第四章 野外考察实践教学路线

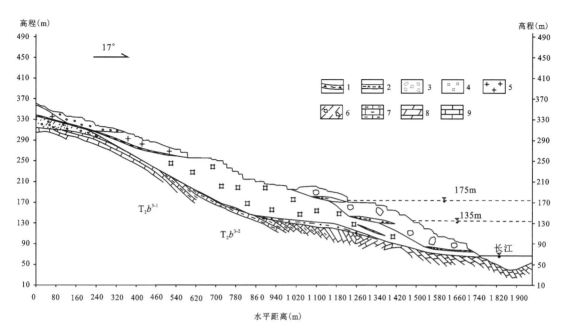

1. 滑带；2. 软弱夹层；3. 散裂岩；4. 碎裂岩；5. 块裂岩；6. 碎(块)石夹黏性土；7. 泥质灰岩；8. 泥灰岩；9. 灰岩

$A—A'$ 剖面

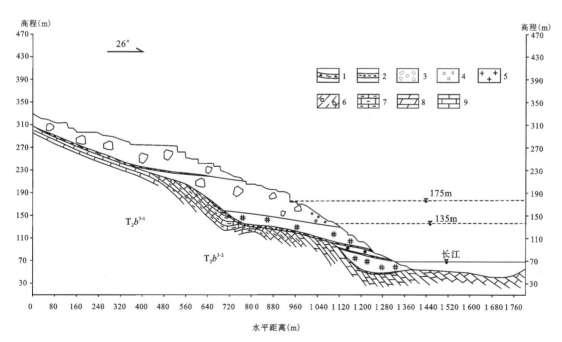

1. 滑带；2. 软弱夹层；3. 散裂岩；4. 碎裂岩；5. 块裂岩；6. 碎(块)石夹黏性土；7. 泥质灰岩；8. 泥灰岩；9. 灰岩

$B—B'$ 剖面

图 4-4 黄土坡滑坡典型剖面图

【教学点 1-2】 巴东野外综合试验场地下隧洞群入口

◆教学内容

巴东野外综合试验场概况。

◆背景资料

巴东野外综合试验场基本概况

巴东野外综合试验场(图 4-5)位于湖北省巴东县黄土坡区域,于 2012 年 12 月 30 日竣工,是教育部"长江三峡库区地质灾害研究'985'优势学科创新平台"建设的关键工程,是中国地质大学(武汉)集滑坡灾害教学、科研、生产于一体的综合性野外教学研究基地。通过巴东野外综合试验场隧道系统,专家学者能直接进入黄土坡滑坡临江 1 号滑坡体近距离观测滑床、滑带和滑体,并开展相关实验研究与深部监测工作。巴东野外大型综合试验场由黄土坡试验隧洞群与一系列监测系统组成(图 4-6)。黄土坡滑坡实验隧洞群主洞全长 908m,主洞内共设 5 处支洞与若干观测窗口。其中,3 号支洞长 145m,5 号支洞长 40m,2 号支洞长 10m,1 号和 4 号支洞各长 5m。沿 3 号和 5 号支洞所揭露的滑带开挖实验平硐开展原位试验和相关位移、水文地质监测工作,2 号支洞开展地球物理监测工作,1 号和 4 号支洞为预留支洞,远期根据需要可继续开挖。试验场内建立了完整的实时监测系统,包括降雨地下水库水位观测系统,GPS/北斗地表位移监测系统,地面合成孔径雷达微变形监测系统(InSAR),钻孔倾斜监测系统,分布式光纤监测系统,隧道裂缝监测系统,沉降监测系统,地下水位、流量、水温与水质监测系统,以及滑带土含水量与基质吸力监测系统等,为水库滑坡的科学研究提供了有利条件。

图 4-5 巴东野外综合试验场入洞口照片

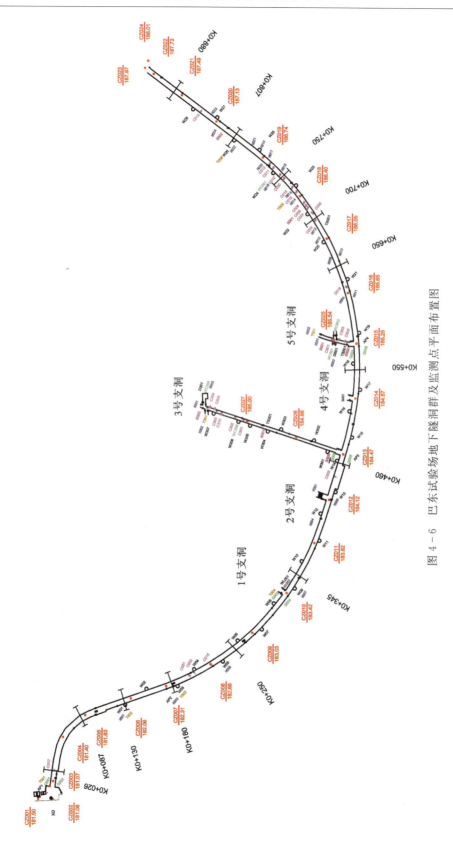

图 4-6 巴东试验场地下隧洞群及监测点平面布置图

【教学点 1-3】 巴东野外综合试验场地下展厅

◆教学内容

(1)巴东野外综合试验场概况。
(2)巴东县地质灾害概况及搬迁历史。
(3)黄土坡滑坡的勘查、防治与研究过程。

◆背景资料

1. 巴东野外综合试验场的地理位置

巴东野外综合试验场位于湖北省恩施州巴东县长江南岸的黄土坡区域,地理坐标为东经 110°22′54.57144″,北纬 31°2′43.57517″,入洞口高程 181.5m,出洞口高程 187.97m,水路东距长江三峡工程坝址 69km、宜昌市 117km,西距巫山县城 54km。巴东野外综合试验场地下隧洞群建设在黄土坡滑坡临江 1 号滑坡体内,入洞口位于巴东县沿江大道王家滩大桥东侧桥头附近的四道沟,出洞口位于三道沟。试验场地表监测设施分布在整个黄土坡滑坡范围内(图 4-7)。

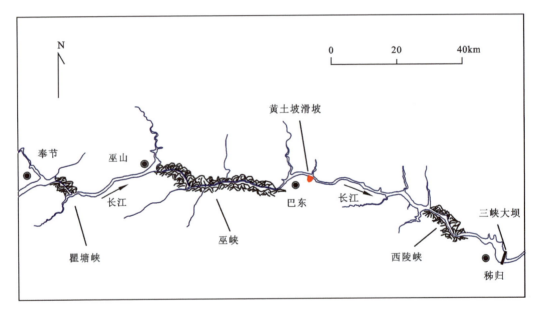

图 4-7 黄土坡滑坡位置图

2. 巴东县的移民搬迁历史

1982 年 7 月黄土坡区域作为巴东新县城政治、经济、文化中心开始大规模建设。1992 年勘查数据显示作为巴东新县城城址的黄土坡小区范围为潜在不稳定的滑坡体。1995 年 6 月与 10 月,黄土坡城区前缘发生局部滑坡,导致伤亡 10 余人,同年 7 月,湖北省人民政府在巴东召开现场办公会,根据专家意见明确提出"原黄土坡规划小区属于古滑坡体,巴东县政府必须采取有效措施严格控制新建项目,并做好综合治理工作",黄土坡小区的建设从此停止。当时,城区已建成巴东一中、县职业高中、金陵中学、柳荫小学、县人民医院等多家机关事业单位、工矿企业居民住宅，人口近2万人。自1984年以来，各级国家与省部级领导多次到巴东黄土坡滑坡实地调研，给予了巴东高度关注和大力支持。2008年4月7日，时任中央政治局常委、国务院副总理李克强在恩施州调研时对巴东黄土坡地质灾害问题作出了先期减载搬迁5 000人的重要指示，其后党中央、国务院作出了对黄土坡滑坡实施整体避险搬迁的重大决策。截至2017年6月，黄土坡社区避险搬迁已全部完成。如今，黄土坡拆迁工作已全部完成，大部分社区居民已搬迁至江北铜鼓包区域的新建小区内。虽然黄土坡滑坡范围内的居民已经完成搬迁避险，但该滑坡仍持续变形，对滑坡周边居民生命安全与长江主航道安全的威胁始终存在。

3. 黄土坡滑坡的勘查、防治与研究历史

自20世纪80年代，地质矿产部环境地质研究所、湖北省水文地质工程地质大队、长江水利委员会第一勘测大队、湖北省地质灾害防治工程勘查设计院、中国地质大学（武汉）等单位围绕黄土坡地区地质问题开展了一系列勘查、防治、监测与研究工作。1986年地质矿产部环境地质研究所在实施国家"七五"重点科技攻关项目"长江三峡工程地质地震课题"的子专题"库区拟迁城市环境地质研究"中，在对巴东新城区调查时，首先发现新城址内存在两个老滑坡，并于1987年经钻探等工程验证。

1990—1991年，地质矿产部委托湖北省水文地质工程地质大队对黄土坡滑坡进行详勘后提交了《巴东县新城址黄土坡滑坡工程地质勘查报告》，经地质矿产部会同国务院三峡经济开发办组织专家组对该报告进行评审认为黄土坡滑坡确实存在，为发育在中三叠统巴东组砂岩、泥岩及灰岩中的一个大型岩质滑坡。1992年7月长江水利委员会第一勘测大队提交的《长江三峡水利枢纽库区巴东县新城址地质条件论证报告（初勘第一阶段中间性成果）》，也确认规划区存在黄土坡滑坡，为巴东县城搬迁扩建总体规划提供了地质依据。1997年中国地质大学（武汉）完成并提交了湖北省科学技术协会的科研项目"三峡库区巴东县黄土坡前缘稳定性预测与防治对策研究"，提出了稳定性分区与相应的防治对策。

2001年，湖北省地质灾害防治工程勘查设计院组织技术人员数十人、钻探设备10多套、山地工程多工种的人员相继进入勘查区开展了大规模的勘查工作，通过钻探、槽探、平硐、浅井、地面测绘、工程物探等多种勘查手段并结合数值计算、有限元分析，于11月提交《长江三峡库区湖北省巴东县黄土坡滑坡区滑坡与塌岸勘查报告》，提出黄土坡滑坡由临江1号崩滑堆积体、临江2号崩滑堆积体、变电站滑坡及园艺场滑坡组成，总面积$135.8\times10^4 m^2$，体积$6\ 934\times10^4 m^3$。

2002年9月至2004年7月，湖北省地质灾害防治中心用了近两年时间，对黄土坡滑坡前缘崩滑堆积体进行防护工程治理，确保了三峡水库135m、156m水位正常蓄水。然而，由于对黄土坡滑坡前缘崩滑堆积体的防护工程治理只是对前缘地表浅层进行了有效处理，并不能从根本上解决整个坡体深层滑移问题，安全隐患依然存在。2005年10月，湖北省水文地质工程地质勘查院提交的《巴东县城市总体规划修编城区地质灾害危险性评估报告》指出黄土坡深层滑移的问题没有治理，就整体而言，黄土坡滑坡稳定性状况并没有得到大幅度的提高。该院在同时提交的《巴东城区地质安全问题与防灾体系建设》报告中指出黄土坡存在深层滑移、浅层滑移和塌岸问题。

自2008年，中国地质大学（武汉）开展"长江三峡库区地质灾害研究'985'优势学科创新平台"建设，以巴东县黄土坡滑坡作为典型研究对象，建成以"巴东野外综合试验场"为中心，面向三峡库区的地质灾害科学研究、人才培养与合作交流基地。

【教学点 1-4】 主洞 W01 窗口

◆教学内容

巴东野外综合试验场地下隧洞群窗口及监测设施。

◆背景资料

为更直接地展示试验场地下隧洞群所处的地下岩土结构与物质类型,在保证隧洞支护结构安全的前提下,在隧洞壁不同位置预留了总计 36 个观测窗口(图 4-8),其中主洞 28 个,3 号支洞 8 个。通过观测窗口,不仅可以持续开展取样与监测工作,还可根据科研需要,进一步开展原位探索性科学研究。

图 4-8 典型观测窗口照片

【教学点 1-5】 1 号支洞

◆教学内容

地下隧洞群 1 号支洞概况。

◆背景资料

1 号支洞为预留支洞,根据后续需要继续开挖,支洞入口顶部设置了钻孔直通地表,用于开展地下水位长期监测与滑坡岩(土)体水文地质原位试验研究。该支洞入口地面高程为 183.42m,支洞已开挖段长 5m,截面形状及尺寸与主洞一致。支洞整体位于黄土坡临江 1 号滑坡滑床基岩内,掌子面(图 4-9)揭露地层岩性为巴东组第三段(T_2b^3)中厚层泥灰岩夹泥质软弱夹层,层间剪切作用明显,泥岩与泥灰岩接触面可见摩擦光面与擦痕,相对软弱的泥岩夹层受挤压剪切作用下产生劈理,部分泥化。

【教学点 1-6】 2 号支洞

◆教学内容

地下隧洞群 2 号支洞概况及物探监测设备。

◆背景资料

该支洞入口地面高程为 184.12m,已开挖段长 20m,截面形状及尺寸与主洞一致。支洞整体位于黄土坡临江 1 号滑坡滑床基岩内,掌子面揭露地层岩性为巴东组第三段(T_2b^3)中厚层泥灰岩夹泥质软弱夹层。该支洞主要用于开展深部地球物理监测,如微重力监测与地震监测等(图 4-10)。

图 4-9 1号支洞掌子面照片

图 4-10 2号支洞照片

【教学点 1-7】 3 号支洞
◆教学内容
地下隧洞群 3 号支洞概况及揭露滑带特征。
◆背景资料

3 号支洞入口位于主洞中部,开挖方向为 33°,与前期勘查所得出的滑坡主滑方向一致。支洞全长 145m,是目前巴东野外综合试验场地下隧洞群最长的支洞,入口地面高程为 184.5m,地下埋深约 105m,宽 3m,高 3.5m。该支洞入口位于黄土坡临江 1 号滑坡滑床基岩内,另一端位于滑体内,支洞开挖揭露了滑床、滑带与滑体的接触关系以及滑床内的多层软弱夹层。滑带出露于距离支洞入口 137~142m 段,滑带与基岩接触面的产状为 355°∠45°(图 4-11)。滑床地层岩性为巴东组第三段(T_2b^3)中厚层泥灰岩夹泥质软弱层。滑带成分为黄绿色粉质黏土夹碎石,随发育部位的不同,滑带土的颗粒组成差距较大。滑带土中碎石母岩的岩性主要以泥灰岩和泥质粉砂岩为主,碎屑粒径一般小于 5cm,多呈次圆—次棱角状,土体呈可塑-硬塑状态。滑体物质为黄褐色强风化碎裂岩体与块石土,局部结构相对完整,但层面产状发生明显的变化。3 号支洞预留观测窗口7个,掌子面1处,安装有裂缝计、沉降仪、分布式光纤、含水量与温度传感器等装置,用于持续监测滑坡深部变形与地下水动态(图4-12)。

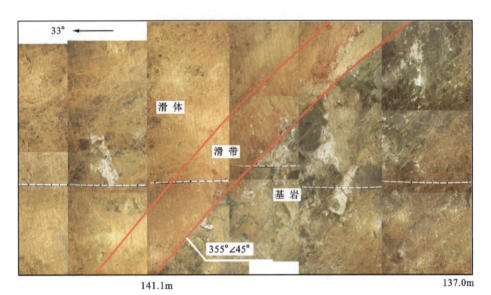

图4-11 3号支洞滑带照片

图4-12 3号支洞照片

【教学点1-8】 3号实验平硐
◆教学内容
地下隧洞群3号试验平硐概况及原位试验。
◆背景资料
为进一步揭露更多的滑带区域,以3号支洞滑带出露区域为起点,分别向东、西两侧沿滑带走向开挖3号实验平硐(图4-13),实验平硐地面高程185m,地下埋深50m。西侧实验平硐宽3m,高3.5m,长4m,为预留平硐,可根据后续科研需要继续开挖,该平硐掌子面揭露滑体破碎岩体的层面产状发生明显的偏转。东侧实验平硐长10m,其中过渡段宽3m,高3.5m,长5m,加宽段宽5m,高3.5m,长5m。加宽段为地下实验室,用于开展滑带土的原位大尺寸直剪试验、直剪蠕变试验和三轴蠕变试验。3号支洞及实验平硐揭露的滑带土与主洞滑带略有不同,其颜色呈黄绿色,滑带土的颗粒成分中细颗粒含量更高,而粗颗粒碎石含量较少,但碎石仍具有明显的磨圆度。

图 4-13　3号实验平硐照片

【教学点1-9】　5号支洞口

◆教学内容

地下隧洞群5号支洞概况及揭露滑带特征。

◆背景资料

5号支洞开挖是根据主洞655.1～705.6m揭露滑带后的变更设计,地面高程为185.5m,地下埋深约85m。为了再次揭露并证实主洞揭露滑带的存在,5号支洞宽3m,高3.5m,沿设计方向26°继续开挖至20.6m再一次揭露了基岩、滑带与滑体的接触关系。沿着该支洞揭露滑动面的走向开挖了实验平硐,其中,东侧实验平硐开挖5.8m,西侧实验平硐开挖2.2m。该处滑带颜色和颗粒成分与主洞揭露的滑带类似,厚度0.4～0.8m。滑动面的倾向为30°,倾角为35°左右(图4-14)。

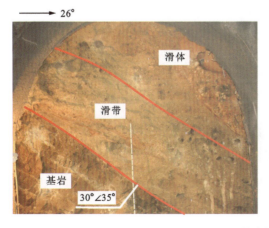
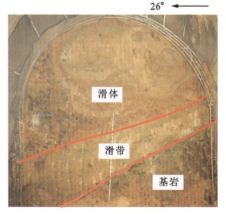

图 4-14　5号支洞滑带照片

根据3号支洞、5号支洞、主洞以及钻探与监测数据所揭示的滑动面三维空间结构特征，我们提出该滑坡体存在东、西两个深浅不同的滑动面。基于两个不同的滑动面，黄土坡临江1号滑坡体可分为1-1和1-2东、西两个部分重叠的次级滑坡体。以2002年勘查所揭示的滑坡整体边界，以及后期隧道开挖、钻探与监测数据为基础，结合上述空间分析结论建立约束条件，通过离散光滑插值的方法可绘制黄土坡临江1号滑坡体双滑动面模型（图4-15）。

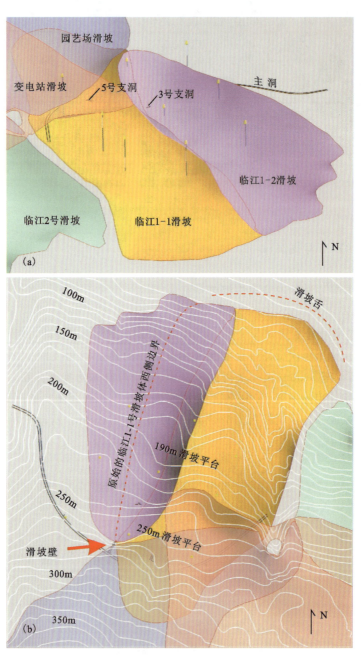

图4-15 黄土坡临江1号滑坡体双滑动面模型示意图
(a)三维视图；(b)平面视图

【教学点 1-10】 主洞滑带段
◆教学内容
地下隧洞群主洞揭露滑带特征。
◆背景资料
主洞 655.1～705.6m 段揭露滑带，该段隧道的开挖方向为东侧洞口指向隧道中点。705.6m 处的掌子面照片显示，左下角出现深灰色、较完整的泥质灰岩，其余大部分区域为黄褐色、结构混乱的强风化块石或土石混合体。完整岩体与混乱岩体之间有一层 0.1～0.3m 厚的灰绿色粉质黏土夹碎石，其中碎石具有一定的磨圆度，且与下伏完整岩土之间存在明显的擦痕，这些特征说明该处存在剪切滑动历史，可判定该处为滑带，该掌子面揭露了深部滑体、滑带与基岩的接触关系。随着进一步向西开挖，掌子面完整基岩出露的面积逐渐增大，直到开挖至 655.1m 时，黄褐色土石混合体基本消失，隧道掌子面基本进入滑带以下的完整基岩中。该区域滑动面的倾向约为 350°，倾角为 38°左右（图 4-16、图 4-17）。

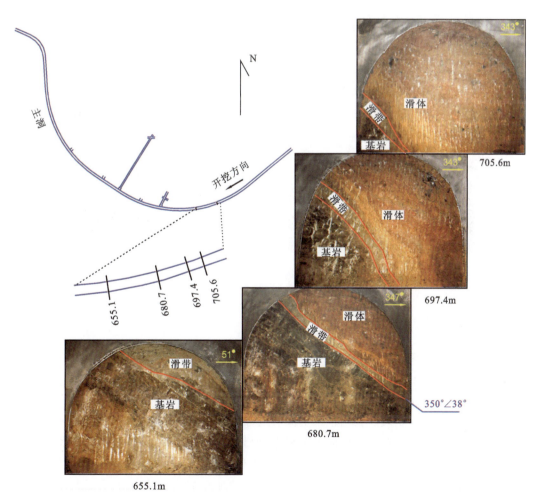

图 4-16　主洞滑带照片

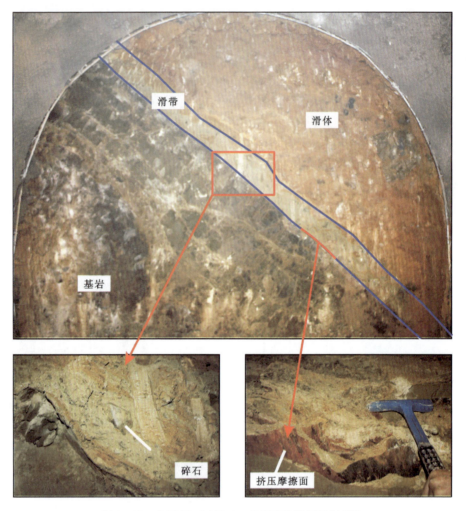

图 4-17 主洞 K0+681.9m 处揭露的滑带特征照片

【教学点 1-11】 黄土坡滑坡前缘
◆教学内容
黄土坡滑坡防治工程概况。
◆背景资料
黄土坡滑坡临江滑坡体塌岸防护及地表排水工程总投资约 1.29 亿元,主要工程措施为削坡整形、锚杆格构、砌石护坡、抗滑桩、三道沟填筑与地表排水等。整个工程按地形和工程类型划分为 3 个标段,以三道沟为界,将防治工程东、西划分为 A、B 两个标段,地表排水工程作为 C 标段。其中 135m 高程水位以下工程量约占总工程量的 55%。该项工程于 2002 年 10 月开工,2003 年 4 月底完成 135m 水位以下的全部工程,2004 年 7 月 11 日完成全部工程量施工任务(图 4-18)。然而,黄土坡滑坡存在深层滑移、浅层滑移和塌岸问题,目前已投入使用的前缘塌岸防护与排水工程可提高滑坡前缘浅层稳定性,但仍不能从根本上解决整个坡体深层滑移问题,该滑坡的安全隐患依然存在。

图 4-18 黄土坡滑坡前缘防护工程实施前后照片(江鸿彬 摄)

通过对黄土坡滑坡地质环境条件、滑坡特征及形成机制、稳定性评价及塌岸预测,结果表明,黄土坡滑坡目前在天然状态下整体处于基本稳定状态,应力集中带主要分布在崩滑堆积体与基岩界面附近,水库蓄水后,在不利组合工况下,崩滑堆积体前缘易产生局部的失稳破坏(三道沟模式),前缘失稳向后逐渐扩展,存在诱发古滑坡复活的可能。针对以上情况,提出滑坡与塌岸防治工程方案设计。

根据黄土坡滑坡影响因素众多的特点,滑坡防治采取了抗滑护坡、地表排水、沟道填筑、监测预警等工程措施进行综合治理,即在滑坡区内外设置地表排水工程,前缘临江坡段进行整形护坡,临江及上部部分坡段进行分级抗滑支挡,深切沟道下部进行多级回填,以消除侧向临空面,提高坡体整体安全度。防治工程选择简便易行、安全可靠的工程措施,尽可能提高施工速度,及早使治理工程发挥功效。

黄土坡滑坡防治工程的目的,一是为防止长江水流和水库波浪对岸坡的冲刷、淘蚀破坏,控制由于库水位变动引起的坡体地下水作用产生的岸坡浅部渗透变形,设置了格构护坡工程系统;二是在不同水位条件下浅层潜在破坏面稳定性较差的坡段设置抗滑桩工程,提高局部坡段的稳定性。但由于塌岸防治工程包括前缘1号和2号崩滑堆积体库水位变动带,防护面积大,防治工程投资不能满足对防护范围内所有坡段的局部潜在滑移破坏面全部设置抗滑支挡,只能在工程量许可的前提下将那些最危险的坡段作为重点,布置了抗滑支挡工程措施,以提高相应坡段坡体的稳定性。

第二节 长江南岸沿江路路线

【教学路线】
基地—赵树岭—白岩沟—凉水溪—黄土坡(图4-19)
路线距离:沿江路6km
考察时间:4h

图4-19 考察路线二路径图

【目的与要求】
认识巴东组(T_2b)地层;训练野外路线记录、野外定点、岩层产状测量、岩性识别与描述、地质构造识别、地质灾害识别等工作技能;了解巴东城区赵树岭滑坡与红石包滑坡工程地质条件与防治工程概况;了解泥石流的成因机制、影响因素及防治方法。

【教学点2-1】 赵树岭滑坡
◆教学内容
赵树岭滑坡概况。
◆背景资料
赵树岭滑坡位于三峡库区巴东县营沱区域,其稳定性直接关系到新县城沿江大道安全,对新县城土地利用意义重大。原巴东移民新城发现黄土坡滑坡后,建设重心西移至白土坡、西瀼坡一带,在城市拟建场地勘查中发现赵树岭区域的地形及地质结构与周围不协调,当时将其界定为"古滑体"或"异常体",异常体边界东至狮子包东沟 F_6 断层,西至黄家屋场东 F_7 断层,南至上李家坡南陡坡。1995 年,巴东县城新址(营沱—西瀼坡)详勘地质论证查出营沱赵树岭滑坡,提出赵树岭滑坡区域高程 300m 以上可限制性地加以利用,该高程以下先用作绿化地或临时性建筑用地,经三峡水库运行一段时间之后根据滑体的动态再拟定合理的开发方案。该滑坡发育于 T_2b^2、T_2b^3 地层中,属于特大型顺层岩质滑坡,平面呈近南北向条形展布,分布高程 65~596m,纵长 1 300~1 600m,中前部基本等宽,平均宽 600m,面积约 82.3×10^{4}m^2,体积约 5 000×10^{4}m^3。

赵树岭地区位于长江南岸斜坡地带,总体地势南高北低,自赵树岭后缘至长江谷底,高差约 500m。整体地形呈缓坡平台与斜坡相间的折线形,后部及前缘江边较陡,坡度 30°~50°,中间较缓,平均坡度 15°~20°。该区地貌形态可见有 Ⅱ 级缓坡平台,其中,Ⅰ 级缓坡平台高程为 170~200m,Ⅱ 级缓坡平台高程为 380~400m,400m 以上为滑坡后缘陡坡(图 4-20,图 4-21)。横向上,东侧田家梁子—狮子包和西侧马鞍子山梁都较高,赵树岭滑坡区相对较低,呈负地形。地面调查表明,赵树岭滑坡目前比较稳定,未见任何由于滑坡整体失稳而引起的变形破坏。据当地居民反映,本教材出版前近几十年来没有听说过有滑坡发生。

滑坡区分布地层为中三叠统巴东组,主要为巴东组第二段和第三段,上部被第四系松散堆积层覆盖(图 4-22)。其中,巴东组第二段(T_2b^2)为厚层紫红色粉砂质泥岩与中厚层泥质粉砂岩、钙质粉砂岩互层,夹灰绿色页岩及灰黄色泥灰岩,偶夹粉红色薄层砾岩,厚 250~400m。该层主要分布于滑坡区南部,另在长江边及中部冲沟低洼处零星出露。巴东组第三段(T_2b^3)下部为浅灰色、黄灰岩中厚层薄层泥质灰岩与泥灰岩互层夹厚层灰岩、白云岩及灰绿色、黄灰色钙质泥岩。中上部为灰色中厚层至厚层泥质灰岩与泥灰岩互层夹多层灰岩、白云岩,厚 360~400m,是滑坡区的主要地层。前缘大部分被第四纪崩坡积层所覆盖,仅在一些冲沟边见 T_2b^2 紫红色粉砂质泥岩零星出露。

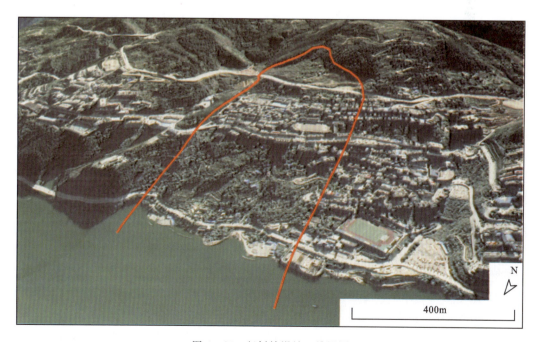

图 4-20 赵树岭滑坡三维视图

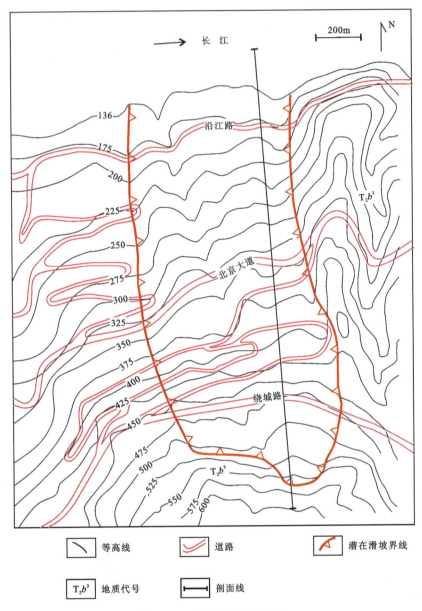

图 4-21 赵树岭滑坡平面图

赵树岭及邻近地区地层褶皱轴线近东西向,与斜坡走向接近,斜坡结构以顺向坡为主,前缘局部区域岩层倾向反转。F_6 与 F_7 断层与赵树岭滑坡两侧边界重合,其中,F_6 断层走向 350°~0°,长约 1 100m。F_6 断层两侧 T_2b^3 泥灰岩产状明显不一致,断层东侧岩层倾向 350°~20°,倾角 40°左右,而西侧岩层倾向 100°~140°,倾角 20°~25°。滑体东侧边界基本沿 F_6 断层走向展布,地形上为一凹槽形小冲沟,小冲沟东面狮子包前沿临江岸坡上见 T_2b^3/T_2b^2 界线,高程约 120m,小冲沟以东为田家梁子基岩山梁,高出滑体数十米至百余米。小冲沟西面 T_2b^2 紫红色粉砂质泥岩出露高程为 100m 左右。F_7 断层分布于黄家屋场东,沿冲沟发育,沿走向

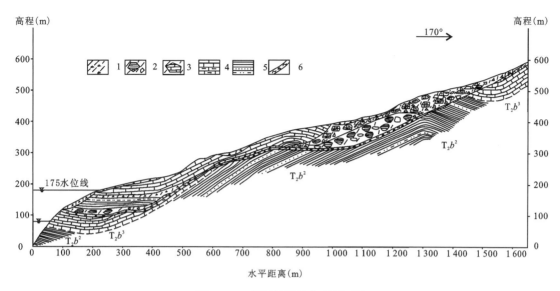

图 4-22 赵树岭滑坡典型剖面图
1.碎石土；2.泥岩碎裂岩；3.灰岩碎裂岩；4.灰岩、泥灰岩；5.泥岩夹粉砂岩、泥质粉砂岩；6.滑带

长度约 900m。由于地表覆盖未见断层面出露，但可从以下两个方面推测，首先是断层两侧岩层产状不协调，岩性差异大。断层西侧从屋场坪至沿江大道岩层单斜产出，岩层倾向总体为 350°～10°，倾角与斜坡大体一致，且非常稳定，岩性为黄灰色中薄泥灰岩。断层东侧岩层产状较乱，岩性以厚层灰色泥质灰岩为主，夹泥灰岩。此外，江边 T_2b^2 紫红色粉砂质泥岩出露高程不协调，断层东侧 T_2b^2 紫红色粉砂质泥岩出露高程为 100m 左右，而西侧江边未见该层出露。

【教学点 2-2】 白岩沟—红石包

◆教学内容

(1)泥石流的形成机理与影响因素。

(2)红石包滑坡概况。

◆背景资料

1. 巴东城区泥石流概况

巴东老县城背倚金子山，1991 年 8 月 6 日，县城遭受罕见特大暴雨袭击，24h 降雨量达 182.9mm，其中前 10h 降雨量达 153.9mm，最大降雨强度达 75.2mm/h，导致县城后面金子山北坡山洪暴发，山洪、泥石流自高山陡坡铺天盖地而下，冲击巴东县城东部城区。泥石流暴发时间为 8 月 6 日 7 时 54 分，停止时间为 9 时 30 分，历时 1 小时 36 分，约 $250×10^4 m^3$ 土石混合体倾泻而下，造成毁房 1 394 间，淹没仓库 70 间，43 家工厂停产，110 多家商店停业，死亡 5 人，重伤 53 人，断水停电等巨大灾害，直接经济损失近 5 000 万元。

在巴东城区，泥石流是继滑坡之外又一严重的地质灾害类型。随着新县城的建设，大量弃渣、弃土堆积在新城区的冲沟里，为泥石流暴发提供了物质来源。巴东县新城区内冲沟较为发育，自东向西规模较大的有头道沟、二道沟、三道沟、四道沟、凉水溪、白岩沟、铜盆溪和黄家大沟，它们由南向北直泻长江，成为该区排泄地表水和地下水的主要通道。随着新城区工程建设的不断进行和居民的迁入,人工弃渣量越来越多,由人工弃渣诱发的泥石流灾害将成为新城建设中不可忽视的地质灾害问题。

教学点所在的白岩沟长 1.8km,汇水面积 3.2km²,沟头至沟口高差 350m,沟谷平均坡度 11°(图 4-23)。冲沟流域可见明显的形成区、流通区与潜在堆积区。其中,沟头为土石弃渣场,为泥石流的发生提供了物质来源;流通区沟谷宽度变窄,坡度增大,如遇极端暴雨情况,存在发生泥石流的危险。

图 4-23　白岩沟汇水范围三维视图

2. 红石包滑坡概况

红石包滑坡位于长江三峡巴东县城迁建新址规划区,是原湖北恩施石油分公司巴东油库区工程场地。该油库占地总面积约 $5.6 \times 10^4 m^2$,总库容量 19 000t,是三峡库区移民搬迁重点项目。油库区工程地质条件复杂,存在深层滑移、浅层滑移工程地质问题。红石包滑坡如产生滑动,油库油料倾入长江,将造成不可估量的损失,因而被列入库区重点滑坡整治工程之一。

红石包滑坡体处于长江南岸高程 135～260m 斜坡地段上。斜坡坡角 30°～35°,北临长江,南靠山体,东有凉水溪冲沟,西有白岩沟深切,水库蓄水后,形成了一个三面环水的半岛(图 4-24、图 4-25)。官渡口向斜轴线从红石包斜穿而过,受其影响核部及轴线两侧岩体揉皱明显,后缘山坡为顺向坡,岩层倾角 33°～35°,与地形坡角基本一致,前缘岩层略有反翘,倾角仅 15°～24°。地层岩性主要由巴东组第三段薄—厚层含泥质灰岩夹泥灰岩、泥质粉砂岩及第四段粉砂质泥岩组成,上述岩性性状不均一,软硬相间,特别是泥灰岩层,易风化,遇水易产生软化或局部泥化(图 4-26)。

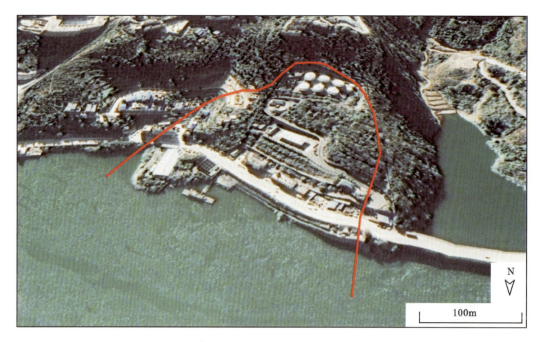

图 4-24 红石包滑坡三维视图

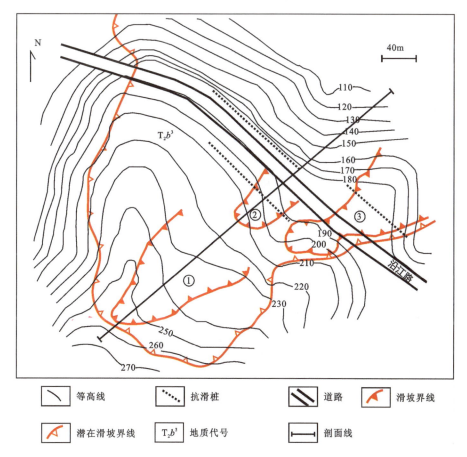

图 4-25 红石包滑坡平面图

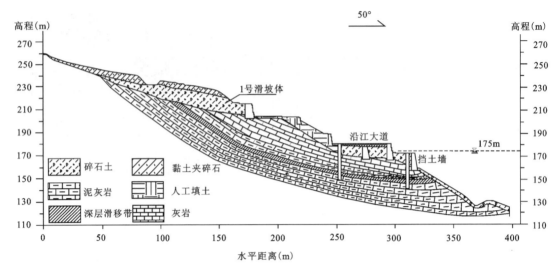

图 4-26 红石包滑坡典型剖面图

该区域浅层分布 3 个滑坡体,其中,1 号滑坡体前缘剪出口高程 206~207m,后缘高程 260m,滑体长 155m,宽 40~130m,总体积约 $9.6\times10^4m^3$,上部顺层滑移,下部切层,主滑方向 NE40°;2 号滑坡体前缘剪出口高程 175~180m,后缘高程 215m,滑体长 65m,宽 35~43m,总体积约 $2.1\times10^4m^3$,顺层滑移,主滑方向 NE45°;3 号滑坡体前缘剪出口高程 135~140m,后缘高程 205m,滑体长 230m,宽 40~110m,总体积约 $11\times10^4m^3$,上部顺层滑移,下部切层,主滑方向 NE50°。

综合勘探及地表测绘成果分析,由 S1 软弱带所构成的深层潜在滑移体,北起长江边万户沱,剪出口最低高程约 145m;南至风包岩,后缘高程 221~230m;东至凉水溪,西至白岩沟,南北长约 600m,东西宽约 500m,超出油库场地分布范围区,底滑面距地表深 21~37m,总体积约 $176\times10^4m^3$。

红石包滑坡治理设计以潜在深部滑坡体为主要治理对象,治理方案主要采用悬臂桩与锚拉桩联合方案,共 52 根抗滑桩(其中:锚拉桩 31 根,规格 2m×3m;悬臂桩 21 根,规格 3m×3.5m,桩长 28m、37m、40m 不等),分 3 排布置。此外,辅以挡土墙工程、削方护坡工程、排水沟工程。红石包滑坡治理工程于 2002 年 3 月 5 日开工,2002 年 10 月 21 日完工。

由于恩施州油库在本区兴建,形成多挡墙和平台的梯级式地貌,自沿江公路(高程 182m)以下至油库后缘共建 6 级挡墙,并形成高程 182m、205m、220m、235m、243m 五个平台。第一级挡墙(由上、下两墙组成)墙高一般 7~12m,顶部高程 173~180m;第二级挡墙一般高 10~13m,局部 5~6m,墙顶高程 187~195m;第三级挡墙高 3.5~5m,墙顶高程 205m;第四级挡墙高 7~15m,墙顶高程 212~220m;第五级挡墙高约 8.5m,墙顶高程 242m;第六级挡墙 14m,墙顶高程 252m。另外沿山脊东北侧还设置弧形挡墙,墙高 10~15m,局部 3~6m,墙顶高程 220~228m。

【教学点 2-3】 凉水溪沟

◆教学内容

(1)泥石流的形成机理与影响因素。

(2)巴东组第三段(T_2b^3)地层典型剖面。

(3)高切坡防护措施。

◆背景资料

2015年6月30日,受连日暴雨影响,巴东县凉水溪沟山洪暴发,冲刷沟道两侧山体及人工填土形成泥石流。掩埋了位于沟口的服装厂、水泥制品厂部分厂区,同时严重威胁凉水溪西侧斜坡边缘上六栋居民楼149人的生命财产安全。由于及时组织撤离,未发生人员伤亡。应急处置措施包括疏导清淤、排水、加强监测、浅层滑坡体前缘坡及沟道两侧堆载反压等(图4-27)。

图4-27 凉水溪沟泥石流应急治理(左)与高切坡防护(右)照片

【教学点2-4】 黄土坡滑坡

◆教学内容

(1)黄土坡巴东县城搬迁过程。

(2)黄土坡滑坡地貌特征。

◆背景资料

黄土坡滑坡问题引起了党中央国务院、相关部委及各级领导的高度重视。李鹏、温家宝、李克强等领导先后对黄土坡滑坡问题进行调研并作出重要指示。2008年4月7日,时任中央政治局常委、国务院副总理李克强在恩施州调研时对黄土坡避险搬迁作出"减载搬迁"的重要指示。2008年12月22日,财政部、国家发改委和国土资源部同意对黄土坡上的居民实施整体避险搬迁。2009年2月23日,时任湖北省长李鸿忠主持召开省政府常务会议,专题研究黄土坡整体避险搬迁工作,正式启动黄土坡滑坡整体避险搬迁工程。黄土坡滑坡整体避险搬迁总投资9.8亿元,由中央和地方工程承担。时至2017年4月30日,这项党中央、国务院特别牵挂的"总理工程"——巴东县黄土坡滑坡整体避险搬迁工程总体结束。滑坡体上4 475户15 713人、74家单位、10家工矿企业、22家村组副业搬迁安置。

第三节 史家坡—铜鼓包路线

【教学路线】

基地—史家坡—张家梁子—铜鼓包(图4-28)

路线距离:史家坡2.1km+铜鼓包3.2km

考察时间:4h

图 4-28 考察路线三路径图

【目的与要求】

认识嘉陵江组（T_1j）与巴东组（T_2b）地层；训练野外路线记录、野外定点、岩层产状测量、岩性识别与描述、地质构造识别、地质灾害识别等工作技能；了解巴东城区史家坡（营盘包）滑坡工程地质条件与防治工程概况；结合滑坡防治工程典型案例分析地质灾害防治工程设计施工的注意事项与影响因素；了解滑坡治理与边坡支护措施、适用范围及设计施工知识。

【教学点 3-1】 史家坡（营盘包）滑坡

◆教学内容

(1)史家坡（营盘包）滑坡概况与工程地质条件。

(2)滑坡防治工程典型案例。

◆背景资料

史家坡（营盘包）滑坡由史家坡滑坡（北侧）和营盘包滑坡（南侧）组成，行政区属巴东县官渡口镇西壤口村管辖，与官渡口镇隔河相望。滑坡区位于长江支流神农溪（又名龙船河）右岸的河口地带，北端与神农溪峡谷相连，南端为神农溪河口的山脊矶头，与神农溪入口的旅游码头相邻。

史家坡（营盘包）滑坡总面积 $46.54 \times 10^4 m^2$，体积 $978.7 \times 10^4 m^3$。1950 年 4 月滑坡中前缘约 $50 \times 10^4 m^3$ 的土体下滑，造成神农溪河口被堵塞 10 余日。在 1979 年、1998 年大雨期间，滑坡的中部和后缘地带产生拉裂缝，其中一条裂缝延伸长度达 200m，后缘地带的史家小学被迫搬迁，高程 294m 的一户村民房屋因滑坡倒塌。2003 年三峡水库蓄水以来，滑坡范围内的裂缝仍持续发展，房屋出现裂缝达 15 户。若该滑坡持续失稳下滑，官渡口镇和信陵镇临江地带的建筑物都将受到严重的破坏，巴东神农溪风景区旅游业也将受到严重影响。

史家坡（营盘包）滑坡防治工程于 2006 年 3 月 16 日开工,2007 年 5 月中旬,受强降雨与库水位下降影响,滑坡上部和北部地区坡体出现严重变形现象,造成刚施工完成不久的排水沟变形开裂,格构梁下沉断裂,抗滑桩倾斜,致使公路及 40 余户居民房屋及地坪拉裂受损。为确保人民生命安全,采取应急措施进行抢险救灾,建立监测网络、增设排水工程、搬迁 40 余户居民、维修变形工程。

史家坡（营盘包）滑坡区域地貌形态主要为剥蚀中低山峡谷地形,相对高差 600～800m。神农溪河口蓄水前的截面形态呈宽敞的"U"字形,河底宽约 200m,滑坡区以北的神农溪大桥上游河谷为狭窄的"V"字形,河谷宽 50～100m（图 4-29、图 4-30）。南侧的营盘包滑坡坡向为 62°,北侧的史家坡滑坡坡向近 90°,两滑坡之间为走向近正东方向的冲沟。史家坡滑坡南侧与北侧均为冲沟,主滑方向地形呈后缘、前缘较陡,中部缓的折线坡形态,前缘坡度为 25°,后缘坡度为 28°,中部高程 215～225m 与 280～285m 为缓坡平台,坡度约为 8°,高程 236～254m、338～365m 经人工砌坎后平整为多级梯田。营盘包滑坡纵向剖面形态呈折线形,前后缘陡,中部为缓坡平台。前缘临江地段呈直线坡,坡度 25°～40°,高程 139m 以下为陡坡,坡度达 40°以上,中前部高程 145～175m 为滑坡堆积而成的缓坡平台,坡度 8°～15°,高程 230～250m 的后缘斜坡,平均坡度 20°～25°。

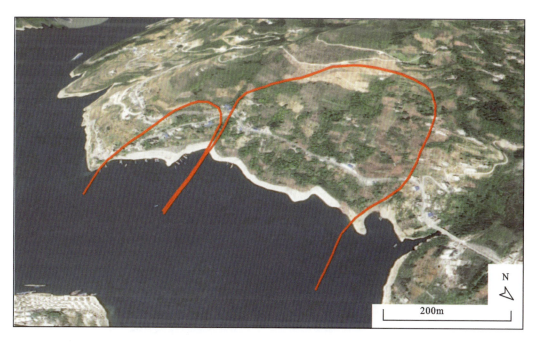

图 4-29 史家坡（营盘包）滑坡三维视图

滑坡区出露地层为三叠系巴东组,由南向北依次为巴东组第三段、第二段和第一段。滑坡主要发育于巴东组的第二段、第三段中,岩性主要有灰岩、泥灰岩、泥质粉砂岩、泥岩等（图 4-31、图 4-32）。堆积层主要为粉质黏土、粉质黏土夹碎石、碎块石土等,岩土组成种类多、变化大、结构复杂。滑坡区附近的主要构造为近东西向的官渡口复向斜,滑坡体位于该向斜的北翼近核部地带,就滑坡范围内而言,为单斜地层,岩层产状倾向 100°～130°,倾角 24°～40°。

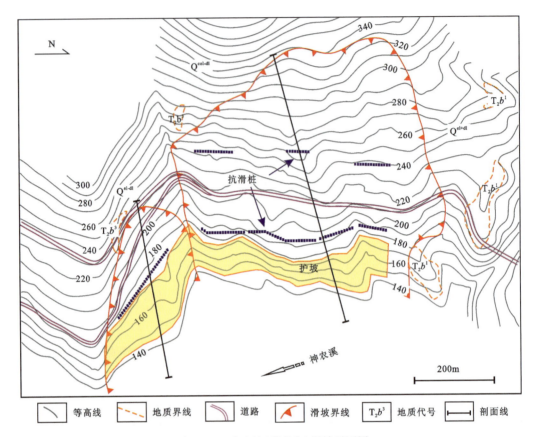

图 4-30 史家坡(营盘包)滑坡平面图

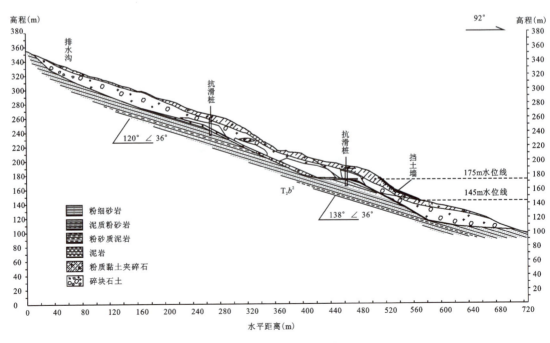

图 4-31 史家坡滑坡典型剖面图

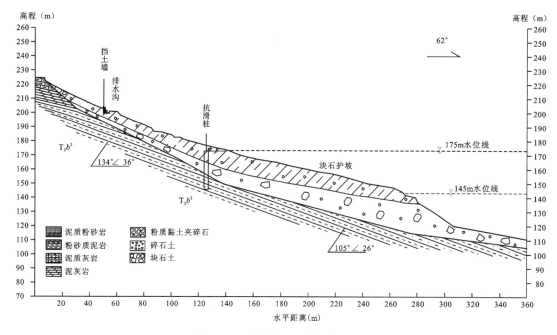

图 4-32 营盘包滑坡典型剖面图

史家坡滑坡纵向长 800m,面积为 $37.22\times10^4m^2$,滑体最大厚度 30.39m,体积为 $829.58\times10^4m^3$。滑坡后缘位于高程 350m 处,呈宽缓弧形。滑坡前缘已被库水位淹没,推测 1950 年 7 月滑坡前缘在龙船河水位线以下岸坡,高程为 88m 左右;1979 年 7 月及 1998 年 8 月滑坡前缘边界不明显,推测高程在 100m 左右。营盘包滑坡纵向长 410m,面积为 $9.32\times10^4m^2$,滑体最大厚度 25.50m,体积为 $149.12\times10^4m^3$。滑坡体后窄前宽,其中后缘宽 80m,中部宽 200m,临江地段宽 300m。滑坡后缘高程 230m。

史家坡(营盘包)滑坡体物质组成分布不均。其中,史家坡滑坡体物质由粉质黏土夹碎石、碎石土、块石土、滑动泥岩岩体组成。按成分可分为 3 类:一是分布于滑坡体北侧的紫红色泥岩、泥质粉砂岩碎块石土及松动的碎裂岩体,其物质来源于巴东组第二段(T_2b^2),平面上呈长条形状分布;二是分布于滑体中部高程 200~290m 之间的黄色、灰黄色含泥质灰岩碎石土和紫红色泥岩、泥质粉砂岩碎石土,其物质分别来源于巴东组第三段(T_2b^3)与巴东组第二段(T_2b^2);三是滑坡体后部和南侧分布的黄色、灰黄色含泥质灰岩碎块石土和松动的碎裂岩体,其物质来源于巴东组第三段(T_2b^3)。粉质黏土夹碎石主要分布于滑坡各级缓坡平台与临江地段,滑坡后缘也有零星分布,块石土层多分布于滑坡南侧坡体及滑坡中后部地带,在其他坡度相对较陡的坡体上也有零星出露,松动碎裂岩体主要分布在滑坡南北临沟地段。营盘包滑坡体物质主要来源于巴东组第三段(T_2b^3),岩性为黄色、灰黄色含泥质灰岩,白云质灰岩碎块石土,粉质黏土夹碎石和松动的碎裂岩体,仅在邻近北侧冲沟地带零星分布有来源于巴东组第二段(T_2b^2)的紫红色泥岩、泥质粉砂岩碎块石土。粉质黏土夹碎石主要分布于滑坡中前部缓坡平台高程 145~175m 之间,另外在高程 175~205m 缓坡角坡体上也有分布,碎块石土多分布于滑坡后部高程 200~220m 处,松动碎裂岩体主要分布在滑坡南边界附近。

钻孔资料表明,史家坡滑坡滑带最大埋深 30.39m,滑带土主要为粉质黏土夹角砾、粉质黏土夹碎石,中密—密实状态,碎石及角砾有一定的磨圆,一般呈次棱角—次圆状,成分为粉砂质泥岩、泥质粉砂岩。滑坡中前部碎石含量明显增多,土石比3∶7~4∶6,滑带上部碎石磨圆度明显较中后部差,而中后部滑带土内土石比多为7∶3~6∶4,黏土含量较高。浅井揭露史家坡滑坡滑带内有小型擦痕光面,碎石次棱角状、次圆角状。营盘包滑坡滑带埋藏深度最大25.50m,滑带土为粉质黏土夹碎石、粉质黏土夹角砾,土石比7∶3~6∶4,土体主要为紫红色粉质黏土,结构较密实,内有局部擦痕光面,碎石呈次棱角状、次圆角状,成分主要为T_2b^2紫红色粉砂质泥岩、泥岩,以及灰绿色钙质泥岩。

史家坡(营盘包)滑坡防治工程设计通过中、后部两级抗滑桩支挡,防止中、后部滑体局部剪出,阻挡中、后部下滑力往前传递,在保证前缘坡体自身稳定的前提下,对前缘实施护坡,以防止塌岸对中后部的牵引作用。其中,史家坡滑坡防治工程在260m高程附近设置一排抗滑桩,共38根,在190m高程附近设置一排桩,共67根。根据不同区滑坡内力计算结果与滑体厚度变化,抗滑桩的截面分为2.5m×4m,2.8m×4.5m,2m×3.2m,2m×3m四种,抗滑桩长度为25~31m,基岩嵌固段9~11m,间距均为6m。营盘包滑坡防治工程在175m高程附近设置一排抗滑桩,共29根,桩截面均采用2.5m×4m,横向桩间距均为6m。其中,根据滑坡内力计算结果与滑体厚度变化,抗滑桩设计桩长25~27m,入基岩段长9~10m。重力式挡墙布置于护坡的底线,高程145m左右。采用浆砌块石砌筑,每隔3m设置泄水孔,墙背填料为细粒土时,填筑砂砾石或土工合成材料作为反滤层。格构(锚)护坡布置于滑坡前缘库水位变动带145~175m高程段,护坡采用现浇钢筋混凝格构(锚)+干砌块石护坡。格构按正方形布设,方格边长3.5m×3.5m,格构梁断面为300mm×350mm,为钢筋混凝土结构。坡度大于25°的坡面,为保证格构的稳定性,在格构梁各交点布设砂浆锚杆,锚杆全黏结灌浆,并与钢筋笼双面焊连接。滑坡排水工程主要包括防治工程区内外围截水沟和排水沟。截水沟根据实际地形布设在滑坡后缘、两排抗滑桩及公路的上侧,主要作用是拦截公路西侧坡体因降雨产生的坡面水流并排入长江。

2007年5月11日、15日,巴东城区分别降水70.6mm和35.8mm,与此同时5月中旬库区水位急剧回落2~3m,在滑坡的上部和北部地区发生坡体严重变形现象,其变形区范围为宽约230m,前缘临江,后缘至高程240m的抗滑桩一带,纵长约280m,面积约$5.89×10^4m^2$。根据深部位移监测显示的变形滑体厚度最大为16m,体积$9.4×10^4m^2$。滑坡变形导致北部前缘排水沟挤压变形,沟底隆起,浆砌石护坡隆起、开裂,格构梁下沉、断裂,护坡脚墙上段剪出破坏,梯步变形开裂,抗滑桩周边土体拉裂下沉,桩头空孔段护壁开裂,桩后产生斜向裂缝,致使公路及40余户居民房屋受损。

【教学点3-2】 张家梁子滑坡

◆教学内容

滑坡综合治理工程实例。

◆背景资料

张家梁子滑坡位于209国道K1742+620M地段和官渡口集镇,面积$5.33×10^4m^2$,体积$63×10^4m^3$。因受持续强降雨影响,2015年7月坡体不断变形下滑。于2015年10月20日治理工程开工建设,采取削坡反压、挡土墙、抗滑桩、格构锚固、地表排水工程等综合治理措施(图4-33)。

图4-33 张家梁子滑坡破坏情况(左)与治理工程照片(右)

削坡反压:遇有推动式滑坡或由错落转化成的滑坡,滑坡的滑动面上陡下缓,在滑体后部减重,可减少滑坡的推力,降低抗滑工程造价或减缓滑坡的变形,为抗滑工程施工赢得时间。减重和反压往往同时进行,即把上部减下来的土石方反压在坡脚的抗滑地段。削坡与反压措施同时进行可减缓滑坡体的整体坡度,对厚度大、主滑段和牵引段滑面较陡的滑坡体治理效果更加显著。对其合理应用则需先准确判定主滑、牵引和抗滑段的位置。

重力式挡土墙:以挡土墙自身重力来维持墙体在土压力及滑坡下滑力作用下稳定的设施。重力式挡土墙主要原料为块石、片石或混凝土,具有体积大、重量大等特点。修筑重力式挡土墙不但能适当提高滑坡的整体安全性,还可有效防止坡脚的局部崩坍。但对于大型滑坡,由于受到挡墙工程量与高度的限制,滑坡体的安全系数往往提高不大。因此,重力式挡土墙多用于治理滑坡推力较小的中小型滑坡,或作为辅助措施设在大型滑坡前缘及两侧,一般埋深较浅。挡土墙的排水措施通常由地面与墙身排水两部分组成。其中,地面排水主要是通过截排水沟的形式防止地表水渗入墙后土体或者地基。浆砌石挡土墙身排水通过墙体内预埋的若干排水孔,为防止堵塞,墙背的排水口端需要设置反滤层(图4-34)。

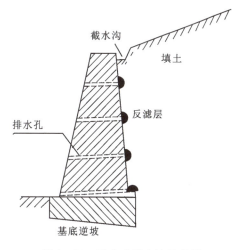

图4-34 重力式挡土墙示意图

抗滑桩:穿过滑坡体并深入滑床的桩体(图4-35),用以支挡滑体的滑动力,提高滑坡稳定性,其适用范围广,对浅层和中、厚层非塑流性滑坡均可采用。抗滑桩的优点和适用条件如下:①设桩位置灵活,除成排设在滑坡前缘外,也可根据具体情况,设在滑体的其他部位,并可与其他防治措施联合使用;②开挖土石方量小,施工中对滑坡体的稳定状态影响小;③挖孔桩桩孔也是一个很好的探井,通过它可以弄清楚滑坡的工程地质和水文地质情况,检验和修改原设计,使之更完善、更符合实际情况;④在新线路工程施工中,可采用先做桩后开挖路堑的施工顺序,防止产生新滑坡或老滑坡复活;⑤施工方便,设备简单。

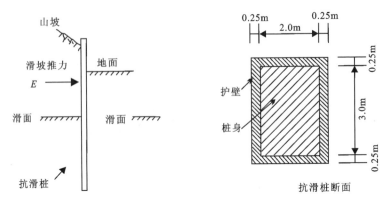

图 4-35 抗滑桩示意图

抗滑桩的类型按桩的刚度分为刚性桩和弹性桩。按桩的埋置情况分,有悬臂式和全埋式,悬臂式居多。按材质及截面形状分为木桩(多用于临时性工程)、管桩(多用于钻孔桩)、钢筋混凝土桩(矩形、圆形)和钢桩。国内使用最多的为矩形钢筋混凝土挖孔桩。一般情况下抗滑桩均成排地布置在滑坡体前缘抗滑段,尽量利用桩前岩土的抗力,只在特殊情况下或因施工条件的限制才考虑其他部位。桩的间距,对于岩质滑体,一般取决于滑坡推力大小;对于土质滑体,要确保滑体不从桩间挤出,根据滑体的密实程度、含水情况、滑坡推力大小、桩截面大小及施工难易和土体自然拱作用等综合考虑,多为 2~5 倍的桩径。

预应力锚索抗滑桩:是一种特殊的抗滑结构,它通过在抗滑桩头部加设预应力锚索(图 4-36),改变了一般抗滑桩悬臂式受力状态,变成了上端铰支、下端类似弹性铰的简支梁式受力结构,桩身内力小,大幅度地减小了桩长和桩身的横截面及桩身内力,节省钢材和水泥等原材料。

格构锚固:是利用浆砌块石、现浇钢筋混凝土或预应力混凝土进行坡面防护,并利用锚杆或锚索固定的一种滑坡综合防护措施,它将整个护坡与柔性支撑有机结合在一起。这种结构的特点是施工时不必开挖扰动边坡,施工安全快速,与植被恢复结合,还可美化环境,特别是钢筋混凝土格构、预应

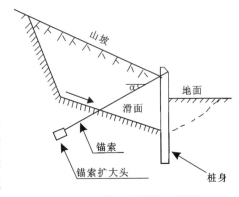

图 4-36 锚索抗滑桩示意图

力混凝土格构与预应力锚索的联合应用,变被动抗滑为主动抗滑,充分发挥滑体的自承能力,是一种经济、有效且环境友好的支挡加固措施。常见的格构包括下列 4 种形式(图 4-37):①矩型,指顺边坡倾向和沿边坡走向设置方格状浆砌块石,格构水平间距应小于 3.0m;②菱型,指沿平整边坡坡面斜向设置浆砌块石,格构间距应小于 3.0m;③人字型,指顺边倾向设置浆砌块石条带,沿条带之间向上设置"人"字形浆砌块石拱,格构横向间距应小于 3.0m;④弧型,指顺边坡倾向设置浆砌块石条带,沿条带之间向上设置弧形浆砌块石拱,格构横向间距应小于 3.0m。

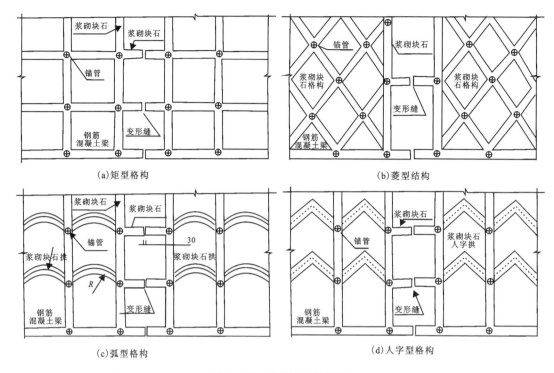

图 4-37 格构平面类型图

地表排水工程：排除和拦截滑坡地表水是整治滑坡的辅助措施之一，而且通常是先行措施。拦截和排除地表水的目的是使滑坡体以外，特别是滑坡上方的地表水不流入滑坡范围，把滑坡范围内的地表水，包括滑坡范围内出露的泉水尽快地排到滑坡范围以外，避免地表水渗进滑坡体和滑带，增加滑体物质的重度，软化滑带，增加动水或孔隙水压力，降低滑坡的稳定性或加剧滑坡的滑动。

【教学点3-3】 铜鼓包
◆教学内容
典型边坡支护工程实例。
◆背景资料

1. 桩板式挡墙

桩板式挡墙是指由钢筋混凝土桩和桩间挡土板组成的支护结构(图 4-38)。利用桩体埋入地基嵌固段与桩前被动土压力维持挡土墙的整体稳定，适宜于土压力相对较大、墙高超过一般挡土墙设计高度限制的情况。悬臂式桩板挡墙如果地基强度不足，可通过增大嵌固段埋深得到补偿，通常作为路堑、路肩和路堤挡土墙使用，也可用于治理中小型滑坡，多用于表土及强风化层较薄的均匀岩石地基上。由于土的弹性抗力较小，设置桩板式挡墙后，桩顶处可能产生较大的水平位移或转动，因而一般不宜用于土质地基。若需用于土质地基，一般应在桩的上部设置锚杆(索)，以减小桩的位移和转动，提高挡土墙的稳定性，这种结构又称作锚拉式桩板挡土墙。

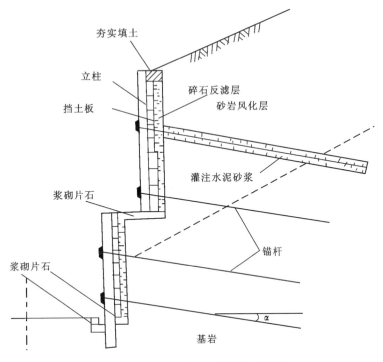

图 4-38 桩板式挡土墙结构示意图

2. 喷锚支护

喷锚支护是高压喷射混凝土、锚杆与钢筋网组成的联合支护结构,既可用于临时加固局部岩(土)体,也可作为中小型边坡的永久支护措施。锚杆的主要作用是增强岩层间的摩擦力,提高岩体稳定性,喷射混凝土的作用是加固松散破碎岩体,防止岩块松动、剥离或坠落,两者结合可有效发挥边坡岩体的自稳能力。喷锚支护的优点是喷层具有高黏附性,可胶结松散的岩块,充填裂隙,使喷层与岩体共同承受荷载。该方法施工步骤简便,成本相对较低,但施工过程中往往产生大量粉尘,造成环境污染。采用喷锚方法支护的边坡无法生长植物,对环境的美观有一定的影响。

第四节 亩田湾—大面山路线

【教学路线】

基地—绕城公路—白岩沟沟头—张家坡—亩田湾—采石场—大面山(图 4-39)
路线距离:绕城公路 9km+大面山 15km
考察时间:4h

图 4-39 考察路线四路径图

【目的与要求】

认识嘉陵江组(T_1j)与巴东组(T_2b)地层,训练野外路线记录、野外定点、岩层产状测量、岩性识别与描述、地质构造识别、地质灾害识别等工作技能;考察公路边坡支护工程案例;认识巴东城区黄土坡滑坡地貌特征;了解泥石流的成因机制、影响因素及防治方法;认识河流峡谷地貌特征(长江巫峡)。

【教学点 4-1】 绕城公路—白岩沟沟头

◆教学内容

(1)公路边坡防护工程措施(图 4-40)。

(2)白岩沟泥石流物源区(图 4-41)。

图 4-40 绕城公路高切坡柔性防护网(a)与边坡抗滑桩施工现场(b)照片

图 4-41 白岩沟南向(a)与北向(b)照片

【教学点 4-2】 张家坡

◆教学内容

(1)巴东组第三段(T_2b^3)地层风化剖面[图 4-42(a)]。

(2)黄土坡滑坡地貌特征[图 4-42(b)]。

图 4-42 泥灰岩风化剖面(a)与黄土坡滑坡地貌(b)照片

◆背景资料

教学点位于黄土坡滑坡后缘西侧,高程约 560m,可从高位观察该滑坡整体地貌与后缘特征。黄土坡滑坡是经过多次滑动所形成的结构复杂的古滑坡群,最近一次大范围滑动距今超过 10 万年,滑坡边界的破坏特征已被扰动,无法看到明显的剪切错动痕迹,但滑坡滑动所形成的阶梯状地形仍清晰可见。从滑坡侧面可看出,高程为 200～300m 与 400～500m 处的地形相对平缓,称作滑坡平台,分别位于临江 1 号滑坡体中部、后部以及园艺场滑坡中部,各平台之间及滑坡后缘的地形则相对较陡。滑坡平台,又称滑坡台阶,是由于滑坡体上下不同部位岩土体滑动时间与速度不一致,所形成的地表陡缓相间的台阶状地形。黄土坡滑坡的后缘位于 520～580m 高程范围,滑坡体与后缘未发生滑动的岩体之间形成的陡坎即为滑坡壁。滑坡台阶与滑坡壁是野外滑坡识别的重要特征现象。

【教学点 4-3】 亩田湾

◆教学内容

(1)嘉陵江组(T_1j)与巴东组(T_2b)地层分界线(接触关系)。

(2)断层野外识别。

◆背景资料

实践教学区内规模最大的断层为巴东断裂(F_{12}),大致沿嘉陵江组(T_1j)与巴东组(T_2b)地层(图 4-43)分界线呈近东西向延伸,地貌上呈现明显的线型沟谷低地。破碎带宽窄不一,最宽处位于滑坡区南东边缘 209 国道亩田湾段,宽约 130m,主断面产状 350°∠75°。构造岩以角砾岩、碎裂岩为主,其间夹有挤压透镜体(图 4-44、图 4-45)。

图 4-43 采石场(a)与嘉陵江组地层(b)照片

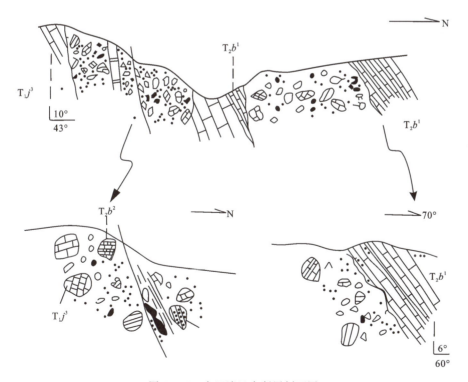

图 4-44 亩田湾巴东断层剖面图

图 4-45 巴东组第一段岩性(a)与巴东断层角砾岩(b)照片

【教学点 4-4】 大面山

◆教学内容

长江巫峡峡谷地貌。

◆背景资料

该教学点位于巴东县大面山村费家岭,海拔高程 1 100m,视野开阔,是考察长江巫峡峡谷地貌的绝佳地点。巫峡又名大峡,是位于长江三峡中间的第二峡,地处重庆巫山和湖北巴东两县境内,西起重庆市巫山县城东面的大宁河口,东迄湖北省巴东县官渡口,全长 46km,分为东、西两段,西段由金盔银甲峡、箭穿峡组成,东段由铁棺峡、门扇峡组成。峡谷幽深曲折,由长江深切巫山主脉背斜形成,峡中多云雾,古人留下了"曾经沧海难为水,除却巫山不是云"的千古绝唱(图 4-46)。三峡水库到达 175m 水位后,巫峡水位仅提高 80~100m,对幽深秀丽的峡谷风光没有太大的影响。巫峡巴东属段长 22km。西起边域溪,东至县境官渡口镇,古又称巴

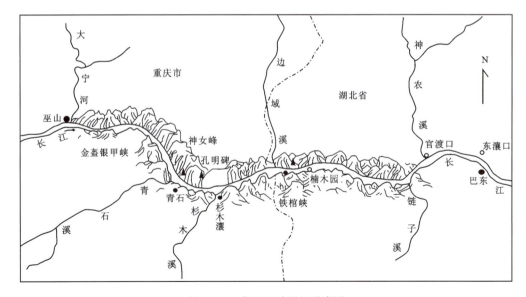

图 4-46 长江巫峡平面示意图

峡,巫峡口段约 2.5 km 范围内的峡谷称作门扇峡。我国第四套人民币中面值五元的纸币背景即采用了巫峡口(门扇峡)景观图案。长江三峡在这里呈 90°大转拐,以曲折、幽深、秀丽而闻名世界。巫峡巴东段峡谷南岸坡度约 30°,北岸坡度约 45°,河谷深切揭露了志留系至三叠系全部地层,地层整体倾向正北方向,倾角 50°左右。

门扇峡所谓"门扇",是因为此段峡谷的江南岸有大面山,江北岸有尖子山。两山对峙,陡峭似壁。门扇峡号称"巫峡门户",航道狭窄,最窄处江面宽 80 m 左右。三峡工程建成前,峡内水流凶险,特别在火焰石江段,褐红色的岩石像火焰一样伸入江中,阻断江流,这里形成深不可测的巨大漩涡,素来有"鹅毛沉底"之说。站在门扇峡中,抬首壁陡如削,低头急流汹涌,使人产生"峰与天关接,舟从地窟行"的感觉。自古以来,不知有多少船只在此沉没,不知有多少人在此丧生。巴东不少姓氏的族谱记载有他们的老辈从外地乘船过门扇峡时,被洪水掀翻后,幸存登岸,走投无路,只得就地置业。

巫山十二峰分别坐落在巫峡的南、北两岸,是巫峡最著名的风景点。整个峡区奇峰突兀,怪石嶙峋,峭壁屏列,绵延不断,是三峡中最可观的一段,宛如一条迂回曲折的画廊,充满诗情画意,有诗曰:"巴东三峡巫峡长,猿鸣三声泪沾裳。"流传至今的种种美丽的神话传说,更增添了奇异浪漫的诗情。巫山十二峰中以神女峰最著名,最高点海拔约 1 200 m,往东逐渐降低,峰上有一挺秀的石柱,形似亭亭玉立的少女。她每天最早迎来朝霞,又最后送走晚霞,故又称"望霞峰"。

第五节 长江北岸沿江路路线

【教学路线】
基地—物流码头—焦家湾—枣子树坪—雷家坪(图 4-47)
路线距离:沿江路 6.5 km
考察时间:4 h

图 4-47 考察路线五路径图

【目的与要求】

认识巴东组(T_2b)地层;训练野外路线记录、野外定点、岩层产状测量、岩性识别与描述、地质构造识别、地质灾害识别等工作技能;了解大型桥梁工程选址、勘查与设计基础知识;认识崩塌;了解崩塌成因、影响因素与防治方法;了解边坡支护措施类型、适用范围及设计施工知识。

【教学点5-1】 物流码头

◆教学内容

(1)巴东长江大桥概况。

(2)赵树岭滑坡地貌特征。

◆背景资料

巴东长江大桥位于湖北省长江段,是国道209线跨越长江的一座特大型桥梁,距巫峡口约2.5km。桥梁北岸接209国道复建工程,南岸接巴东新县城沿江大道。全长900m,设四车道及两侧各2m宽的人行道,2001年4月正式开工,2004年7月2日竣工通车,投资约3亿元人民币,是209国道和交通部规划的临汾至三亚高等级公路在湖北巴东跨越长江的特大型桥梁,是湖北省路网设计主骨架在"十五"期间的重点交通工程之一。

巴东长江大桥桥梁类型为双塔双索面预应力混凝土梁斜拉桥(图4-48)。斜拉桥主要是由索塔、主梁与斜拉索组成的一种桥梁结构体系,是大跨度桥梁的最主要桥型。主桥桥跨布置为40m+130m+388m+130m+40m,全长728(m),引桥为4m×40m预应力简支梁。南北主塔墩为"A"形索塔,其中北塔高218m,南塔高213m,高强平行钢丝斜拉索。大桥索塔结构分上部塔身和下部塔墩两部分。标高在173.5m以上为塔身,以下为塔墩。整个索塔高耸纤巧,外形流畅,与雄伟的巫峡出口相映生辉。大桥主梁预应力混凝土肋板梁,全宽22m,边跨肋高2.5m,主跨肋高2.72m,顶板厚32cm,顶面设2%双向横坡。

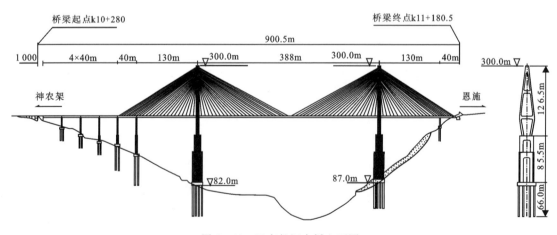

图4-48 巴东长江大桥立面图

桥位区基岩上部为三叠系巴东组第三段(T_2b^3)泥质灰岩、泥灰岩,下部为巴东组第二段(T_2b^2)粉砂质泥岩、厚层泥岩夹泥质粉砂岩。岩体强度相对较软、易风化,岩体中普遍发育4~5组节理,且层间劈理发育,较破碎,是三峡地区典型的易滑地层。桥墩基础采用桩基础,桩深

度穿过 T_2b^3/T_2b^2 界面,以未风化的 T_2b^2 基岩为持力层。基础桩以端承桩为主,以保持桩荷载尽量由 T_2b^2 基岩承担,对于个别桥墩地基承载力不足时,桩进入 T_2b^2 基岩后改用摩擦桩。大桥主墩桩基共 16 根,桩径 3m,桩长 60m,采用挖钻结合的施工方案,即汛期前进行人工钻爆开挖成孔,汛期后利用钻机钻孔,汛期内停工。

【教学点 5-2】 焦家湾

◆教学内容

(1)巴东组第二段地层(T_2b^2)典型崩塌[图 4-49(a)]。

(2)巴东组第二段地层(T_2b^2)岩性认识。

(3)高切坡防护方法[图 4-49(b)]。

图 4-49 崩塌(a)与高切坡(b)考察点照片

【教学点 5-3】 枣子树坪

◆教学内容

(1)巴东组第三段地层(T_2b^3)典型崩塌[图 4-50(a)]。

(2)巴东组第三段地层(T_2b^3)岩性认识。

(3)白岩沟与红石包滑坡地貌特征[图 4-50(b)]。

图 4-50 崩塌(a)与白岩沟、红石包滑坡(b)考察点照片

【教学点 5-4】 雷家坪
◆教学内容
(1)黄土坡滑坡地貌特征(图 4-51)。
(2)巴东组第四段 T_2b^4 地层岩性认识。
(3)地表变形监测新技术。

图 4-51 黄土坡滑坡拆迁后全貌照片

◆背景资料

合成孔径雷达(Synthetic Aperture Radar,SAR)是一种高分辨率的二维成像雷达。它作为一种全新的对地观测技术,近年来获得了快速发展,现已逐渐成为一种不可缺少的遥感手段。与传统的可见光、红外遥感技术相比,SAR 具有许多优越性,它属于微波遥感的范畴,可以穿透云层,甚至在一定程度上穿透雨区,而且具有不依赖于太阳作为照射源的特点,使其具有全天候、全天时的观测能力,这是其他任何遥感手段所不能比拟的。微波遥感还能在一定程度上穿透植被,可以提供可见光、红外遥感所得不到的某些新信息。随着 SAR 遥感技术的不断发展与完善,它已经被成功应用于地质、水文、海洋、测绘、环境监测、农业、林业、气象、军事等领域。

合成孔径雷达干涉测量(Interferometric Synthetic Aperture Radar,InSAR)的概念最早于 20 世纪 70 年代提出,是一种极具潜力的主动式对地观测技术(图 4-52)。InSAR 技术除了具有分辨率高、覆盖范围广、观测周期短等星载平台普遍的优势外,对变形敏感度高,全天候、全天时观测等优势使其成为独一无二的基于面观测的形变监测手段。如今 InSAR 技术已广泛应用于地形测绘、DEM 重建、地面沉降、地震形变、矿山形变、火山活动、冰川漂移、山体滑坡及大型线性工程形变监测等领域。InSAR 技术根据复雷达图像的相位数据来提取地面目标三维空间信息,其基本思想是利用两副天线同时成像或一副天线相隔一定时间重复成像,获取同一区域的复雷达图像对,由于两副天线与地面某一目标之间的距离不等,使得在复雷达图像对同名像点之间产生相位差,形成干涉纹图,干涉纹图中的相位值即为两次成像的相位差测量值,根据两次成像相位差与地面目标的三维空间位置之间存在的几何关系,利用飞行轨道的参数,即可测定地面目标的三维坐标。

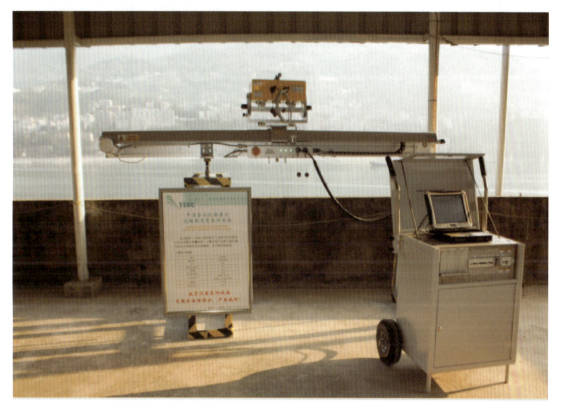

图 4-52　基于 InSAR 技术的地表变形远程监测系统(IBIS-FL)照片

第六节　黄腊石—宝塔河路线

【教学路线】

基地—黄腊石滑坡—宝塔河煤矿—黄腊石村(图 4-53)

路线距离:沿江陆路 25km(或水路 10km)+黄腊石滑坡 2km+宝塔河煤矿 2km

考察时间:4~6h

【目的与要求】

认识巴东组(T_2b)地层,了解沉积相分析方法,训练野外路线记录、野外定点、岩层产状测量、岩性识别与描述、地质构造识别、地质灾害识别等工作技能;了解巴东城区黄腊石滑坡工程地质条件与防治工程概况;考察大型滑坡地表和地下排水工程设计与应用案例。

【教学点 6-1】　黄腊石滑坡

◆教学内容

黄腊石滑坡的工程地质条件与防治工程。

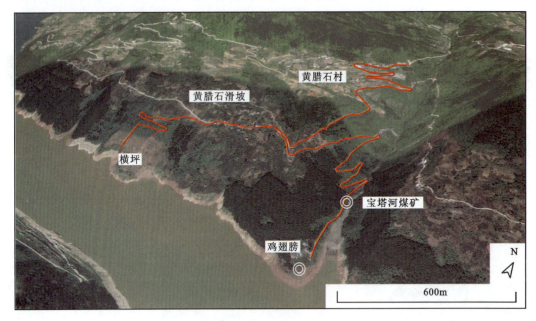

图 4-53 考察路线六路径图

◆ 背景资料

黄腊石滑坡位于湖北省巴东县黄土坡区域以东约 2km 的长江北岸,是一处多期次活动的大型滑坡群,总体积约 $4\,000\times10^4 m^3$,其中主体体积约 $1\,800\times10^4 m^3$。分为东、西两部分,又各分为上、下两段。东部周家湾-石榴树包(横坪)滑坡,为基岩滑坡,其下段石榴树包滑坡,滑床深,体积大。上段周家湾滑坡,为老滑坡后缘的残留体。西部大石板-台子角滑坡,为部分切入基岩的堆积层(崩坡积层)滑坡,厚度一般 20~30m。其下段台子角滑坡厚度约 10m 的基岩弯曲变形带,该带下部常见顺坡缓倾断裂面存在,可见擦痕;上段大石板滑坡于 1983 年 7 月大暴雨期出现多处长达 200~300m 的横向裂缝,自此,该滑坡开始复活变形,一旦大规模滑动入江,将严重碍航或断航,并将严重影响巴东县人民生命财产及长江航道安全。

1. 地形地貌

黄腊石滑坡地处鄂西中低山区,长江自西向东流经滑坡区内。河谷为不对称的"V"形谷(图 4-54、图 4-55),三峡水库蓄水前枯水期江面宽 300~500m,江底高程为 20~25m,长江北岸谷顶高程为 840~850m,相对高差为 820~830m,地形坡度为 25°~42°,上缓下陡。坡面上的冲沟,下部较上部发育,较大者有奔龙溪、干沟及李家湾沟,是区内地表水汇集、排泄入江的主要通道。

滑坡群所处的长江北岸岸坡属逆向坡,最高处高程 840~850m,呈东西向展布,构成长江与其平行分布的宝塔河西支张家湾深切冲沟的分水岭,青龙嘴至长江河床之间,高差近 800m 的河谷斜坡,滑坡成群分布,相互叠置,地形破碎,总体地形呈上缓下陡趋势,该区岩层走向近东西,倾向北,倾角 25°~35°。长江河谷呈不对称"V"形谷,其地面坡度 25°~40°,平均宽度 300m 左右。

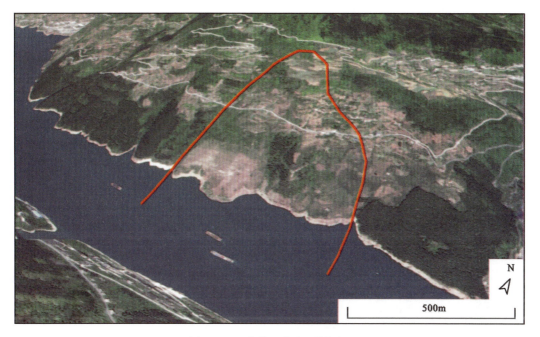

图 4-54 黄腊石滑坡三维视图

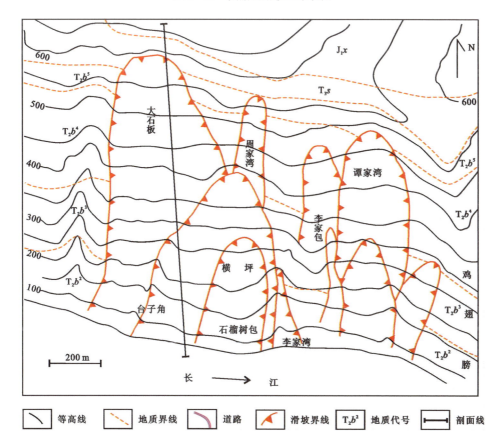

图 4-55 黄腊石滑坡平面图

2. 地层岩性

区内自坡脚至坡顶出露的基岩主要为中三叠统巴东组（T_2b）泥岩、粉砂岩夹细砂岩、泥灰岩、白云岩、含泥质灰岩、灰岩，厚970m；上三叠统沙镇溪组（T_3s）石英长石砂岩、粉砂岩、碳质页岩夹煤层，厚112m；下侏罗统香溪组（J_1x）长石石英砂岩夹含砾砂岩及煤层，厚度大于120m。覆盖层主要为崩坡积、滑坡堆积的碎石、块石及黏性土。黄腊石滑坡主体发生在巴东组中（图4－56）。

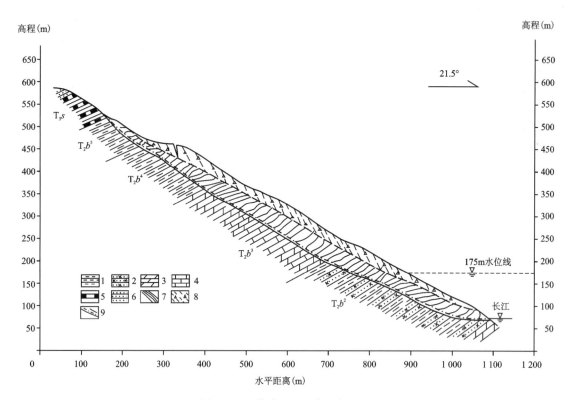

图4－56 黄腊石滑坡典型剖面图

1.泥岩；2.粉砂岩；3.泥灰岩；4.石灰岩；5.煤系及煤屑；6.砂岩；7.滑坡碎裂岩；8.碎石土；9.滑面及滑动方向

3. 滑坡地质组成

滑坡发生在由中三叠世泥灰岩、泥岩、粉砂岩组成的逆向岸坡地段，是一处不同时期、不同性质、多次活动的切层滑坡群。根据滑坡形态、结构、活动特点和规模，分为东、西两部分。东部小滑坡群由7个规模较小的古滑坡和新滑坡组成。老滑坡有谭家湾、周家湾基岩滑坡和李家包松散堆积层滑坡，其剪出口高于滑体340m。新滑坡包括枣子树沟、李家湾沟基岩滑坡和黄泥巴沟、枣子树湾西沟堆积层滑坡。西部活动性滑坡主要包括横坪和大石板-台子角滑坡，是黄腊石滑坡的主体。横坪滑坡圈椅状滑壁明显，滑体上有两级平台，前缘呈扇形凸于江面，厚22～102m，由散裂岩、碎裂岩组成，具一定成层性。最大水平滑距600m，垂直滑距300m。具有两层滑动面，在基岩滑体中还夹有一层崩坡积碎块石层。至少经历了3次活动。大石板-

台子角滑坡后缘弧形滑壁明显,高50余米。滑体上有三级平台。滑体厚6～31m,滑带厚1～2m,滑床以下的基岩弯曲变形体厚达45m。

4. 滑坡边界

黄腊石滑坡主体东起李家包,西至奔龙溪,在地形上呈南北向长条形凹槽。后缘高程约800m,前缘在长江枯水位66m处,纵长约1 500m,沿江最大宽度为840m,滑体厚10～102m,总体积为$1 800×10^4 m^3$,它由东部周家湾-横坪基岩切层滑坡、西部大石板-台子角局部切入基岩的崩坡积层滑坡和西缘皂角树崩坡积层滑坡三部分组成。

1) 周家湾-横坪滑坡

滑坡纵长1 020m,体积约为$900×10^4 m^3$,由后部周家湾滑坡与中前部石榴树包滑坡(横坪滑坡)组成。

周家湾滑坡纵长400m,横宽200～300m,面积为$0.08km^2$,滑体厚2～23m,体积约$100×10^4 m^3$。滑体主要由泥岩、粉砂岩块石、碎石夹黏性土组成。近期变形主要表现为后缘陡壁和公路边坡小规模崩滑。

石榴树包滑坡(横坪滑坡)位于黄腊石滑坡群中前部,前缘直抵长江。受长江水位升降变化影响,滑坡前缘产生过多次局部崩塌。滑坡平面形态似舌状,后缘高程340～350m,前缘剪出口高程66.0m,滑体纵长550m,横宽350～470m,面积约$0.25km^2$,平均厚度47.2m,体积$1 180×10^4 m^3$。滑坡后缘残留有弧形滑壁,上连周家湾滑坡。滑体坡面呈阶梯状,平均坡角约26°。在高程350～250m,地形坡角为32°～37°;在高程200～230m为滑坡平台,分布于石榴树包一带,东西长150～170m,南北宽90～110m,地形坡角为15°～20°;前缘大部分被横坪滑坡改造,高程200m以下地形坡角为35°～45°。滑体东、西两侧被近南北向冲沟切割,深度20～50m不等。此外,滑体下部还发育有一些小冲沟,是汇集地表面流、排泄大气降水的主要通道。

2) 大石板-台子角滑坡

滑坡纵长1 500m,横宽190～425m,滑体厚10～35m,总体积$750×10^4 m^3$。主要由后部宋家屋场滑坡、中部大石板滑坡和前部台子脚滑坡组成。

宋家屋场滑坡系部分切入基岩的崩坡积层滑坡,上部以基岩面为滑床,下部沿沙镇溪组碳质页岩层间软弱面剪出。滑坡纵长440m,横宽190～230m,面积为$0.09km^2$,滑体厚度为10～25m,体积$100×10^4 m^3$。滑体由碎石、块石夹黏性土组成。近期无明显变形迹象。

大石板滑坡:纵长640m,横宽320～425m,面积为$0.2km^2$,滑体厚10～35m,体积为$420×10^4 m^3$。滑体由碎石、块石夹黏性土堆积层组成。滑带为紫红色黏土夹泥岩、粉砂岩碎石,厚0.45～2m,滑体中赋存孔隙水。地下水位埋深随季节变化明显,枯水季最大埋深为25m,雨季最高接近地表。由于滑带土隔水性能良好,地下水在滑带之上顺坡渗流,于滑坡前缘以下降泉的形式呈线状逸出。

台子角滑坡:纵长550m,横宽300～320m,面积为$0.15km^2$,滑体厚1～25m,体积为$230×10^4 m^3$。滑体由碎石、块石夹黏性土堆积层组成。滑带厚1.8～3m,为黏性土夹碎石。滑坡近期变形主要表现为后缘小规模崩滑。

3) 皂角树滑坡

滑坡纵长560m,宽155～195m,面积约0.1km²,未进行勘探,估算体积为$150×10^4m^3$。滑体由碎石、块石夹黏性土组成。近期变形主要表现为张裂缝及向坡下蠕动。

5. 黄腊石滑坡变形分析与治理

黄腊石滑坡各块段以及不同时期的变形发展均与大气降雨密切相关,滑坡防治的主要对策是排水,包括地表排水和地下排水。有一种设想是,只做地表排水就能完成治理工作,但该治理方式存在一个技术原理问题,即地表排水的作用主要是排出大气降水在地表形成的地面径流。因此,在地表排水设计中必须对地表进行整平,消除地面坑洼积水或设置支沟将洼地积水引出,防止或尽量减少大气降水向滑坡体内入渗,而入渗的水量远远小于滑坡体疏干排水的能力,在这样的前提下,所设计的地表排水方案才是有效的。可是在大气降水不能形成地表径流的情况下,地表排水方式则收效甚微。此时,如果大气降水入渗量小于滑坡体的排水能力,也不至于引起地下水位上而产生问题;但如果大气降水入渗量大于滑坡体的排水能力,将会引起地下水位上升,滑坡体重量增大,孔隙压力增高,也有可能导致滑坡复活。因此,在选用地表排水为主的情况下,还必须配合采用地下水疏干措施,在极为重要的地段还应该校核是否需要增加锚固措施。不能简单地把地表排水看成是万能的。

对黄腊石滑坡的防治目标,应是改善、提高滑体的稳定状况,防止大规模滑坡入江造成碍航、断航以及涌浪危害巴东县城和三峡工程的安全。防治的重点地段是西部上段大石板滑坡,因为该处滑坡位置高、体积大,活动迹象明显,具备造成上述严重灾害的可能性。奔龙溪若发生堵塞,有激发大石板滑坡活动的潜在危险,因此应是防治的第二重点。东部石榴树包滑坡位置较低,但体积特大,若下滑部分入江,也有造成局部碍航的危险,而其上方的周家湾滑坡若有下滑活动,对石榴树包滑坡也有推动破坏作用,故皆应作为一般对象加以适当防治,以提高其安全度。

对于西部大石板滑坡的失稳下滑治理,参与可行性研究的工程设计单位曾提出过以格子梁锚索加固为主和以地下排水为主的两种方案,地表排水都是重要组成部分。经过比较,认为格子梁锚索加固费用高而效益较低,适用性较差。而地下、地面排水相结合的方案费用较低,效益较高且比较适用,故成为推荐方案。据研究,地下水每降低$0.1H$(含水土石层厚度),滑体安全系数可提高0.1;若能使地下水位保持在$0.5H$以下,则滑坡可保持稳定。

三峡库区大石板滑坡区排水系统分为地表排水系统和地下排水系统。地表排水工程于1990年开始兴建2条横沟,其主体工程于1994年初动工,6月完成。目前,滑坡区兴建有地表排水横沟10条、纵沟2条、人字沟1条,形成了大石板滑坡区地表排水网。地下排水工程由平硐(主硐、东西支硐及观测硐)和垂直向排水井组成。利用原有PD5平硐作为主硐,在主硐69m处分成东、西两支硐,西支硐长122.5m,东支硐长152.6m。垂直向排水井共设33个孔,孔间距离5m或10m。排水井的出水流入廊道,然后由廊道自流地排入地表沟(图4-57)。

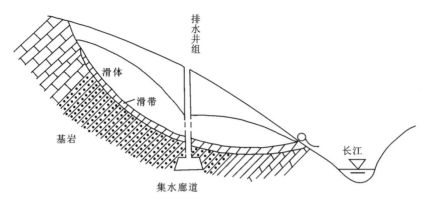

图 4-57 大石板滑坡地下排水工程示意图

【教学点 6-2】 宝塔河煤矿

◆教学内容

三叠系巴东组地层。

◆背景资料

1984年完成的《1:20万巴东幅区域地质调查报告》将中三叠统巴东组地层分为5段。其中,最底层的巴东组第一段(T_2b^1)岩性主要为灰色、紫红色微晶白云岩夹岩溶角砾岩及黑色膏泥透镜体假晶白云岩,顶部为黄绿色、蓝绿色页岩夹灰色薄层泥灰岩,厚94～116m。1997年完成的《1:5万巴东幅区域地质调查报告》指出,该段底部为灰黄—蓝灰色钙质页岩粉砂质黏土岩、块状钙质泥岩等。向上块状泥岩成土化强烈,并可见淡水方解石晶洞,厚度32.10m,向北有增厚的趋势。由于岩性特殊,且标志明显,指示暴露带环境,故将其作为"层"级非正式岩石地层单位。根据区内巴东组岩性组合特征可分为4个"段"级和3个"层"级非正式岩石地层单位。为保持地层名称前后一致,方便读者理解,本书延用巴东组5段分法名称,将原巴东组一段与二段合并,称作巴东组一二段,记为 T_2b^{1+2}。

一二段(T_2b^{1+2}):主要为紫红色粉砂质黏土岩、钙质细砂岩、灰黄色钙质页岩夹薄层灰泥岩、钙质泥岩。含少量双壳类、植物类化石。厚281.90m。与下伏嘉陵江组三段呈平行不整合接触,该接触关系证据为:下伏嘉陵江组三段顶部为强烈喀斯特化白云岩角砾岩,岩石疏松,发育大量的石膏假晶及空洞,角砾间被大量的淡水方解石充填,指示为极浅水或暴露环境;顶面凸凹不平,呈波状,说明存在剥蚀及冲刷;上覆巴东组一段底部岩层成土化强烈,见大量的次圆状成土豆粒,并见大量淡水方解石晶洞,亦指示为长期浅水或暴露环境。

本段下部为由紫红色粉砂质黏土岩—钙质细砂岩叠置而成的基本层序[图4-58(a)]。向上粉砂质黏土岩夹有较多的钙质结核,砂质成分则明显减少,发育斜层理、波状层理及沙纹层理,横向上砂岩呈楔状或透镜状。上部由紫红色粉砂岩或黏土质粉砂岩-粉砂质黏土岩组成[图4-58(b)]。其中黏土质粉砂岩夹薄层灰泥岩条带或透镜体及钙质结核,偶见钙质砾岩层,发育波状层理和水平层理,而粉砂质黏土岩则发育块状层理。整体呈往上砂岩减少、泥岩增多的进积沉积序列。属滨岸-潮坪潟湖相。

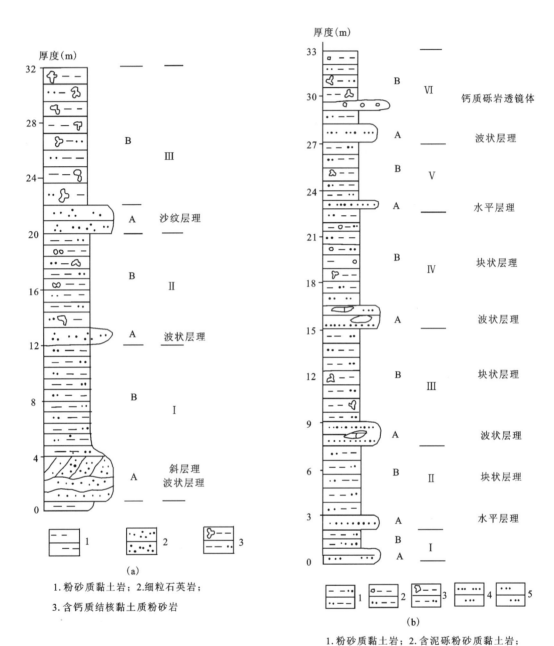

图 4-58 巴东组一二段(T_2b^{1+2})下部(a)与上部(b)基本层序

三段(T_2b^3):为浅灰色中厚层状硅化含灰泥质生物屑灰岩、薄层灰泥岩、砂屑灰岩、生物鲕粒灰岩、黏土质白云岩。含双壳类、菊石及牙形石等化石。厚254m。与下伏巴东组二段整合接触。下部由中厚层硅化含灰泥质生物屑灰岩(A)—薄层灰泥岩(B)—页岩(C)组成的基本层序叠置而成[图4-59(a)],呈退积结构。A层以块状层理为主,B、C层则发育水平层理;中部由薄—中厚层状砂屑灰岩、生物屑鲕粒灰岩(A)—灰泥岩(B)—钙质页岩(C)组成的基本层序叠置而成[图4-59(b)];上部由中厚—薄层状黏土质白云岩-黏土岩夹钙质页岩、薄层灰泥岩叠置而成[图4-60(a)],其中薄层灰泥岩可见石膏假晶及晶洞,层面多见裂隙被泥质充填。普遍发育水平层理,偶见波状层理和斜层理。属潮间-开阔台地-滨岸-潮坪潟湖相。

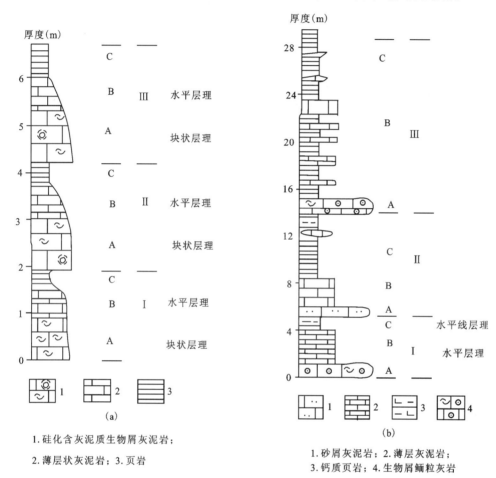

1. 硅化含灰泥质生物屑灰泥岩;
2. 薄层状灰泥岩;3. 页岩

1. 砂屑灰泥岩;2. 薄层灰泥岩;
3. 钙质页岩;4. 生物屑鲕粒灰岩

图4-59 巴东组三段(T_2b^3)下部(a)与中部(b)基本层序

该段中部鲕粒灰岩层中鲕粒向上有逐渐变小的趋势,且多为薄皮鲕,少见变晶鲕。单层厚向上变薄,由于岩性特殊,沉积标志明显,故将其作为"层"级非正式岩石地层单位。

四段(T_2b^4):为紫红色厚层黏土岩夹灰色钙质泥岩、含钙质泥砾黏土质砂岩、粉砂质黏土、含泥砾粉-细砂岩、细粒长石石英砂岩。该段化石稀少。厚377.60m。与下伏巴东组三段整合接触。

下部由紫红色厚层状黏土岩夹蓝灰色钙质粉砂岩-含钙质泥砾黏土质粉砂岩与薄层状钙质粉砂岩互层的基本层序叠置而成[图4-60(b)],向上黏土岩中夹少量薄层灰泥岩及大量钙质结核,中上部由紫红含钙质结核黏土岩或粉砂质黏土岩-中层状含泥砾粉-细砂岩与薄层钙质粉砂质泥岩互层组成的基本层序叠置而成[图4-61(a)]。黏土岩呈块状,细砂岩中发育波状层理及爬升层理。向上细砂岩层增多并可见垂直虫管。属潮坪潟湖相。

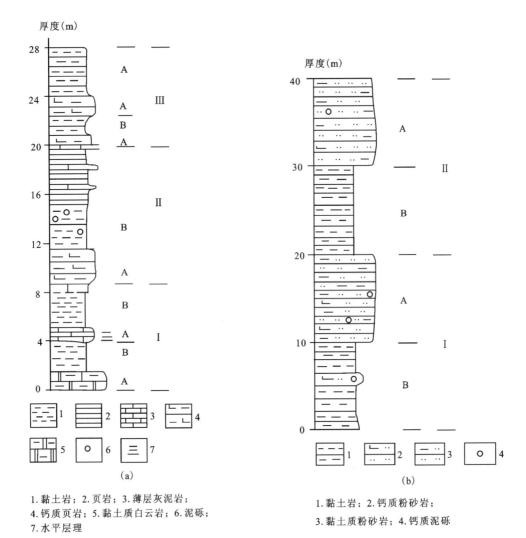

1.黏土岩；2.页岩；3.薄层灰泥岩；
4.钙质页岩；5.黏土质白云岩；6.泥砾；
7.水平层理

1.黏土岩；2.钙质粉砂岩；
3.黏土质粉砂岩；4.钙质泥砾

图 4-60　巴东组三段（T_2b^3）上部（a）与四段（T_2b^4）下部（b）基本层序

五段（T_2b^5）：主要为浅灰色中厚层弱硅化含砂屑微晶白云岩、深灰色生物屑灰泥岩、碳质页岩、浅灰色薄层灰泥岩、泥质白云岩、钙质泥岩。孢粉组合和少量双壳类等。厚 21.70m。与下伏巴东组四段呈整合接触。

底部为浅灰色中厚层弱硅化含砂屑微晶白云岩，发育水平纹层理，具小型帐篷构造。下部则为生物屑灰泥岩或白云岩（A 潮间带）—碳质页岩夹薄层灰泥岩（B 潮上带）组成的进积型基本层序叠置而成[图 4-61(b)]；上部为浅灰色纹带状白云岩或黏土质白云岩；其顶面有滞留灰泥岩角砾（厚约 3cm）。反映出潮间-潮上暴露带更替出现的沉积组合。

本段下部浅灰色中厚层弱硅化含砂屑微晶白云岩，具小型帐篷构造，为特殊的岩性层，指示暴露环境，仅在宝塔河一处见及。故作为"层"级非正式岩石地层单位。

巴东组在区内出露齐全，见露头连续，其巴东县城之长江北岸的宝塔河剖面，是 1997 年区域调查中实测的剖面，其岩石地层和生物地层都做了较细致的工作，可作为选层型剖面。

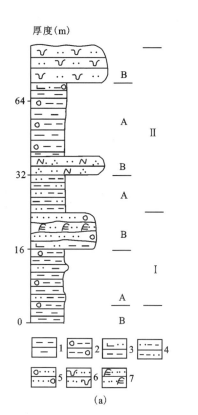
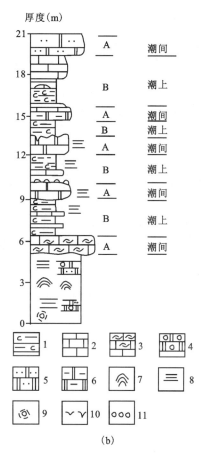

(a) 1.黏土岩;2.含钙质结核黏土岩;3.钙质砂质黏土岩;
4.粉砂质黏土岩;5.含泥砾粉-细砂岩;
6.细砂岩(发育虫管);7.具波状层理—层理细砂岩

(b) 1.碳质页岩;2.薄层灰泥岩;3.生物屑灰泥岩;4.微晶白云岩;5.砂屑白云岩;6.泥质白云岩;7.帐篷构造;8.水平层理;9.硅化;10.干裂;11.滞留灰泥角砾

图 4-61 巴东组四段(T_2b^4)中上部(a)与五段(T_2b^5)下部(b)基本层序

第七节 茶店子镇巴人河路线

【教学路线】
基地—茶店子镇(图 4-62)
路线距离:209 国道 25km＋步行 3km
考察时间:6h

【目的与要求】
认识岩溶(喀斯特)地貌;了解碳酸盐岩的溶蚀过程、影响因素以及岩溶区的水文地质条件;了解岩溶地区常见的地质灾害与工程地质问题;了解岩溶地面塌陷灾害的成因机制、勘查方法及防治措施。

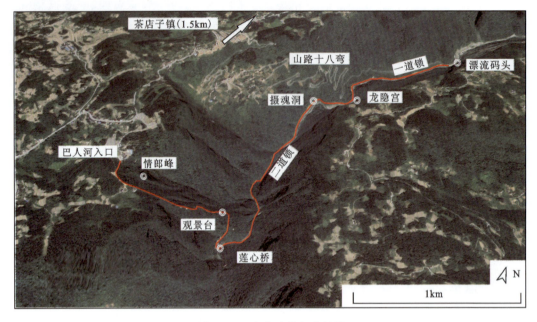

图 4-62 考察路线七路径图

◆教学内容

(1)岩溶(喀斯特)地貌的特点与成因机制。

(2)岩溶区的地质灾害与工程地质问题。

◆背景资料

1. 巴人河景区

巴人河景区位于巴东县中部,清江、长江分水岭的北麓,北起茶店子镇,南到绿葱坡,东与秭归相接,西临鄂渝边界,占地面积区约 $100km^2$。该区域属于侵蚀构造中低山至中高山区,属巫山山脉,最低海拔 350m,最高海拔 1 650m,常年平均气温 13.3℃。受绿葱坡东西向山脉的影响,这里云雾缭绕、雨水充沛、气候温和、四季分明。整个流域区降雨有集中的特点,5—9 月为雨季,其降雨量占全年降雨量的 78%。受垂直气候带的影响,这里的植物林木呈明显的垂直分布性,以落阔叶林为主,少量分布常绿松、柏、杉木。区内野生动物物种资源很丰富,各类种群共 193 种,在众多的野生动物中,属国家二级保护动物的有猕猴、金猫、水獭、大灵猫、林麝、斑羚、大鲵等 40 余种,属省级保护动物的大约有 140 种。

巴人河生态旅游区于 2012 年被评定为国家 AAAA 级景区。景区内既有高耸入云的群山,深不见底的天坑,峻峭陡险的峡谷,波涛汹涌的激流,神秘多彩的溶洞,遮天蔽日的森林等自然景观,也有反映民族特色的历史古迹,旅游资源丰富。整个景区坐落在下三叠统大冶组(T_1d)与嘉陵江组(T_1j)地层区域内,主要岩性为中厚层微晶灰岩、泥灰岩、白云岩、白云质灰岩等,属于典型的碳酸盐岩类,受地下水长期溶蚀作用,形成形态各异的岩溶地貌(喀斯特地貌)(图 4-63)。

图 4-63 典型岩溶地貌(a)与溶洞(b)照片

2. 岩溶

地下水和地表水对可溶性岩石的破坏和改造作用叫岩溶作用,这种作用及其所产生的现象总称为岩溶,国际上通称喀斯特(karst)(图 4-64)。岩溶作用以化学溶蚀为主,同时还包括机械破碎、沉积、坍塌、搬运等作用,是一个化学作用与物理作用相互结合的综合作用过程。可溶性岩石包括碳酸盐岩、硫酸盐岩、卤化物等。岩石溶蚀后形成独特的地貌,包括地表形态:峰丛(溶洼)、孤峰(溶蚀平原)、石牙、溶孔、溶槽、溶沟、溶洞。地下形态:溶隙、溶洞、暗河。经溶蚀化的岩体水文地质条件复杂化,透水性增强,地下水流态、动态及不均匀性增大,出现伏流、地下河、岩溶泉,构成了独特的水文地质系统(单元)。岩溶发育的基本条件有 3 个:①具有可溶性岩石;②具有溶蚀能力的水;③具有良好的水循环的条件,即具有良好的补给、径流和排泄条件。而岩溶发育中最为积极活跃的是地下水的循环交替条件。

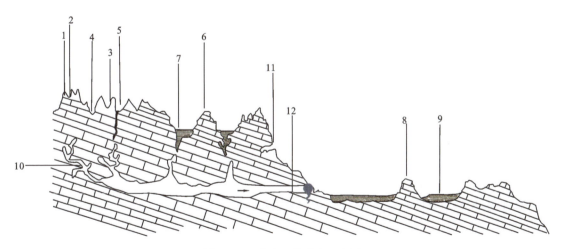

图 4-64 岩溶地貌形态示意图

1.石牙;2.溶沟(槽);3.石林;4.漏斗;5.落水洞;6.峰丛;7.溶洼;8.孤峰;
9.溶蚀平原;10.溶隙;11.溶洞;12.暗河;♦.岩溶泉

3. 碳酸盐岩的溶蚀机理

参与岩溶过程的主要营力是水,水的侵蚀、溶蚀作用是缓慢的长期作用过程。在地质条件特殊的部位,因上述混合溶蚀效应,常使岩溶作用较之其他地段更加强烈。这些特殊部位包括地下水面附近、断层交错等地下水渗流汇合点、河谷岸坡附近、温泉出露点附近等。

天然地下水中成分较复杂,大致有两类离子:一类是与碳酸盐岩溶解产生的相同离子,如 Ca^{2+}、Mg^{2+}、CO_3^{2-} 等;另一类是不同的离子,如 Na^+、Cl^-、SO_4^{2-} 等。这些离子对溶液的溶解性都有一定的影响,即产生离子效应。比如①酸离子效应。任何酸解离出 H^+ 后,溶液中的溶剂热度增加,H^+ 和 CO_3^{2-} 结合生成 HCO_3^-,从而加速 $CaCO_3$ 的溶解。再比如地质上含硫酸的岩层渗出的地下水有较大的溶蚀性。②同离子效应。加入 Ca^{2+} 或 CO_3^{2-} 等同等离子后,减缓水对碳酸盐的溶蚀能力。③离子强度效应。水中增加与 $CaCO_3$ 不相一致的强电解离子时,它们会以较强的引力吸引 Ca^{2+} 或 CO_3^{2-},从而降低 Ca^{2+} 与 CO_3^{2-} 的结合,增大水对 $CaCO_3$ 的溶解性。

碳酸盐岩的溶蚀过程分为 4 个阶段(以石灰岩为例)。

第一阶段,与水接触的石灰岩在偶极水分子的作用下发生溶解:

$$CaCO_3 \rightleftharpoons Ca^{2+} + CO_3^{2-} \qquad (4-1)$$

第二阶段,原溶解于水中的 CO_2 的反应:

$$H_2O + CO_2 \rightleftharpoons H_2CO_3 \rightleftharpoons H^+ + HCO_3^- \qquad (4-2)$$

碳酸电离的 H^+ 与式(4-1)的 CO_3^{2-} 化合成碳酸氢根:

$$H^+ + CO_3^{2-} \rightleftharpoons HCO_3^- \qquad (4-3)$$

这两个阶段的最终反应是:

$$CaCO_3 + H_2O + CO_2 \rightleftharpoons Ca^{2+} + 2HCO_3^- \qquad (4-4)$$

第三阶段,水中物理溶解的 CO_2 的一部分转入化学溶解,即水中部分游离 CO_2 与水化合形成新的碳酸,这样构成一个链反应,其反应式与式(4-2)相同。其结果是不断补充 H^+ 的消耗及促进 $CaCO_3$ 的溶解。

第四阶段,由于水中 CO_2 的含量和外界(土壤和大气)CO_2 含量也有一个平衡关系,水中 CO_2 减少,平衡就受到破坏,必须吸收外界 CO_2,以便使水中 CO_2 含量重新达到新的平衡,这样又构成了一个链反应。

由于水中 CO_2 因溶解石灰岩减少后可由外界不断得到补充,所以总的来说岩溶作用可视为不可逆过程,这就是碳酸盐岩在水的作用下即形成岩溶地貌的根本原因。

4. 影响岩溶发育的因素

影响岩溶发育的因素主要有 5 个,即碳酸盐岩岩性的影响、气候对岩溶发育的影响、地形地貌的影响、地质构造的影响、新构造运动的影响。

(1)碳酸盐岩岩性的影响:不同类型的碳酸盐岩,其溶解度相差甚大,从而直接影响岩体的溶蚀强度和溶蚀速度。研究结果表明,方解石含量越多的岩石,岩溶发育越强烈,相反,白云石含量越多的岩石,其岩溶发育越弱;酸不溶物含量越大,特别是硅质含量越高时,岩石越不容易溶蚀;含有石膏、黄铁矿等的碳酸盐岩,对岩溶发育有利,含有机质、沥青等杂质的碳酸盐岩,不利于岩溶发育。

碳酸盐岩被溶解程度如何,主要取决于岩石的性质,如组成物的化学成分、矿物成分及结构。碳酸盐岩是指碳酸盐岩矿物含量超过 50% 的一类沉积岩。主要化学成分是 $CaCO_3$、$MgCO_3$、SiO_2、Fe_2O_3、Al_2O_3 及黏土杂质等。常见的岩石有灰岩、白云岩、白云质灰岩、灰质白云岩、硅质灰岩、泥质灰岩等。

不同岩石,其溶解性是不同的,可用两个指标表示:

$$比溶蚀度 K_v = \frac{试样溶蚀量}{标准试样溶蚀量}(试验前后的质量差)$$

$$比溶解度 K_{cv} = \frac{试样溶解速度}{标准试样溶解速度}(单位时间的溶蚀量)$$

K_v 及 K_{cv} 越大,说明岩石的溶蚀强度和溶蚀速度越大。研究表明:方解石含量越高,即 CaO/MgO 比值越大,K_v 及 K_{cv} 越大。当 CaO/MgO 比值在 1.2~2.2 之间(相当于白云岩),相对溶解度在 0.35~0.8 之间;CaO/MgO 比值大于 10(相当于石灰岩),相对溶解度接近于 1;介于白云岩与灰岩之间者,相对溶解度在 0.8~0.99 之间。酸不溶物含量越高,K_v 及 K_{cv} 越小。矿物结晶越小,其比表面积越大,K_v 越大。碳酸盐岩经变质后常呈粒状变晶,白云岩也常呈晶粒结构,灰岩多呈微晶、泥晶或亮晶颗粒结构。白云岩类通常因结构及微孔隙性,在有的情况下具有微渗透性,而大多数灰岩孔隙度都小于 2%,渗透率几乎等于零。

我国碳酸盐岩不溶物质含量都较低,成分较纯,主要是方解石,白云石次之,而且时代愈老白云石含量愈高。实际上寒武纪以前的碳酸盐岩以白云岩为主,奥陶纪以后以灰岩为主,中国的岩溶主要发育在奥陶纪以后的地层中。

(2)气候对岩溶发育的影响:气候是岩溶发育的一个重要因素,它直接影响着参与岩溶作用的水的溶蚀能力和速度,控制着岩溶发育的规模和速度。气候类型的特征表现在气温、降水量、降水性质、降水的季节分配及蒸发量的大小和变化。一般来说,降水量大、气温高的地区,植物繁茂,CO_2 及各种有机酸含量高,各种化学反应速度快,故该地区的岩溶发育规模和速度比其他气候区要大。

(3)地形地貌的影响:地形地貌条件是影响地下水的循环交替条件的重要因素,间接影响岩溶发育的规模、速度、类型及空间分布。区域地貌表征着地表水水文网的发育特点,反映了局部的和区域性的侵蚀基准面及地下水排泄基准面的性质和分布,控制了地下水的运动趋势和方向,从而也控制了岩溶发育的总趋势。

(4)地质构造的影响:①断裂的影响,在可溶盐岩中,由于成岩、构造、风化、卸荷等作用所形成的各种破裂面,是地下水运动的主要通道;②褶皱的影响,褶皱的形态、性质及展布方向控制着可溶盐岩的空间分布;③岩层组合特征的影响,碳酸盐岩与非可溶盐岩组合特点不同,会形成各具特色的水文地质结构,从而控制着岩溶的发育和空间分布。

(5)新构造运动的影响:地壳运动的性质、幅度、速度和波及范围,控制着地下水循环交替条件的好坏及变化趋势,从而控制了岩溶发育的类型、规模、速度、空间分布及岩溶作用的变化趋势。

我国西南地区的可溶岩主要为碳酸盐岩系。从下部古生界至中生界,各种不同地层的碳酸盐岩系均发育不同程度的岩溶现象。岩溶化程度最强的为灰岩;次为白云岩和白云质灰岩,再次为泥质灰岩。

实践教学区可溶岩主要为下三叠统大冶组与嘉陵江组的碳酸盐岩。其中,大冶组为浅灰色、肉红色薄层微晶灰岩夹中厚层微晶灰岩和泥灰岩;嘉陵江组以灰色中厚层状白云岩、白云质灰岩为主,夹微晶灰岩。

5. 岩溶区工程地质问题

岩溶工程地质问题归纳起来有以下几个方面:①岩溶水的侵袭;②岩溶洞穴对工程稳定性的影响;③松软堆积物的坍塌;④岩溶区覆盖层大面积的塌陷,威胁建筑物的安全等。

岩溶地表水对工程的危害,主要表现在岩溶洼地、谷地中,洪水时冲刷、淹没桥涵及路基,洼地积水浸泡路堤,引起路堤下沉或坍塌等。这些危害往往是由于对岩溶地区地表水径流的特点认识不足所致。

岩溶地下水对工程的危害,主要表现为雨季时路基基底涌水,使路堤坍滑或冲毁,桥基坑涌水增加排水困难或基坑坍塌妨碍施工;隧道大量涌水或突水,且伴随涌泥、涌沙,增加施工、运营难度。又因水位、水量变幅大,致使排水工程不易奏效,以及地下水位下降造成地面塌陷而危及工程建筑安全。

岩溶洞穴对工程的危害,主要表现为建筑物基础悬空;洞穴顶板过薄,不能承受负荷而发生突然坍塌,引起建筑物的破坏。形成这种危害的原因在于现今调查研究中的勘探手段还不能比较有效地对洞穴的空间位置进行准确的圈定,对洞穴顶板安全厚度的评价方法也掌握得不够等。

由于地下水化学作用及物理作用形成的洞穴堆积物有化学沉积和碎屑沉积两大类。洞穴堆积中与工程关系不大的尚有生物作用形成的生物沉积。碎屑沉积物主要是土、沙、砾石及岩块等;化学沉积主要指各种形态的碳酸钙沉积物。上述沉积物具有松软、松散、性脆、多孔、含水量高、下沉量大、强度低、稳定性差等特点。除此之外,岩溶地区尚有风化的山砂残积土及破碎岩体的坍塌等对工程稳定性的影响。

岩溶平原及洼地、谷地中,覆盖着第四纪松散土层。土层中地下水位埋藏浅,一般具有统一水面,当基岩岩溶发育时,地下水流动、水位下降或其他原因,均可能引起地面塌陷。塌陷的时间很突然,空间位置难以预测。这是近年来由于工农业等大量取用地下水或坑道排水而出现的岩溶工程地质问题。

第八节 巴东—秭归长江水上路线

【教学路线】
巴东港—秭归港(图 4-65)
路线距离:长江乘船 65km
考察时间:4h

【目的与要求】
认识三峡库区库首段自然地理、地貌特征、地层岩性、地质构造与水文地质条件;了解三峡库区库首段地质灾害分布特征与地质环境背景;了解秭归至巴东段典型滑坡地质灾害的工程地质条件与防治现状;了解大型水利工程建设与自然环境的相互影响。

图 4-65 考察路线八路径图

【教学点 8-1】 黄土坡滑坡
◆教学内容
黄土坡滑坡概况。
◆背景资料
黄土坡滑坡背景资料详见第四章第一节相关内容。

【教学点 8-2】 黄腊石滑坡
◆教学内容
黄腊石滑坡概况。
◆背景资料
黄腊石滑坡背景资料详见第四章第六节相关内容。

【教学点 8-3】 木鱼包滑坡
◆教学内容
(1)木鱼包滑坡概况。
(2)牛口断裂。
◆背景资料

1. 木鱼包滑坡

木鱼包滑坡位于长江南岸的秭归县沙镇溪镇范家坪村,与三峡大坝的直线距离约55km。滑坡西起鹅卵石沟,东至大乐沟,滑坡前缘面向长江,高程为135m,前缘临空面现已没入水中,坡向10°,坡度10°~30°,具平台地形(图4-66)。滑坡后缘北端高程最高处为520m,东侧大乐沟大体近南北向延伸,长约620m,西侧边界基本沿鹅卵石沟延伸,约1 200m,后缘滑壁平直光滑,长约百米。滑坡体长度平均约为1 500m,宽度平均约为1 200m,总面积约为1.8km²,滑坡体的平均厚度约为50m,总体积约为$900×10^4 m^3$,主滑方向20°,指向长江。

图4-66 木鱼包滑坡三维视图

木鱼包滑坡区位于巴东复向斜和秭归向斜交会处,裂隙以层间、南北向和东西向为主。谢家包背斜控制了该滑坡体,具有上陡下缓的顺向坡结构。滑坡发育于下侏罗统香溪组的砂泥岩夹煤层及石英砂岩组合形成的顺向坡地层中,主要由上层的松散堆积层和下层的层状长石砂岩构成,总体特征为滑坡的中后部和西部较为完整,前缘和东侧相对破碎,厚度变化不大,按岩体结构可以分为层状滑动块裂松动岩体和层状破碎岩体。滑带为黑色粉质黏土夹少量块石,粉质黏土为可塑—硬塑状,滑带由软弱的煤系地层构成。前缘切层部分滑面形态为弧形,后缘基本为直线状。滑床主要由下侏罗统香溪组组成,其顺层滑动部分的物质为香溪组碳质粉砂岩,而切层滑动部分的物质为石英砂岩与含砾石英砂岩。滑床上部倾斜,与基岩面基本保持一致,倾角21°~25°,而在滑床下部靠近前缘处,其倾角逐渐变缓,呈现出典型的上陡下缓的形态特征(图4-67、图4-68)。

2. 牛口断裂

实践教学区地质构造资料详见第三章第五节相关内容。

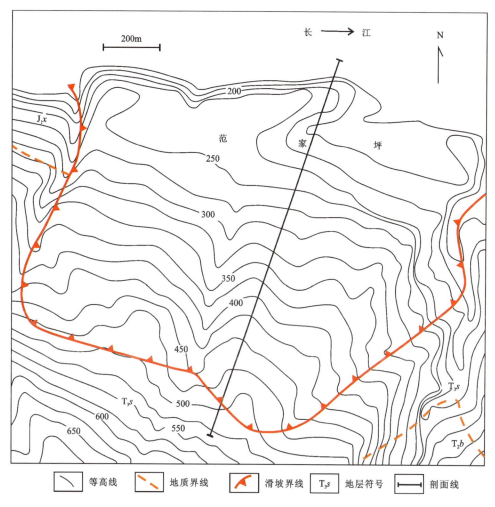

图 4-67 木鱼包滑坡平面图

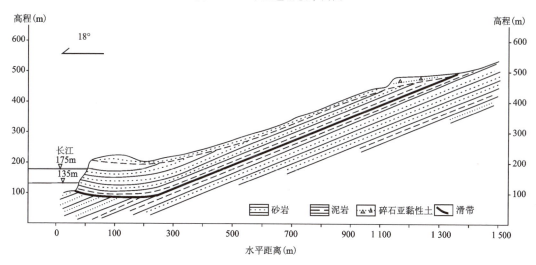

图 4-68 木鱼包滑坡典型剖面图

【教学点 8-4】 白水河滑坡
◆教学内容
(1)白水河滑坡概况。
(2)侏罗纪、三叠纪地层岩性与接触关系。
◆背景资料
白水河滑坡位于秭归县沙镇溪镇白水河村,距离三峡大坝约 50km。滑坡平面呈不规则圈椅状,南侧变性较大区后缘高程为 290m,相对稳定区后缘高程约 400m,前缘剪出口在长江库水位 145m 水位以下,推测高程在 120~130m,东侧以黄土包凹槽为界,西侧以滑体西部山羊沟为界(图 4-69)。滑坡面积为 $21.5 \times 10^4 m^2$,体积为 $645 \times 10^4 m^3$,滑体平均厚度约为 30m,主滑方向 20°,属深层大型土质滑坡。滑坡区为单斜顺层斜坡结构,南高北低,从纵向上看,地面形态呈折线状(图 4-70),高程 80~130m 段地形坡度一般为 27°~31°,高程 130~180m 段地形较平缓,为滑坡平台,坡度为 5°~12°,高程 180~500m 段地形坡度为 24°~36°。滑坡所在临江第一斜坡山顶高程一般为 450~500m,区内地形相对高差约 350m。滑坡体内冲沟较发育,均为无水的干沟,雨季遇暴雨时有短时性流水。

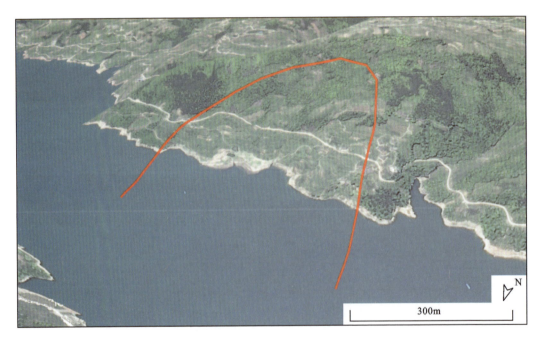

图 4-69 白水河滑坡三维视图

白水河滑坡区出露岩层为下侏罗统香溪组($J_1 x$)中厚层状粉砂岩夹薄层状泥质粉砂岩,岩层产状 15°∠36°,位于百福坪背斜北翼与秭归向斜边缘交会处,牛口断裂带以东。区内断裂、褶皱不发育,岩体节理裂隙发育,主要发育两组近乎正交的陡倾裂隙,走向分别为近东西向和近南北向。

白水河滑坡滑体物质由第四纪残坡积碎石土、堆积块石等构成,块石粒径多小于 0.5m,碎石土与土石比一般为 8∶2~6∶4。受地形因素影响,坡体厚在空间上变化较大。钻孔揭示白

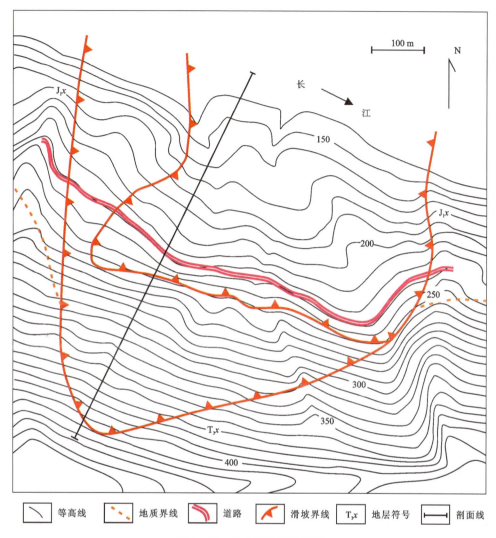

图 4-70 白水河滑坡平面图

水河滑坡发育有两层滑带,其中,浅层滑带为第四系覆盖层与下部块裂岩的接触带,厚度 0.9～3.13m,最大埋深 20.3m,主要成分为含碳质粉质黏土夹少量碎石,深灰色,结构密实,不透水,呈可塑—软塑状,碎石岩性为砂岩和泥质砂岩,呈棱角—次棱角状,粒径多为 2～8cm,可见滑动导致的擦痕及磨光现象。潜在的深层滑带为块裂岩底面与下部砂岩滑床的接触面,厚 0.6～1.5m,最大埋深 34.1m,主要成分为含碳质粉砂质泥岩,深灰色,岩性软,未见明显变形迹象。浅层滑床为块裂岩体,岩性为下侏罗统香溪组(J_1x)灰色中厚层泥质粉砂岩,块裂岩体结构致密,坚硬,层厚 4.2～17.2m。深层滑床为下侏罗统香溪组(J_1x)深灰色薄至中厚层粉砂岩夹薄层含碳质泥质粉砂岩,结构较致密,坚硬,顶部薄层状基岩受滑动影响呈泥状、片状(图 4-71)。

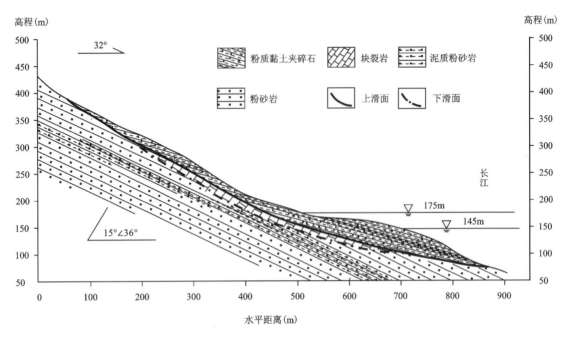

图 4-71 白水河滑坡典型剖面图

【教学点 8-5】 泄滩滑坡

◆教学内容

泄滩滑坡概况。

◆背景资料

泄滩滑坡属古滑坡堆积体,位于三峡库区长江北岸,属湖北省秭归县内原泄滩乡政府及乡中学所在地。滑坡总体坡向 SW20°,平均坡角 22°,滑坡在平面上呈长条形,滑坡纵长 800m,平均宽约 350m,平均厚 30m,面积 $20.8 \times 10^4 m^2$,总体积 $624 \times 10^4 m^3$。滑坡中后部主滑方向 SW30°,至中前部后转为 SW20°。滑坡体前缘高程 80m 左右,东侧以原泄滩乡供销社为界,西侧以两简易公路交会处为界,横宽 440m,地势较平缓,坡角 10°~20°。滑坡体后缘高程 380m 左右,以陡缓坡交会处为界。滑坡体中部两侧基本以两侧小山脊坡脚处为界线,宽 200m。泄滩滑坡后缘呈明显圈椅状地貌特征(图 4-72、图 4-73),后壁坡角 35°~40°。

滑坡区出露地层为中侏罗统聂家山组(J_2n),紫红色、灰绿色中厚层状粉砂岩,长石石英砂岩夹紫红色的泥岩,粉砂质泥岩,主要分布于滑体后缘及其以上地段;下侏罗统桐竹园组(J_1t),灰绿色、灰黄色粉砂质泥岩,细砂岩夹页岩,主要分布于滑体中上段;上三叠统沙镇溪组(T_3s),灰绿色、灰黄色粉砂质泥岩,细砂岩夹页岩和煤线,主要分布于滑体中下段;中三叠统巴东组(T_2b),紫红色砂岩、粉砂岩夹泥岩,主要出露于滑坡前缘临江地带。勘查结果表明,在泄滩古滑坡发生后,滑坡体前缘切穿巴东组基岩(T_2b)又发生过一次滑动,并形成比较明显的滑坡后缘平台。泄滩滑坡位于走向近东西向百福坪背斜北翼与秭归向斜边缘交会的长江北岸逆向斜坡上,滑坡区未见较大的断裂、褶皱等,总体呈单斜构造。

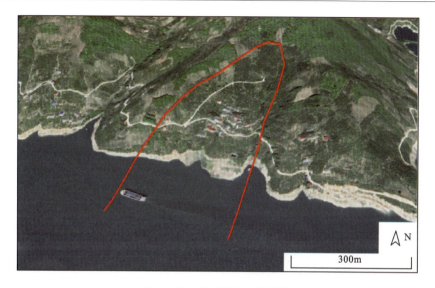

图 4-72 泄滩滑坡三维视图

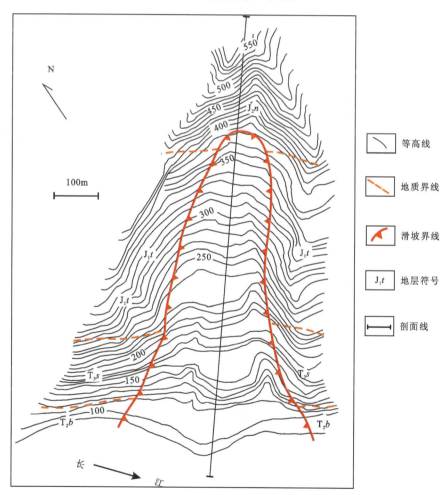

图 4-73 泄滩滑坡平面图

泄滩滑坡在剖面上，物质组成从上到下分为5层：坡积物、滑坡堆积物、滑带、滑坡影响带以及基岩（图4-74）。其中，坡积物（Q^{dl}）主要为黄褐色、灰黄色以及紫红色的粉质黏土夹碎块石。土石比一般为15∶1~8∶1，粉质黏土呈可塑状态，碎块石成分主要为砂岩，粉砂岩。坡积物层的一般厚度为2~3m。

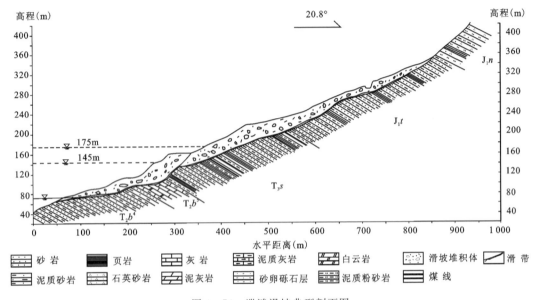

图4-74 泄滩滑坡典型剖面图

滑坡堆积物（Q^{del}）主要为灰绿色、浅黄色、紫红色的碎块石土，土石比在不同部位从6∶1~1∶5不等。土体为可塑状黏土和粉质黏土，碎石成分以粉砂岩、砂岩、粉砂质泥岩为主，棱角一次棱角状，直径一般20~220mm，大小混杂。在二级平台及其以上部位可见到聂家山组（J_2n）长石石英砂岩的碎块石，而在滑坡体的前缘则主要见到巴东组（T_2b）紫红色泥质粉砂岩的碎块石。滑坡堆积物平均厚约30m。

滑带主要为紫红色、灰黑色以及灰白色黏土和粉质黏土夹碎块石，土石比约7∶3，结构致密，多处滑带可见镜面、擦痕以及碎块石印模，厚度0.7~2.7m不等。滑坡影响带在泄滩滑坡的滑带以下，是受原泄滩古滑坡影响形成的具有一定厚度的挤压破碎带。

【教学点8-6】 树坪滑坡
◆教学内容
树坪滑坡概况。
◆背景资料
树坪滑坡位于三峡库区秭归县沙镇溪镇树坪村长江南岸。滑坡体地形陡缓相间，南高北低，高程170m以下坡度20°~25°，高程200~310m间和高程340m以上坡度25°~30°。自上而下分布有两级缓坡平台，高程分别为170~200m和310~340m，其中二级平台呈典型的滑坡后缘平台（图4-75）。该滑坡为特大型复合滑坡，平面形态呈马鞍形（图4-76）。滑坡体东侧边界为屈家坪至姜家湾的叶儿开沟，西侧边界为南北向龙井沟，后缘边界位于沙黄公路以上的姜家湾一带，后缘呈明显的圈椅状地形，弧顶高程400m，后缘两侧滑壁高8~15m、坡度

$60°\sim80°$;西侧后缘边界位于沙黄公路以上的榨坊一带,呈波浪状弧形延伸的陡坎,滑壁高 5~15m,坡度 $60°\sim70°$,滑坡北侧前缘位于高程 70m 左右。滑体南北纵长约 800m,东西宽约 700m,面积约 $55\times10^4 m^2$,平均厚约 50m,总体积约 $2\,750\times10^4 m^3$。滑坡体东侧以及中部变形较大,为主滑区,面积约 $35\times10^4 m^2$,总体积约 $1\,575\times10^4 m^3$。

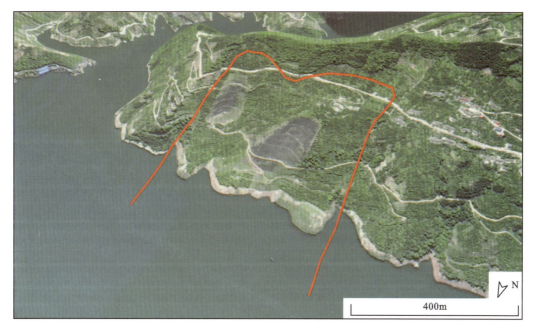

图 4-75 树坪滑坡三维视图

树坪滑坡地层岩性为中三叠统巴东组。滑坡上部分布巴东组第四段(T_2b^4)地层,岩性主要为紫红色厚层状泥岩、粉砂岩、砂质页岩,岩质较软,易风化,力学强度低。滑坡中部分布巴东组第三段(T_2b^3)地层,岩性主要为灰色、浅灰色中厚层状灰岩,泥岩,其底部夹泥岩软弱层,力学强度低。该层为软硬相间的岩石组合,树坪滑坡的主体位于该地层上。树坪滑坡位于百福坪-流来观背斜东端南翼,受区域构造影响,层间褶曲较发育,岩层中劈理化现象较明显。滑坡区虽未发现较大规模的断裂构造,但裂隙发育程度高,T_2b^3 地层中裂隙、劈理尤其发育,这是该地层构成滑坡主体的主要因素。

树坪滑坡为古崩滑堆积体,滑体物质主要为前坡积碎块石土,呈紫红色夹杂灰褐色或黄褐色,土石比在不同部位的差别较大,滑坡体上部以碎块石为主,而滑坡体下部又以粉质黏土为主(图 4-77)。土体为粉质黏土,呈可塑状,土质结构稍密至密实。碎石成分以砂岩、泥岩、泥灰岩为主,呈棱角—次棱角状,直径一般为 $1\sim15cm$,散乱堆积,大小混杂。其中在滑坡前缘 1 级平台部位,分布有阶地物质,主要为黄褐色或灰褐色粉质黏土,夹杂少量碎石,直径一般 $0.5\sim2cm$,磨圆度较好,呈次圆状或圆状,土石比为 $8:2\sim7:3$,滑体厚度不均匀,平均厚度约为 50m。

树坪滑坡东侧滑带为堆积层与基岩接触带,滑带土主要成分为粉质黏土,含碎石角砾,呈黄褐色、青灰色或紫红色,厚 $0.6\sim1.0m$。碎石土体结构密实,含水量较大,呈硬塑状。角砾成分主要为砂岩、泥岩及泥灰岩,粒径一般 $0.2\sim2.0cm$,多呈次棱角—次圆状,土石比为 $7:3\sim$

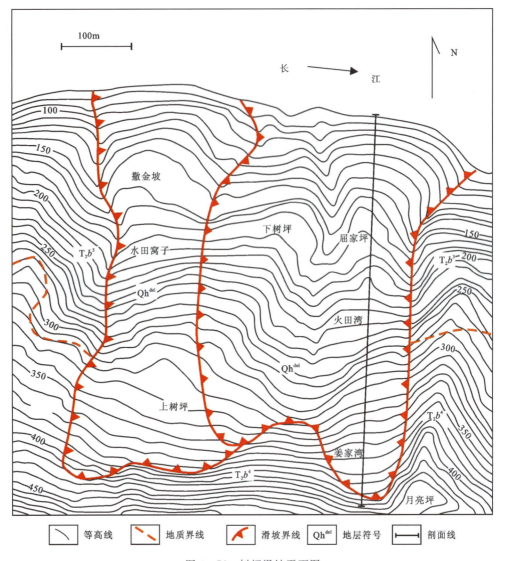

图 4-76 树坪滑坡平面图

8∶2，滑坡体西侧发育两层滑带，浅层滑带位于坡积层中，滑带物质为角砾土，褐黄色、黄绿色，滑带厚 1.0～1.2m，主要成分为粉质黏土，内含角砾，角砾为砂岩或泥岩，次圆状，粒径一般 0.2～2.0cm，可见挤作扰动痕迹。深层滑带为堆积层与基岩接触带，褐黄色、紫红色，滑带厚 1.1～1.7m，主要成分为粉质黏土，内含角砾，角砾为泥灰岩或砂泥岩，次圆状，粒径一般 0.2～2.0cm。

滑床为中三叠统巴东组（T_2b）地层，由一套紫红色、灰绿色中厚层状粉砂岩夹泥岩，以及灰色、浅灰色中厚层状泥灰岩组成。岩层软硬互层，部分岩体中节理裂隙较发育，沿裂面上附有方解石、石英脉，岩体结构较破碎，遇水易软化、崩解，差异风化较为突出。岩层产状倾向 135°～205°，倾角 10°～35°，逆坡向。

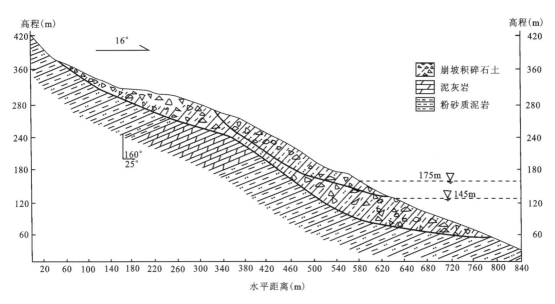

图 4-77 树坪滑坡典型剖面图

树坪滑坡形成年代久远,属于老滑坡。1996 年滑坡体主要存在局部变形,滑坡体前缘出现走向约 100°的圆弧形拉裂缝,造成多栋房屋开裂,共有 60 多人被迫迁走。自 2003 年 6 月三峡水库蓄水以来,树坪滑坡持续变形不止,其中 2003 年 10 月至 2004 年 1 月、2007 年 3 月—7月及 2009 年 3—7 月树坪滑坡出现了较为显著的变形,由于库水的冲刷和侵蚀,前缘出现局部塌岸,滑坡宏观变形呈加剧趋势,在滑坡体东部出现较多张拉型裂缝。随着蓄水位的不断升高,张拉裂缝逐渐贯通,连续几年在汛雨季内,滑坡裂缝扩张,东部沿江公路出现坍塌,随着蓄水位的进一步升高,滑坡体东侧变形范围逐渐加大,形成了以东侧为主的滑坡主滑区及西侧的牵引区。树坪滑坡的应急治理工程总体方案主要为削方+压脚+地表排水沟。削方工程主要布置于滑坡中上部(高程 336~185m),分为东、西两个工程区,压脚工程位于滑坡前缘 175m 库水位以下,亦分为东、西两个工程区,地表排水沟沿滑坡周界布设。

【教学点 8-7】 千将坪滑坡

◆教学内容

千将坪滑坡概况。

◆背景资料

2003 年 7 月 13 日,三峡库区湖北省秭归县沙溪镇长江南岸支流青干河左岸的千将坪村发生大规模滑坡,滑坡堵塞、切断了青干河,形成一个高 149~178m、长约 300m 的滑坡坝(图 4-78)。滑坡导致 14 人死亡,10 人失踪,346 间房屋倒塌,毁坏农田 71.2hm^2,金属硅厂、页岩砖厂等 4 家企业毁灭,宜昌至巴东的省道被毁坏,滑坡体堵断青干河时,掀起 20 多米高的涌浪,有 22 艘船舶翻沉,5 艘船舶断缆走锚,广播、输电、国防光缆等基础设施均受到严重破坏,经济损失惨重。7 月 14 日测得滑坡坝上下游水位差为 3m。随后,由于持续降雨,青干河水位不断上涨,滑体形成的堆石坝上下游落差增加到 12m,为了防止堵江造成上游洪水泛滥及溃坝,给下游造成的灾害,20 日实施了爆破排水,断流 7 天的青于河开始通流。由于该滑坡发生在三峡水库二期蓄水至 135m 水位期间,因此受到了多方面高度关注。

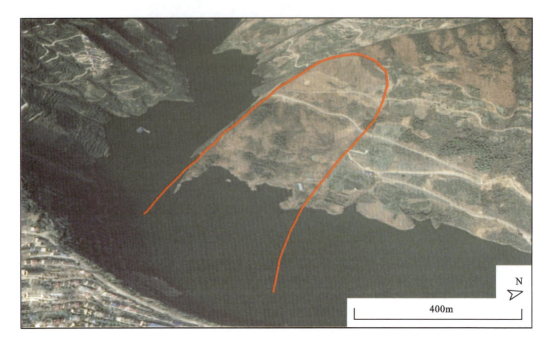

图 4-78 千将坪滑坡三维视图

1. 滑坡过程

千将坪滑坡在发生整体滑动之前 15～18d 已有较明显的变形迹象,2003 年 6 月 27 日,在滑坡体后缘东北侧高程 350m 处,一个民房墙体出现裂缝,在滑体的后部西南侧,高程 280m 处的公路上也产生宽 3～6cm 的裂缝,7 月 4 日裂缝宽度增至 10cm,并形成了一个高约 10cm 的陡坎。滑坡发生前 14h,在高程 140m 右山体部位又出现一条宽 0.5cm 的裂缝,而后位于坡体高程 182m 左右缓坡处地面也多处发现宽 3～5cm 的裂缝。至 7 月 13 日 0 时 20 分,滑坡体发生整体滑移。

2. 空间形态与规模

千将坪滑坡平面呈圈椅状,后缘呈弧形,侧缘呈扇形展开,前缘呈弧形。滑体滑动前,其前缘高程 94.7m,滑动后前缘高程 170m,前缘宽 600m。后缘高程 350～405m,后缘宽 380m,纵向长 1 150m,包括影响区在内的总面积 $68\times10^4 m^2$,平均厚度 30m,体积约 $2 040\times10^4 m^3$。滑坡形成的较典型微地貌有滑坡后壁、整体下滑区、滑坡台地(缓坡)、滑坡侧壁及羽状拉(剪)裂缝(槽)、堰塞坝及堰塞湖、滑坡舌(前缘反翘区)及滑坡牵引拉裂(影响)区等地貌单元。根据滑坡后壁面上的擦痕、擦槽指示,滑坡滑动方向与基岩倾向基本一致,由此确定滑坡滑动方向为 130°。根据地震台网监测,滑坡最高滑速达 16m/s。根据滑坡上地物标志量测,滑坡滑距超过 150m。滑坡前缘涌浪高度为 23～25m。

3. 地形地貌

滑坡区为一典型的单面顺向斜坡,斜坡走向 NE40°,倾向青干河,斜坡的顶部(分水岭)呈弧形,高程 400～500m,斜坡前缘直抵青干河河床,高程 93～95m,最低高程 91m,斜坡总体较平直完整，地形坡度前部稍缓，为15°~20°，后部较陡，为25°~30°。斜坡西南侧为一陡崖，陡崖走向344°，崖顶高程175~400m，崖高80~305m，长800m，斜坡向北东方向绵延较长，使斜坡具有三面临空的条件；斜坡区冲沟不发育，在滑坡体及下游侧影响区见冲沟2条，沟长350m左右，沟谷切割深度一般2~5m，沟谷宽度10~40m，沟端高程一般200~250m。滑坡前后地貌对比，变化主要在前缘高程180m以下及后部高程330~280m一带，中部高程280~180m一带地貌变化较小，基本上保持原始地貌，仅在地形坡度上稍有变缓，而地貌结构未发生改变，旱地梯坎、沟壑、房基等变化微弱，其原始状体保持较好。前部高程180m以下为一平台状地形，坡度为2°~5°，滑坡前端冲过河床并堵塞了河床，在对岸形成高达80m的反翘地形，端点高程达177.5m。滑坡后部地形比原地形稍变缓。由原来的基岩斜坡在滑动后为块石堆积；后援滑坡壁宽380m，长180m，地形坡度30°，为基岩层面（图4-79）。

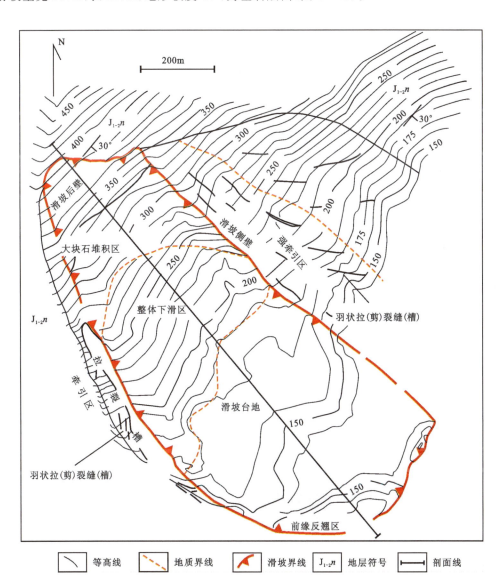

图4-79 千将坪滑坡平面图（据邬爱清等，2006）

4. 地层岩性

滑坡区广泛出露中、下侏罗统聂家山组($J_{1-2}n$)地层,第四系主要为残坡积层(Q^{dl+el})及河床冲积层(Q^{al})。聂家山组($J_{1-2}n$)主要为灰绿色厚—巨厚层长石石英砂岩、粉细砂岩夹少量紫红色粉砂质黏土岩、泥岩。第四纪残坡积层(Q^{el+dl})主要为粉质黏土夹少量碎块石,多分布于高程300m以下平缓低洼斜坡处(如三金硅业公司一带),厚1~10m;冲积层(Q^{al})为河床冲积漂砾、卵石,含少量中粗砂,主要分布于青干河河床及漫滩,厚0.5~5m(图4-80)。

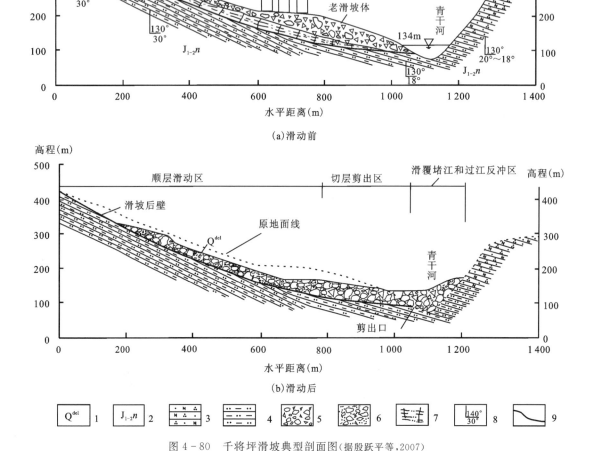

图4-80 千将坪滑坡典型剖面图(据殷跃平等,2007)

1.滑坡堆积体;2.下侏罗统聂家山组;3.长石石英砂岩;4.泥质粉砂岩;5.碎块石;
6.砂卵石夹黏土;7.滑坡块裂体;8.岩层产状;9.滑动面或预测滑动面

5. 地质构造

滑坡区位于百福坪-流来观背斜的南翼、秭归向斜的北翼,千将坪斜坡部位为单斜构造,顺向坡,岩层产状为 130°∠33°,至青干河边地层倾角渐变为 15°。据调查,滑坡区地层软硬相间,层间剪切带发育,但断裂不发育,主要发育两组裂隙:第 1 组为近南北向(T_1),裂面平直长大,地表可见长 8~10m,产状为 270°∠70°,间距 0.5~0.8m,多切穿层面;第 2 组为近东西向(T_2),裂面平直,相对短小,可见长 3~5m,产状 360°∠70°,裂隙间距 1m 左右,两组裂隙呈棋盘格状展布。两组裂隙的发育为滑坡体滑动时的侧剪切(拉裂)与后缘拉裂起到了控制作用。

6. 滑坡结构特征

千将坪滑坡主要出露三叠系沙镇溪组碎屑岩,岩层稳定延伸,倾向南东,倾角较缓,滑坡所在岸坡为顺向坡。在其下游至青干河大桥一带还分布有 3 处不同规模的老滑坡。

滑体物质组成包括两部分:上部为残坡积黏土夹碎石和老滑坡堆积体;下部为沙镇溪组泥质粉砂岩。滑体上部物质以碎块石土为主,块石最大直径可达 1.5m,块石成分主要为泥质粉砂岩、粉砂质泥岩、石英砂岩等。根据青干河大桥以南一带老滑坡的分布推断,平均厚 10~15m,最大厚度可达 30m,老滑坡前缘一带分布有砂卵石堆积层,粒径一般 3~10cm,最大达 50cm,大多滑入青干河中。表层为厚 1~8m 的土壤和残坡积土层,植被发育,或被开垦为庄稼地。滑体下部物质主要由中厚层粉砂质泥岩、泥质粉砂岩夹厚层长石石英砂岩构成,裂隙发育,形成层状碎裂岩体,岩体上部风化强烈,为强风化。厚度一般 20~30m,滑坡属于基岩顺层滑坡,根据滑坡滑动特征分为 3 个区。

(1)顺层滑动区:滑动面与地层层面产状一致,倾向南东,倾角 28°。根据 237m 高程 1 号平硐揭示,岩体分带性明显,依次为①第四纪坡积物,厚 5~7m;②强风化层状砂岩,厚 4~5m;③弱风化层状砂岩,厚 13~16m;④微风化层状砂岩。岩层中多处分布有顺层的泥化夹层、层间剪切带。岩体中发育有多层层间错动带,特别是厚 20~30cm 的碳质页岩夹层,在构造作用下,形成明显的层间错动泥化带,构成了千将坪滑坡的主要滑动带,滑坡后缘出露的滑坡擦痕非常明显。

(2)切层剪出区:滑坡在高程 120m 的剪出口(高程约 100m)转变为切层滑动,滑带倾角变为 15°~5°。根据青干河地区裂隙发育分布特征,并与秭归河对比,近江水位地带岩层中常发育有多组构造节理,将岩层切割成较为密集的透镜体,并且卸荷作用和风化作用强烈。据调查,该区发育有 2°~10°的缓倾角节理,密度可达 1 条/m,长度可达 10m,个别地段甚至形成大型节理带。切层带管主要沿强风化和中等风化的层状裂隙岩体追踪形成。从水文地质条件上看,该带也是地下水由顺层入渗向水平排泄区转化,特别是当三峡水库蓄水由 100m 上升到近 135m 高程时,成为地下水的涌水区。因此,该区岩层质量总体偏低。

(3)滑覆堵江和过江反冲区:滑坡在约 100m 高程处剪出入江,形成滑坡坝。入江体积占整体的 1/5~1/4,即 $(500 \sim 600) \times 10^4 m^3$,其中约 $200 \times 10^4 m^3$ 过江形成逆冲堆积体,岩层反倾,产状总体倾向北西,倾角 35°~50°。岩层基本解体,最大块度可长达 10m。

【教学点 8-8】 香溪河口

◆**教学内容**

(1)香溪河库岸地质条件与典型地质灾害。

(2)西陵峡概况。

(3)侏罗系与三叠系接触关系。

◆**背景资料**

1. 香溪河概况

香溪又名昭君溪,位于西陵峡口长江北岸,相传香溪上游宝坪村乃汉元帝妃子王嫱(王昭君)出生地。宝坪村又叫明妃村。香溪发源于神农架山区,由北向南注入长江,交汇处清浊分明。香溪流域面积 3 099km²,均系高山至半高山区,上游地势高峻,海拔在 2 500m 以上,局部达 3 000m。在兴山城以上,有古夫河和两坪河两条支流。兴山城以下,河道右岸有台地,地势渐趋平缓,河谷略见开阔。两岸山势东高西低,高差约 500m,高岚河由其下游左岸的大峡口汇入。

湖北香溪长江公路大桥起于秭归县郭家坝镇东侧,位于三峡库区湖北省秭归县兵书宝剑峡峡口,接省道 255 线,止于归州镇香溪河西岸的向家店,复接省道 255 线,全长 5.6km。其中,跨长江大桥采用主跨 519m 的中承式钢箱桁架拱桥方案,桥长 883.2m,香溪河大桥采用主跨 470m 的双塔双索面组合混合梁斜拉桥方案,桥长 1 058m,两岸接线长 3.754km。全线采用双向四车道一级公路标准建设,设计速度为 60km/h,路基和桥梁宽度 23m。

2. 香溪河岸地质条件与典型地质灾害

1)地形地貌

香溪河流域山体隶属大巴山和巫山余脉,以深—中切割的中低山地形为主。地势总体呈北高南低,香溪河近南北流向,并发育 10 余条近东西流向的支流。干流河谷呈不对称"V"字形,河东山体耸立,由九岭头等山峰组成;河西则为中低山脉。基岩岸一般呈上陡中缓下陡的特征,岸坡自然坡度在 20°~45°之间。复建公路沿库岸经过,公路内侧人工切坡坡高 10~40m,坡度 30°~60°,公路外侧弃土形成的自然边坡约为 30°。

2)地层岩性

该区域出露的地层包括上侏罗统遂宁组(J_3s)砖红色泥岩与砂岩互层,上侏罗统沙溪庙组(J_2s)红色泥岩与石英相间,中侏罗统自流井组(J_2z)砖红色砂岩、泥岩及碳质页岩;下侏罗统香溪组(J_1x)石英砂岩、页岩夹煤层;中三叠统嘉陵江组上部(T_2j^3)厚层白云质灰岩,嘉陵江组中部(T_2j^2)中—厚层灰岩,嘉陵江组下部(T_2j^1)薄层灰岩。其中,中、下侏罗统主要分布于河流右岸及左岸的潘家—兴山县库段;中三叠统主要分布于左岸的香溪河口—潘家库段。

3)地质构造

香溪河流域在构造上处于黄陵背斜西翼与秭归向斜东翼之间,区内岩层多为单面山,倾向北东-南西,倾角 40°~48°。研究区及其邻近区域性断裂主要有仙女山断裂、九畹溪断裂、天阳坪断裂、水田坝断裂以及新华断裂等。挽近时期以来,除仙女山断裂仍有活动表现,其余断裂活动性均不明显。

4)典型地质灾害

三峡库区香溪河段共发育 30 余处滑坡,受地貌形态、地层岩性以及坡体结构等的控制,滑坡主要分布于由中侏罗世(J_2)、早侏罗世(J_1)泥砂岩互层构成的岸坡中。该区域典型滑坡有八字门滑坡(体积 $411×10^4 m^3$)、白家包滑坡(体积 $660×10^4 m^3$)、叶家河滑坡(体积 $770×10^4 m^3$)、向家坝滑坡(体积 $150×10^4 m^3$)、杨家岭滑坡(体积 $144×10^4 m^3$)、大峡口滑坡(体积 $202×10^4 m^3$)、刘家坡滑坡(体积 $672×10^4 m^3$)、李家湾滑坡(体积 $495×10^4 m^3$)等。

3. 西陵峡简介

西陵峡西起湖北省秭归县西的香溪口,因在宜昌市的西陵山而得名,东止宜昌南津关,全长 66km(图 4-81)。历史上以其航道曲折、怪石林立、滩多水急、行舟惊险而闻名,是长江三峡中最长的峡谷。西陵峡自上而下共分 4 段,即香溪宽谷、西陵峡上段宽谷、庙南宽谷和西陵峡下段峡谷。香溪宽谷中有兵书宝剑峡、牛肝马肺峡、崆岭峡等,庙南宽谷中有灯影峡、黄牛峡等。

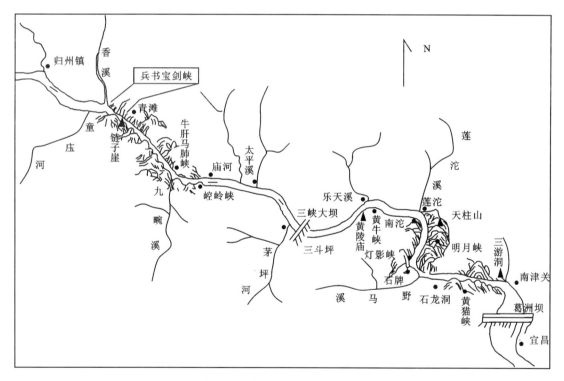

图 4-81 长江西陵峡平面示意图

兵书宝剑峡位于长江三峡西陵峡西段,西起香溪河口,东止新滩,长约 5km,原江面最窄处近 100m,沿岸岩壁主要由石灰岩构成。因峡北岸崖壁石缝中有古岩棺葬的匣状遗物,形似书卷,相传是诸葛亮藏的兵书,其下有一块巨石直立似剑,插入江中,传说是诸葛亮藏的宝剑,故名兵书宝剑峡,因"书卷"其色似铁,又名铁棺峡。在兵书宝剑峡下游约 4.5km 处为青滩(又称新滩),旧为峡中险滩之一,因历次江边岩石崩坍而成。原青滩长约 120m,洪水期间,水涨滩平,水势较稳,每到枯水季节,江水下降,其间流水形成高达 2m 的陡坎,流速每秒达 7m,冲击江心礁石,波涛汹涌,漩涡成串。船行至此,稍一不慎,即有覆没之险,古人曾有"蜀道青天不可上,横飞白练三千丈""十丈悬流万堆雪,惊天如看广陵涛"等咏叹。

兵书宝剑峡向东过新滩不远,江北有岩壁,上有两块重叠下垂的褚黄色岩石,一块形似牛肝,一块形似马肺,故名牛肝马肺峡。"牛肝"和"马肺"其实都是碳酸钙沉积形成的钟乳石。如今"牛肝"还完整,而"马肺"则在清光绪二十六年(1900年)被入侵的英国军舰轰掉了下半部,残缺不全。

崆岭峡又称空冷峡,在长江西陵峡牛肝马肺峡东 2.5km。处于秭归县之庙河与黑岩子之间,全长 2.5km。其间峰峦连峙,参差互出,上有奇石,如二人攘臂相对,古传宜都、建平二郡督邮争异于此,故名督邮石。峡中有崆岭滩,为昔日天下闻名的险滩,滩险流急,礁石密布,犬牙交错,锋利如剑,致使航道弯曲狭窄,恶浪汹涌,行船稍一不慎,就会触礁沉没。民谚云:"青滩泄滩不算滩,崆岭才是鬼门关",故人们称此为长江三峡险滩之冠。崆岭峡中原有一块突出水面的礁石,上刻了 3 个大字"对我来"。船经这里,须直冲着这块礁石驶去,便可借着流水的回冲力,安全地擦石而过。如果想要躲开它,反而会被它撞沉。

【教学点 8-9】 新滩滑坡与链子崖危岩体

◆教学内容

(1)新滩滑坡概况。

(2)链子崖危岩体概况。

(3)三叠纪—震旦纪地层岩性与接触关系。

◆背景资料

1. 新滩滑坡

1985 年 6 月 12 日凌晨,位于长江三峡中的湖北省秭归县新滩镇发生了一起约 $3\,000\times10^4\,m^3$ 堆积层大型滑坡,高速(滑速约 31m/s)下滑的土石毁灭了具有千年历史的新滩古镇。约有 1/10 的土石滑入长江,激起涌浪高 54m,波及上、下游江面约 42km,形成高出江水面长约 93m、宽约 250m 的阻碍滑体,使航运中断 12d。由于滑坡前坚持长期监测,预报准确及时,决策果断,各方紧密配合,使滑坡区内 457 户、1 371 人在滑坡前夕安全撤离,无一人伤亡,正在险区上下游航行的 11 艘客货轮及时避险,使这场不可抗拒的地质灾害损失减小到最低程度,被誉为我国滑坡防灾预报研究史上罕见的奇迹,为我国滑坡防灾预报研究积累了宝贵经验。

古新滩镇面临长江,背靠大山,它的背后,亦即北岸的广家崖至姜家坡地段是一个古滑坡之地,有史记载以来,这里的山崩滑坡达 20 多次。据史料记载,新滩原名"豪三峡","始平坦,无大滩",后因"山崩"而成滩。形成于东汉永元十二年(公元 100 年),从汉晋时得名,是由山崩填江招致航道恶化而成,分别在公元 100 年、337 年、1032 年和 1542 年皆发生过特大滑坡,造成堵江事件,其中 1026 年断航 21 年,1542 年断航 82 年。

新滩滑坡长近 2 000m,上、中、下部分别宽约 250m,400m,500～800m,面积约 $0.75km^2$,总体积约 $3\,000\times10^4\,m^3$。滑坡后壁至河床相对高差 800 余米,总的地势是北高南低,沿江一带西高东低,坡面在纵向上平均坡度为 23°,向长江倾斜,局部陡缓不一,形似一个斜卧在山坡上向东弯凸的近南北向展布的"牛角"形状(图 4-82、图 4-83)。

滑坡区西侧山体由软硬相间的岩层组成,以石灰岩、石英砂岩、砂岩等硬岩为主,间隔薄层煤系及砂页岩,陡壁高 300～400m,经常产生崩塌。滑坡体由以崩坡积为主的大块石、碎块石夹黏

图 4-82 新滩滑坡三维视图

土形成,堆积物一般厚 30~40m,最厚可达 86m,滑坡底部是一套软塑性的志留纪砂、页岩。在滑坡的纵向剖面上,以毛家院至姜家坡前缘高 40~50m 的陡坎为转折,可以把新滩滑坡分为两段,上段姜家坡至广家崖段($1\,300 \times 10^4 \mathrm{m}^3$ 新滩滑坡的主动滑动体)的前部地形较平缓,坡度约 13°~15°,后部较陡,达 30°~40°,下段新滩镇至毛家院,地形顺斜坡起伏不大(图 4-84)。

由于自燕山运动晚期以来,三峡地区地壳大面积隆起上升,长江下切河谷,软弱的志留纪(S)砂岩被侵蚀成为缓坡与凹槽,坚硬的泥盆纪(D)和二叠纪(P)砂岩、灰岩则形成陡崖,即广家崖一带。陡崖区长期在卸荷、沉陷、溶蚀及重力的作用下,崩塌频繁,崖壁后退,崩积物堆积于缓坡及凹槽地带。坡积物的不断积累增厚,形成了滑坡的物质基础。新滩滑坡位于黄陵背斜西翼,岩层走向 NE10°~20°,与长江近于垂直,倾向上游,倾角 25°~30°。西面为仙女山断裂层,东侧为九畹溪断裂,新滩滑坡就夹于两断层之间,属构造不稳定地段。另外,受前述岩性分布、构造及地表地质作用的控制,滑坡后缘为高陡绝壁,绝壁下的姜家坡新滩斜坡实际为相对低缓的凹槽,成为坡体以上广家崖崩积物暂时滞留的场所,同时也是地表及地下水汇聚和活跃的地方(图 4-85)。

1) 新滩滑坡的基本特征

新滩滑坡是一个崩塌加载冲击失稳、多期复活继承性的推挤型堆积层滑坡。1964 年秋,上段姜家坡前缘出现 NE60°的长大拉张裂缝,1983 年形成整体滑移边界条件,其后加剧变形,1985 年 6 月 10 日凌晨 4 时 15 分,首先在姜家坡坎下西南沟槽发生了约 $70 \times 10^4 \mathrm{m}^3$ 的崩滑。6 月 12 日凌晨 3 时 30 分在西侧产生闷雷般的巨大响声,15 分钟之后,东侧也发出巨大响声,随之发生了惊天动地的整体大滑动。有约 $600 \times 10^4 \mathrm{m}^3$ 的土石从姜家坡脚下冲出,前缘主滑体沿西侧沟槽向西南直扑入江,形成高出水面长约 93m、宽 250m 的扇形滑舌。据水下地形测量,滑舌前缘在水下抵达对岸,使江床壅高,入江方量约 $200 \times 10^4 \mathrm{m}^3$,滑体入江时使江流急剧

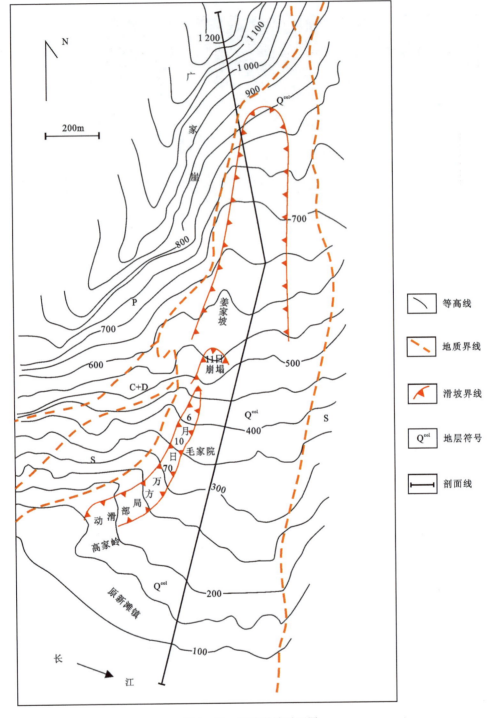

图 4-83 新滩滑坡平面图

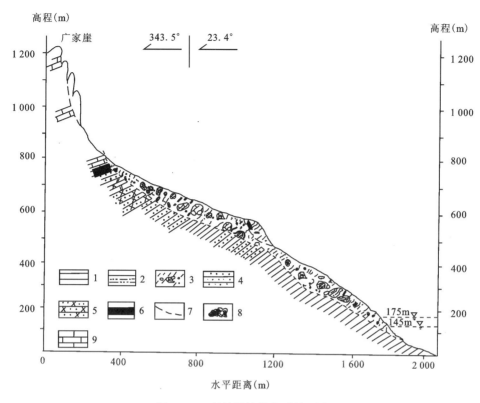

图 4-84 新滩滑坡体典型剖面图
1.页岩;2.粉砂岩;3.崩坡积物;4.砂岩;5.石英砂岩;6.煤层;7.滑面;8.崩塌碎块石;9.灰岩

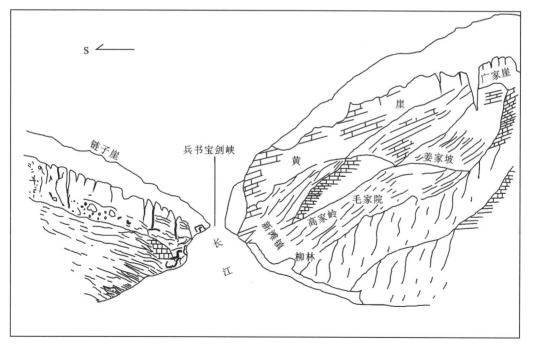

图 4-85 新滩滑坡及链子崖危岩体变形区素描图(据骆培云,1986)

受阻,土石急剧入江和冲击气浪的综合影响,造成强大涌浪,对岸涌浪迹线高达54m,在上游5.5km的香溪镇为7m,15km的秭归县城为1m,余浪涌进香溪河2km处还掀翻4只小木船。涌浪在下游2km处递减为10m,10km处递减为2m,至三斗坪坝址不到1m。大量滑体在西侧沟及毛家院一带和姜家坡脚坎下缓坡槽中堆积,后缘滑壁高50~60m,西侧滑壁高自北而南由10~20m增至80~90m,滑坡东侧主要追踪北北东及北北西两组裂隙作阶梯状下坐,落差一般20~25m。滑后地形在纵向上可分为上部椅状槽台、中上部鼓包、中下部斜坡和下部的平缓台地。下段滑体在上段滑体的猛烈冲击、推压和加载下,产生了解体和不等速滑移,受地形限制,以高家岭脊为界,形成东、西两个大滑槽。西槽由于6月10日的$70×10^4m^3$滑坡,已将沟槽取直,槽宽150~200m,长700m左右,后缘滑坎在250~320m高程出露,呈弧形,坎高约70m,下部可见基岩出露。槽中物质大部分为碎屑流堆积。东部滑槽土石体强烈变形持续两天以上,槽宽200~400m,长约800m,其后壁及东、西两侧以北北西、北东和北东东3组结构面为界,呈簸箕状,北东侧后缘滑坎高近20m,北西侧后缘滑坎高50~65m。滑坎延伸至200m高程处变低消失,在沟之东有长约100m、宽80m左右的地面基本保持原貌,形成"安全岛"。滑坡及原岩崩处房屋向长江方向滑移82.5m,下沉18m。东槽左侧沿北东向界面有10~13m的降落坎数条,在坎外侧形成一条近南北向长600m左右的"新土埂"。东槽由于滑动的速度缓慢,且滑速不一,尽管其面积较大,但只形成了一个较小的滑舌,滑入长江约70m,进江方量约$60×10^4m^3$。

2)滑坡发展变化特征

滑坡前斜坡变化主要发生在上段姜家坡,据7年多的位移观测资料和实地观察结果综合分析,滑坡的发展变化过程经历了缓慢变形、匀速变形、加速变形与急剧变形4个阶段。

缓慢变形阶段(1979年8月以前),由于主滑区姜家坡不断接受其后缘和西侧黄崖崩塌块石的冲击、加载堆积,促使斜坡开始产生变形,地表出现近南北向长大裂缝;坡体有向下蠕动趋势,变形率小于10mm/月。

匀速变形阶段(1979年8月—1982年7月),蠕变曲线反映滑速缓慢、平稳、似匀速运动,变形量逐渐增大,变形率在10~50mm/月之间。于雨期原地表裂缝复活,有新的扩展变形迹象,姜家坡前缘相继出现$(20~85)×10^4m^3$危险体,其上树木向南倾并伴有小崩塌产生。

加速变形阶段(1982年7月—1985年5月),这一阶段的显著特征是:主滑区监测点运动速度加快,蠕变曲线变化持续上升,呈现增速特征,变化速度是前一阶段的5倍以上。地表变形加剧,呈现整体滑移的边界条件:后缘拉张下坐至15m,东、西侧羽状裂缝基本连通,出现松动、沉降带、阶梯状次生裂缝;前缘$85×10^4m^3$危险体下坐3~5m;毛家院后出现明显剪鼓胀异常;主滑方向为南偏西,即直指新滩镇。

急剧变形阶段(1985年5月中旬—6月11日),其显著特征是:仪器监测和实地观察都十分明显地表明险情恶化,斜坡变形剧烈,临滑前兆明显。滑体后缘6月10日一夜坐落2m;东、西两侧拉张沉降带增宽至10~35m,下错距3~5m,逐渐趋于连通,形成弧形拉裂圈;前缘坡脚潮湿,剪鼓胀异常明显。局部地段出现鼓包、公路错断、路面隆起,梯田石垒坎倒塌。出现地微动、地声、地热及经纬仪气泡整置不平与地下水、动物的异常。姜家坡前缘小崩小塌规模渐大、频次渐高,坡脚剪出口潮湿;6月10日凌晨4时15分,姜家坡陡坎西部望人角一带(高程520m)发生约$70×10^4m^3$土石崩滑,滑前5分钟出现管涌,喷沙冒水10余米高,预示大规模的滑坡即将发生。

2. 链子崖危岩体

链子崖危岩体位于湖北省秭归县新滩镇长江南岸，兵书宝剑峡出口处，与新滩滑坡隔江对峙。链子崖早年不叫链子崖，叫锁山，亦称锁住山。《归州志》记载："香溪东流三里为兵书峡，又名白狗峡。峡南石壁中折，广五尺，相传有神力关锁，历久不坠，谓之锁山。"关于链子崖地名来历，有两种说法。第一种说法：清代一位商人，了解此山危险，捐银打造铁链，安置在百多米的绝壁上，生生把欲坠的巨崖拉住。由于危崖被铁链拽住，当地人便叫它为"链子崖"。第二种说法：羊坪村等山上居民，上下链子崖很危险，归州知州李炘在道光年间派人凿石壁、固铁链，使居民可以借铁链攀援上下悬崖，因此得名"链子崖"。究竟哪种说法正确，尚无定论。

链子崖危岩体是由近百米高的灰岩夹数层碳质页岩组成，坐落在软弱的煤系地层之上，北临长江急流险滩（图4-86）。地形高陡，地质条件恶劣。危岩分布高程由北部临江处180m至南部上升为500m。南北延展长700m，东西宽30~180m，面积0.54km²，总体呈近南北向分布，与长江呈60°~70°交角，南高北低，北宽南窄，崖顶向北西倾斜，坡角20°~30°，分布高程由南500m降至北临江180m，北侧和东侧临空形成600~850m、高70~100m的高陡边坡。危岩体的岩层构成，自下而上：陡壁之下的斜坡为上石炭统黄龙组（C_2h）厚至巨厚层的灰岩；陡壁底部为下二叠统梁山组（P_1l）煤系地层；陡壁为下二叠统栖霞组（P_1q）灰岩，其下部为瘤状灰岩间夹薄层碳质页岩，中上部为厚层灰岩，顶部为厚层灰岩和疙瘩状灰岩夹薄层页岩、泥岩。其中，灰岩强度较高，煤系层和页岩、泥岩为软弱层。地层倾向300°~320°，倾角26°~35°（图4-87）。

梁山组煤系层，厚1.6~4.2m，分布广而稳定，层间强烈挤压破碎，有摩擦镜面、多期擦痕和重结晶现象，强度低。完整性差，是全区危岩体变形破坏的底界。栖霞组石灰岩中的碳质泥岩、页岩软弱夹层和层间错动带，厚度一般0.20~0.44m，分布也较稳定，力学强度相对较低，为危岩体不同层次变形破坏的底界。

梁山组煤层有500余年开采历史，大规模开采在新中国成立初期。崖脚下有22个采煤巷道，主巷道大体顺岩层走向延伸，方向NE30°~50°，最深者400m左右。T_8缝以北为老采区，其南为新采区，老采区采高1.6~3.0m，采空面积12×10⁴m²，采空率69%~90%。T_8以南采区采空高度一般0.7m左右，采空率20%~50%，采空面积8×10⁴m²。由于是层间开采，无正规开采工艺、预留矿柱及地压保护等措施，仅在土山采煤时用矿渣充填了部分采空区。调查显示顶板瘤状灰岩完整，显示整体性特征，矿柱压碎，"Y"形破裂，矿渣压密。

陡崖东侧为志留纪页岩受侵蚀剥蚀而形成猴子岭凹槽，北侧俯临长江。由于卸荷及崖下煤层大面积采空，造成陡崖临空一带的灰岩岩体不均匀变形，追踪溶洞、断层、裂隙，形成一系列拉张裂缝。其变形破坏何时开始还不清楚。据了解与采煤历史相对应，可能至少有百年历史了。链子崖危岩体是指在700m范围内，由14个缝组40余条深度不等的裂缝（其中有10余条深大裂缝）所切割成的山体，包括互不相连的Ⅰ、Ⅱ、Ⅲ三段。

Ⅰ段（称为T_0~T_6区）：由约20条裂缝（其中主缝T_0~T_6）包围、切割而成，体积113×10⁴m³。其中T_1、T_2、T_6裂隙规模最大，均已切至下伏煤层。该段危岩体以北北东向T_6缝为西界，其余各缝大都呈北西向与之相交，将岩体切割成墙状、柱状和楔状。由于岩体倾向山内，不利整体滑出，计算表明，按视倾角滑动整体稳定性系数大于1.3。观测资料表明，危岩体向北东方向（平行T_6）位移整体下沉，显示向北北东临空面倾倒崩滑之势。此外，近坡脚地带的陡崖表层有鼓胀、压碎张裂现象，可形成局部压碎崩塌。

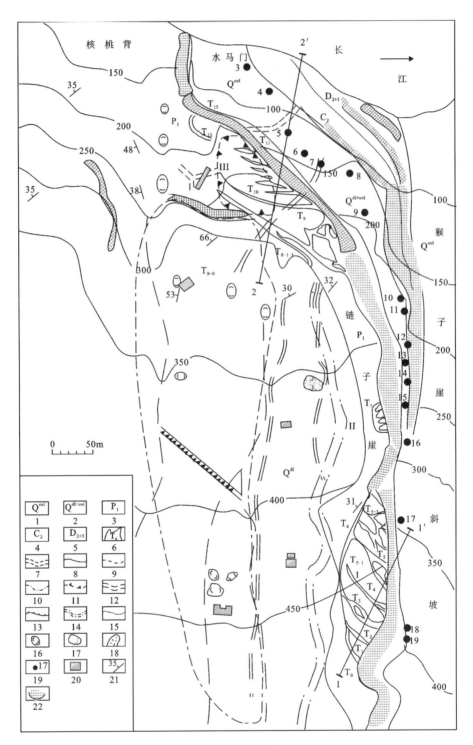

图 4-86 链子崖危岩体平面图

1.崩积物；2.崩坡积物；3.二叠系；4.石炭系；5.泥盆系；6.裂缝及其编号；7.平硐；8.地层界线；9.地层不整合线；10.滑坡界线；11.表层蠕滑体界线；12.隐伏裂缝；13.排洪沟；14.隐伏溶洞；15.冲沟；16.大块石；17.洞穴堆积物；18.崩落体；19.煤洞及其编号；20.房屋；21.岩层产状；22.陡壁

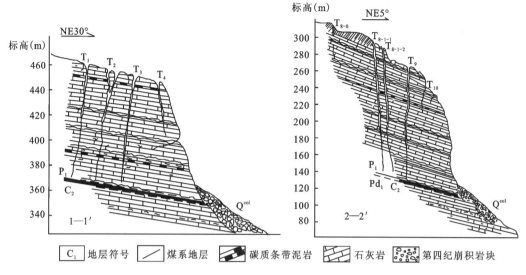

图 4-87 链子崖危岩体剖面图

Ⅱ段：位于陡崖中段，岩层倾山内，由与陡崖近乎平行的 T_7 弧形主缝切割围成楔形体，约 $2×10^4 m^3$。其根部有明显的压碎现象。

Ⅲ段（称为 T_8～T_{12} 区）：位于陡崖北段临江一带，以煤层为底界，由 T_8、T_9、T_{11}、T_{12} 等 27 条裂隙包围切割而成，体积 $216×10^4 m^3$。裂缝在平面上呈向西收敛、向东撒开的帚状分布。单条裂隙向临空面张开，往山体内收敛，上部张开，深部收敛。在岩层倾斜方向，受核桃背稳定山体所阻，山体无顺层滑出条件，但存在以下伏煤层及若干软夹层向长江临空方向（即岩层视倾角 24.5°方向）滑移条件。经崖顶标桩观测显示，危岩体有向长江方向微显间断变形，但难以准确判断。T_8、T_9 与 T_{12} 缝的衔接、贯通情况，以及向下的切割深度，尚未完全查清。用静力平衡法计算，Ⅲ段岩体在不利条件下（T_8 与 T_{12} 缝间完全贯通，并切至煤层，考虑洪水位 90m 的浮托力，Ⅶ度地震），以煤层为滑动面，沿煤层与 T_{12} 号交线滑动，在天然条件下安全系数为 1.44～1.55，水库运行时为 1.23～1.28。因此一般情况下，不至于产生 $216×10^4 m^3$ 整体滑落入江。多年观测资料显示，危岩体在某些时段有倾滑、下沉、倾倒等不规律变形情况存在，各块段有差异性。总体判断，存在沿顶部 R301、R401 软层顺层错移，由 T_{11}～T_{12} 及底层 R202 围成的约"五万方"块段。

以上 3 段危岩体，Ⅰ段、Ⅱ段规模较小，如有崩落，将主要堆积于东侧猴子岭斜坡上。总体积 $180×10^4 m^3$ 的猴子岭崩塌堆积体目前处于稳定状态，在崩落加载作用下也可能失稳滑移，但入江体积有限。Ⅲ段危岩体规模较大，直逼长江，如产生高速崩滑，将直接危及过往船只的安全，在三峡水库建成前，大量物质入江，则可能严重碍航。

据历史文献记载和民间传说，链子崖危岩体底部的煤层开采约起于 1542 年（明嘉靖年间），1967 年政府禁采崖下煤矿，前后断续人工开采时间长达 443 年，其间多次停采又开采。到 1967 年，采空区已遍布 T_8～T_{12} 缝区，其高度为 1.5～8.2m，平均约 4m。采空区之间和采空区与上部岩体开裂缝之间多是连通的，且山顶裂缝的展布范围和煤层采空区的分布是对应的。

1) 巨型危岩体形成原因

(1) 地层结构条件。危岩底部为厚层煤系地层，陡崖段岩层中发育数十层泥岩页岩夹层，其中有6个主要软弱夹层,危岩体总体为顺坡结构,为中倾岩层。底界软层及顺倾结构为斜坡产生层间蠕滑提供了条件。

(2)岩体构造条件。岩体内发育4组结构面,9条断层,断裂切割破坏了岩体的整体性,控制裂缝发育和延伸,也影响了岩溶发育。断裂直接为裂缝形成提供了条件,如T_1、T_6、T_{12}、T_9就是沿断层发育的。诸多裂缝发育实是构造裂隙拉裂发展的结果。这些断裂在影响主裂缝发育的同时,实际上也起到控制危岩体边界的作用。

(3)岩溶发育条件。危岩区灰岩内部溶隙、溶洞、落水洞十分发育,大体上320～230m高程段以垂直岩溶发育为主,是三峡期长江下切的产物;230m左右发育水平溶洞(相当于长江Ⅴ级阶地形成期);200～180m小型溶洞发育(相当于长江Ⅳ级阶地形成期)。岩体溶空成为薄弱部位及应力集中处,为裂缝发育提供了基础。

(4)临空面条件。危岩陡壁是危岩体变形的临空条件,临江段陡崖走向NE70°,与长江平行,陡崖直立,高90～100m;猴子岭段陡崖走向近南北,高60～100m。临空陡崖空间呈半弧形,为危岩变形提供了良好的边界条件。也是危岩体形成的必备条件。

(5)底部采空条件。挖煤采空改变山体结构,导致岩体下沉拉裂。

(6)地下水作用及地震作用。

2)危岩体变形破坏方式

危岩体变形破坏是基于上述几个原因,其变形破坏又是多种形式的综合作用长期发展的结果,而T_0—T_6、T_7及T_8—T_{12}区又因临空条件及坡体结构不同而存在较大差别。应结合该区岩体结构条件,裂缝发育展布组合特征,变形破坏边界条件与历史演化几方面综合分析危岩体变形破坏形式及机理。典型的破坏机理包括以下几种。

(1)重力沉陷拉裂。煤层采空,上覆岩体失去部分支撑,加之临空面一侧失去约束,重力作用下产生沉陷,伴之岩体拉裂,如图4-88(a)所示。

(2)蠕滑拉裂。危岩沿软弱层及煤层产生向视倾角方向的蠕滑及剪切滑移变形,伴之在弱面上下方产生楔形拉裂,T_8—T_{12}区几个平台软弱夹层上方岩体中此类拉裂十分发育,夹层页岩体存在多处泥化、剪胀、挠曲、揉皱、擦痕等行迹,如图4-88(b)所示。

(3)岩体转动拉裂。T_8—T_{12}区以T_8、T_{12}为外边界,以煤层为底界,按地层产出状态存在向N315°方向滑动趋势,但由于核桃背山体阻挡及T_8、T_{12}位势差作用,空间上产生以T_{12}缝一带前缘为支点,向北临空面方向滑移转动趋势。如T_8、T_9等裂缝临空面附近宽大的向山体内变窄收敛的楔形便说明这一点,如图4-88(c)所示。

自1968年在链子崖危岩体设点监测起,随着调研和防治工作的深入进行,逐渐增加监测手段,补充、调整和完善了危岩区的变形监测和险情预报系统。加强监测的目的在于掌握危岩体变形动态和发展趋势,进行防灾预报。通过长期监测,积累资料,为定量评价危岩体的稳定和工程防护提供依据,为研究同类边坡的预测提供借鉴。

1992年7月,国务院批准了新滩链子崖危岩体防治工程方案。1995年7月3日,长江三峡链子崖危岩体治理工程正式开工。对于最大的T_8—T_{11}缝段危岩体,采用回填混凝土、设置阻滑键,增加抗滑力,以阻止危岩体进一步下滑。为防止T_0—T_7缝段崩坍危石滚入长江,在猴子岭设置两道防冲拦石坎。对于最危险的T_{11}—T_{12}缝段危岩体,采用锚固法,使用了173根直径150mm、长50多米的巨型铁链对危岩体进行锚固。链子崖周身箍满铁桩铁链,成了链子锁着的山崖,名实相符。1999年8月,链子崖危岩体防治工程全面竣工,工程耗资4 661万元。

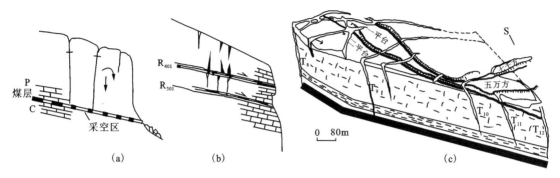

图 4-88 危岩体变形破坏形式及机理示意图(据余宏明等,2014)
(a)踩空下沉拉裂变形;(b)蠕滑拉裂变形;(c)岩体转动拉裂变形

岩体防治的主要目标是改善和提高其稳定性,防止大规模崩塌和整体滑移入江,造成阻航和严重碍航等灾害。防治工程在研究了部分开挖清除、水平悬臂抗滑梁、砌体挡墙、抗滑桩、洞室锚固、钻孔锚固、采空区回填、排水等多种方案的基础上,着重针对危害性最大的临江 $226 \times 10^4 m^3$ 的危岩体变形破坏的主要因素,采用了如下工程措施:对底部煤层采空区做混凝土承重阻滑工程,处理面 $6\,000m^2$,防止上部危岩体进一步不均匀沉降变形和滑动;对上覆陡崖危岩体和顺层蠕滑体进行预应力锚索加固,其中对陡崖部位锚固采用 $1\,000kN$、$2\,000kN$、$3\,000kN$ 三种量级的锚索,上小下大,上防倾倒,下防滑移;对控制层间滑动的软弱夹层,进行混凝土回填加固;对整个陡崖斜坡,进行挂网锚喷;对较大裂缝设置防雨盖板;对雷劈石滑坡进行地表排水处理;对猴子岭斜坡做防冲拦石工程,以防 $T_0—T_6$、T_7 等缝段陡崖崩石入江,危害航运。

【教学点 8-10】 秭归港
◆教学内容
(1)黄陵穹隆概况。
(2)三峡大坝坝基地质条件概况。
(3)三峡工程主要工程地质问题。
◆背景资料

1. 三峡工程

三峡工程背景资料详见第三章第一节相关内容。

2. 黄陵穹隆

穹隆是一种特殊形态的背斜褶皱,平面上地层呈近同心圆状分布,核部出露较老的地层,向外依次变新,岩层从顶部向四周倾斜。大的穹隆直径可达几十千米,小的穹隆直径只有数米。大型穹隆一般发育在稳定的克拉通地区或造山带的前陆地区。

黄陵穹隆轴向北北东向,长短轴之比约 1:2,周缘被仙女山断裂、天阳坪断裂、通城河断裂和新华断裂围限,举世瞩目的三峡大坝即建于黄陵背斜核部岩基之上。从区域上看,黄陵穹隆紧邻江汉盆地,东、西两侧分别是荆门-当阳盆地与秭归盆地,黄陵穹隆和周缘盆地构成明显的隆起-坳陷相互对应,两翼为西陡东缓的不对称背形穹隆构造。由于李四光早年在此建立了震旦纪标准地层剖面,因而成为地质学界的"名山"。

黄陵背斜位于扬子地台上扬子台褶带的东缘。背斜西边为秭归复向斜、东边为当阳复向斜,三者轴互相平行,方位近南北向。背斜本身为一穹隆构造,核心部分由前震旦纪结晶杂岩组成,两翼西陡东缓,依次由震旦系到侏罗系组成,此间大都呈连续的整合或假整合接触,角度不整合出现在震旦系和前震旦系之间、白垩系和老地层之间,是我国南方著名的标准地层剖面。

基底出露于背斜的核部,由新太古代—古元古代的崆岭群中深变质岩系和以黄陵花岗岩基为主的大量侵入体组成。盖层包括震旦系—三叠系,总厚约 10.5km,围绕基底由老至新环状分布,四周倾斜,倾角一般较缓,常小于 15°,但西翼可陡倾至 40°,核部基底花岗岩中局部有震旦系残留。黄陵花岗岩基面积约 970km²,是我国晋宁期花岗岩的典型代表,连同汉南和鲤鱼寨岩基一起构成扬子地台北缘的低钾花岗岩带(图 4-89)。

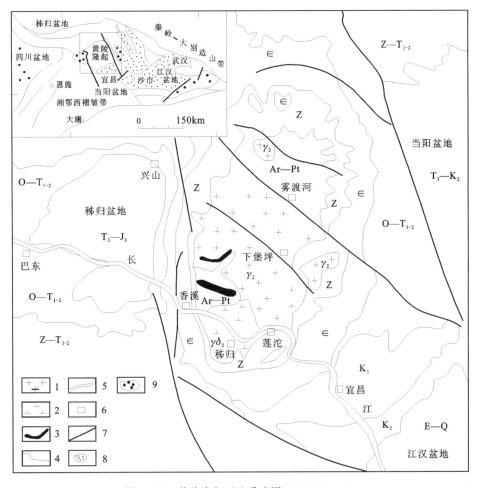

图 4-89 黄陵隆起区地质略图(沈传波等,2009)

1.黄陵庙元古代花岗岩;2.太平溪元古代闪长岩;3.侵入体;4.地层界线;5.长江;
6.地名;7.断层;8.中新生代裂陷盆地;9.早中生代前陆盆地

关于黄陵穹隆形成的时间至今未形成统一的结论,黄陵地区崆岭群变质杂岩的物质建造及时代归属、黄陵花岗岩的形成时代和构造背景、黄陵花岗岩体形成后的隆升剥露时序及演化历史等是目前该地区研究的热点和亟待解决的主要基础地质问题。

3. 三峡大坝坝基地质条件

三峡工程全面系统的地质勘查研究始于1955年,三峡大坝所选定的三斗坪坝址是从2个坝区、15个坝址中反复研究比较后所确定的。三斗坪坝址位于长江西陵峡下段宜昌县三斗坪的茅坪溪至枫箱沟间长约2.2km的河段内。长江呈SE40°方向流经坝址,在三斗坪转向NE70°流出,呈一向南凸出的大弧,坝线则位于北西向河段内,基本与河流垂直。坝址处河谷开阔,枯水河床嵌于石漫滩之中。右漫滩上有中堡岛顺江分布,将长江分成主河道和后河。主河道位于岛的左侧,后河位于岛的右侧。该坝址在葛洲坝水库蓄水前,原枯水位41m高程时主河道江面宽190~260m,江底高程一般20~30m,基岩面高程10~25m。两岸漫滩宽200~300m,高程41~65m。中堡岛顶面高程70~78m,按高程65m计,岛长570m,宽90~160m。岛右后河宽约300m,河底高程50~55m。葛洲坝水库蓄水后漫滩几乎全部被淹没,水面宽(包括后河)1 000余米。两岸为低山丘陵,岸坡平缓,左岸坛子岭和右岸白岩尖为临江最高山脊,高程分别为263m和243m。坝线从左至右通过坛子岭—中堡岛—白岩尖;坝顶高程175m处河谷宽2 300余米。

坝址区主要基岩为前震旦纪闪云斜长花岗岩,左岸坛子岭以东见有前震旦纪片岩捕虏体,右岸白岩尖一带分布有细粒闪长岩包裹体。此外,还见有小型花岗岩体及酸性至基性岩脉。新鲜及微风化闪云斜长花岗岩的抗压强度达到100MPa,岩体透水性微弱,建基面以下的微风化、新鲜岩体有80%以上,因而是较理想的混凝土高坝坝基。河床覆盖层较薄,主要为细砂及砂卵石层,厚0.5~8m。葛洲坝水库蓄水以后,河床普遍有新的淤积层。厚度一般1~6m,茅坪漫滩至后河一带最厚可达8~12m。

坝址区的风化壳(包括全、强、弱3个风化带),除局部地段与岩性、构造条件有关外,主要受地貌条件控制,一般山脊最厚,山坡、阶地次之,漫滩、沟谷较薄,河床最薄。

坝址漫滩地段有4个深风化槽,均在坝基范围以外,两岸有8处风化壳厚度大于40m的厚风化地段;还可见沿少数断裂、裂隙的风化加剧现象。

坝址区断裂构造以北北西组最发育,占断裂总数的49%,倾向以南西为主,倾角60°~75°。通过坝基的较大断裂有两条,前者斜穿左坝肩,总宽10~23m,其中软弱千糜岩厚0.1~0.3m;后者通过后河,总宽6~10m,局部构造岩已云英岩化。次为北北东组,倾向以北西为主,倾角60°~75°,占断裂总数的27%,通过坝基的较大断裂分为两部分,其中一者左漫滩和山坡通过坝基,总宽5~15m;另一者在右漫滩通过坝基,单条宽度0.5~2m。上述两组断裂均以压扭性为主,构造岩一般胶结良好。坝址区构造裂隙以陡倾角为主,倾角小于30°缓倾角裂隙仅占15%左右。

坝址区位于黄陵背斜核部,新构造运动总体以差异性不大的整体上升为主,属地壳稳定区。在坝区100km范围内,历史上发生的地震均未超过5.5级,属弱震区。按国家地震局1990年1∶400万《中国地震烈度区》(50年超越概率10%),三峡工程库区地震基本烈度均属于Ⅳ度区。据三峡水库诱发地震研究成果,水库诱发地震的最大地震基本烈度为Ⅶ度。

4. 三峡工程主要工程地质问题

(1)坝址区主要工程地质问题包括坝基抗滑稳定问题、渗漏(包括坝基漏和绕坝肩渗漏)问题和渗透变形问题等。三峡大坝基础地基为弱、微风化闪长岩,岩体完整,强度高,断层不发育,节理裂隙规模小,倾角节理为主,无贯通性长大裂隙、断层存在。因此,不会发生坝基抗滑稳定问题,整个坝基是稳定的。另外,基岩完整性好,节理裂隙不发育,透水性微弱,因此,渗漏问题和渗透变形问题也能满足要求。

(2)一般来说水库的主要工程地质问题包括渗漏问题、浸没问题、库岸塌岸(库岸稳定性)问题、淤积问题和水库诱发地震问题等。在三峡工程数十年的工程地质勘查论证中,有许多科研单位对以上问题进行深入细致的研究,得出了可靠的结论。简单介绍如下:

①渗漏问题和浸没问题。三峡库区处于峡谷地区,两岸山体雄厚,长江又是当地最低排泄基准面,水库水位抬升后两岸地下分水岭变化不大。因此,不会产生邻谷渗漏问题,也不会产生浸没问题。

②塌岸问题。三峡库区沟谷切割深,山高坡陡,且暴雨频发,崩塌、滑坡和岩体变形时有发生。由此产生的库岸塌岸(库岸稳定性)问题是影响三峡工程建设和库区经济建设及人民生命财产安全的重要问题。因此,国家和地方政府投入了大量的人力、物力进行治理,取得了良好的效果。

③淤积问题。对三峡水库而言,水库淤积的物质来源包括:库岸崩塌、滑坡和变形体失稳的岩土;人类工程活动造成的弃土及弃渣及水土流失形成的泥沙;长江本身挟带的泥沙。由于长江总体的泥沙含量不大,近年来国家在治理水土流失、崩塌、滑坡地质灾害和库岸塌岸等方面加大了力度,大大改善了库区的水土流失现状和库岸的稳定性。因此,总体来说淤积问题不是十分突出。而且在大坝设计时已有冲淤方面的考虑,设计了冲淤底孔,以解决淤积问题。

④水库诱发地震问题。三峡库区现今地壳运动总体上以差异性不大的整体缓慢上升为主,为地壳稳定区。区域上的几条规模较大的活动断裂,近期未发现活动性断裂形迹。据历史地震记载和1959年以来三峡地震台网记录资料,三峡库区历史上发生5级以上的破坏性地震共47次,其中震级大于6级的有4次,属弱震区。据三峡水库诱发地震研究成果,水库蓄水可能发生在仙女山—九畹溪断裂一带,以及秭归牛肝马肺峡—巫峡培石之间,但总体来说,水库诱发地震震级小,一般小于5级。

第五章　地质灾害调查与勘查实践教学

地质灾害调查实践教学是在专业教师的指导下，学员在实践教学区划定的范围内根据专业基础知识开展独立的资料搜集、野外调查、数据分析以及成果编绘等工作。工程与地质类相关学科实践性较强，需要从业人员具备熟练的工作技能与动手解决实际问题的能力。通过地质灾害调查实践教学，旨在锻炼学员搜集第一手基础地质资料，分析工程地质条件，进而发现与解决工程地质问题的能力，培养"艰苦朴素，求真务实"的工作作风。通过全过程的规范训练，使学员熟练掌握地质灾害调查相关工作方法与流程，基本达到相关行业的从业资格条件。

第一节　野外填图工作方法

地质填图在工程领域中亦称工程地质测绘，它是通过野外调查，现场收集工作区地质背景与工程地质资料，在填图过程中应对所有地质现象进行仔细观测和记录，并用各种规定的符号，按一定的比例尺和空间方位反映到地形图上，最终形成工程地质平面图和剖面图。

一、填图研究的内容

工程地质填图中主要研究工程地质条件。在实际工作中，应根据勘查阶段要求和填图比例尺大小，分别对工程地质条件的各个要素进行调查研究。

1. 岩（土）体的研究

岩（土）体是产生各种地质现象的物质基础，它是填图的主要内容。对岩（土）体的研究要求查明填图区内地层岩性、岩（土）体分布特征及成因类型、岩相变化特点等，要特别注意研究性质软弱及性质特殊的软土、软岩、软弱夹层、破碎岩体、膨胀土、可溶性岩等；注意查清易造成渗漏的砂砾石层及岩溶化灰岩分布情况，它们的存在会给工程带来极大的麻烦，有时要做特殊的工程处理。填图应注重岩（土）体物理力学的定量研究，以便更好地判断岩（土）体的工程性质，分析它们与工程建筑相互作用的关系。填图单元的划分根据比例尺而定，中小比例尺填图基本上采用地层学单元；大比例尺填图则应考虑岩土工程地质性质的差异划分出更小的填图单元。

2. 地质构造的研究

地质构造对工程建设的区域稳定性、建筑场地稳定性和工程岩（土）体稳定性来说，都是极重要的因素；而且它又控制着地形地貌、水文地质条件和不良地质现象的发育和分布。所以地质构造是工程地质测绘研究的重要内容。填图中要研究褶皱的形态（产状、分布），断裂的性质

(规模、产状、活动性),构造岩的性质(胶结,节理、裂隙的分布延伸)以及充填、粗糙度、网络系统等特征,要注意分析地质构造与工程建筑的关系。在填图中研究地质构造时,要运用地质历史分析与地质力学的原理和方法。节理、裂隙的研究对岩体工程尤为重要,它控制工程岩体的稳定性;对岩体节理、裂隙系统的研究要进行统计分析工作,找出其在不同方位发育的程度及相互切割组合关系。目前常常用玫瑰图、极点图和等密度图等图解法和计算机网络模拟分析方法。

3. 地形地貌研究

地形地貌对于建筑物场地选择、建筑物合理布局、帮助研究新构造运动及物理地质现象等都有十分重要的意义。研究内容包括:研究地形几何形态特征,如地形切割密度及深度,山脊(坡)形态、高程,坡度,沟谷发育形态及方向等;划分地貌单元并研究各地貌单元的特征、成因类型等;研究地形地貌发育与岩性、构造、物理地质现象之间的关系;中小比例尺填图着重研究地貌单元的成因类型及宏观结构特征,大比例尺填图则应侧重研究与工程建筑布局和设计有直接关系的微地貌及有关细部特征。

4. 水文地质条件研究

在填图中,研究水文地质的主要目的是为研究与地下水活动有关的岩土工程问题和不良地质现象提供资料。在研究水文地质条件时,尤其要弄清楚地下水的赋存与活动情况。在填图过程中,通过地质构造和地层岩性分析,结合地下水的天然和人工露头以及地表水的研究,查明含水层和隔水层、埋藏与分布、岩土透水性、地下水类型、地下水位、水质、水量、地下水动态等,必要时应配合取样分析、动态长期观察、渗流实验等研究工作。

5. 工程动力地质现象研究

工程动力地质现象(物理地质现象)的存在常给建筑区地质环境和人类工程活动带来许多麻烦,有时会造成重大灾害。同时工程动力地质现象研究对于预测工程地质问题也是十分有益的。填图中应以岩性、构造、地形地貌、水文地质调查为基础,弄清工程动力地质现象的存在情况,进一步分析其发育发展规律、形成条件和机制,判明其目前所处的状态及对建筑物和地质环境的影响。

6. 天然建筑材料研究

天然建筑材料的储量、质量、开采运输条件都直接关系到工程造价和建筑结构形式的选择。因此,在填图中要注意寻找天然建筑材料,对其质量和数量作出初步评价。

二、填图阶段划分

根据地质填图的全过程,可将地质填图分为 3 个阶段,即室内准备阶段、野外工作阶段及室内总结阶段。

(一)地质填图准备工作

地质填图的准备工作包括:收集和研究与工作区有关的各种地质资料,野外初步踏勘;编写地质填图设计书;准备工作区地形底图,准备地质填图所需各种仪器、装备及其他用品;组队和各种后勤工作的配合等方面。

在上述各项准备过程中,收集工作区的相关地质资料如下。

(1) 地理气象类:地形图、行政区划图、交通图、遥感图、气象气候资料等。

(2) 地质矿产类:多波段卫星影像、前人已经完成的各种比例尺成果图、地质调查和科研的文字资料等。

(3) 水工环类:区域水域地质、工程地质、环境地质、农业地质、生态地质资料等。

(4) 物化探类:前人已经完成的各种物探、化探资料和不同比例尺的图件。

(5) 国土农林类:自然保护区、土地规划、农用地、林地、地质公园区、重要景观等。

(6) 地震与新构造活动:历史地震目录、活动构造、基本烈度、动参数等。

(7) 其他:重要禁行区、重要设施、生活条件、重大灾害及类型等。

(二) 野外地质填图

1. 填图内容

1) 填图单位划分

合理的填图单位是保证地质图质量的关键。沉积岩地层单位应尽可能划分到段或带,一般应划分到组。第四纪松散层要划分成因类型及相对应的时代。侵入岩应尽可能划分期次和相带;变质岩应划分到组或段,有条件的可再划分变质相、带。

在地质填图中,要求对各种地质体不分大小一律进行研究,但在地形图上只要求填绘按比例尺折算直径大于 2mm 的闭合地质体的界线和宽度大于 1mm、长度大于 3mm 的线状地质体的界线。如果小于上述限度,但有助于了解该区地质特征的地质体(如断层),可按图的比例尺夸大至 1mm×3mm 表示在图上,且应尽可能反映其真实的平面形态和产状。

2) 填图内容

填图内容主要有地层界线(包括实测和推测地层界线)及代表性产状,不整合面,岩体的期次、相带界线;线状和面状构造代表性产状、接触带及接触面产状;断层(包括实测的和推测的)及其代表性产状、断层力学性质,褶皱枢纽;含矿层;节理、片理、劈理的测量统计点;观察点和各种样品采集点及编号;山地工程位置及其他有意义的点位等。

2. 填图范围与比例尺

在进行填图时,填图范围原则上应包括工程场地及其邻近的地段。若选择的范围过大会增大不必要的工作量,范围过小则不能有效查明工程地质条件,满足不了工程建设的要求。因此应合理选择填图范围。在实际工作中一般由建筑物类型和规模、勘查阶段及工程地质条件复杂程度3个方面确定填图范围,以确保能够充分查明工程地质条件、解决工程地质问题。

填图比例尺主要取决于勘查阶段、建筑物类型和规模,以及工程地质条件复杂程度。根据国际惯例及我国勘查经验,工程地质填图比例尺一般采用以下规定。

可行性勘查阶段:1∶50 000～1∶5 000,属小、中比例尺填图。

初步勘查阶段:1∶10 000～1∶2 000,属中、大比例尺填图。

详细勘查阶段:1∶2 000～1∶500,属大比例尺填图。

3. 填图路线布置方法及填图精度要求

填图路线的布置方法有穿越法、追索法和综合路线法。

1) 穿越法

基本垂直于地层或区域构造走向的路线，按一定的时间穿越整个调查区。填图人员沿着观测路线研究地质剖面，并按要求进行其他各项地质研究工作，同时标定地质界线及各种产状要素。

路线间的地质界线用内插法和"V"字形法则来绘制，此法优点是在较短的距离内能较容易、较全面地查明路线通过的地层层序、接触关系、岩相纵向变化以及地质构造基本特征。不足之处在于相邻路线之间的地带未能直接观察，连绘的地质界线可能与实际有出入，甚至漏掉某些较为重要的小型地质体及横断层等。

2) 追索法

沿地质体、地质界线及区域构造线走向布置路线，用于追索标志层、接触关系、断层、化石层、含矿层等。追索路线类型有同向推进过程中的追索和侧向追索法（直线追索、波浪线追索）。优点是可以详细查明地质体、接触关系、断层等横向变化，准确地勾绘地质界线。此方法主要适合专门的地质体研究。

3) 综合路线法

是将穿越路线和追索路线结合使用而开展填图工作。实际工作中，两种方法经常配合使用。在一些穿越路线上，为了确定接触关系或横向变化，经常需要向路线两侧作短距离的追索；在追索路线上，为了解地质体纵向上的变化，就需要配合穿越路线。总之观测路线的布置必须因地制宜，灵活多变，既能满足调查比例尺的精度要求，又能提高效率。

填图精度包括以下两个方面：一是指地质图中的地质体的表示精度。按要求一般 2mm 大小的地质体都要在图上表示。如对比例尺 1∶5 000 的填图，大于或等于 10m 的地质体都要在图上表示出来。对一些有意义的地质体和地质现象，如断层、地裂缝等，即使其宽度小于 10m 也应夸大比例予以表示。二是指观测点与观测线的数量要求。按要求图上平均每 2~3cm 应有一个观测点和一条观测线，即观测点和观测线的平均间距都是 2~3cm。按照这一要求对比例尺 1∶5 000 的填图来说，每平方千米需观测点 45~100 个，平均为 70 个。这是一个总体要求，但绝不能平均分配观测点和观测线。对于地质条件复杂、现象丰富的地方，观测点和线的密度可以而且应当大些；而对于地质条件简单的地方，观测点和线的密度可适当稀一些，当然也不能因此而留下大片空白区。

4. 观察点的布置原则和标测方法

1) 观察点的布置原则

观察点的布置以能有效地控制各种地质界线和地质要素为原则，一般应布置在填图单位的界线、构造、岩相带界线明显变化的地方，以及节理、片理、劈理的测量或统计地点。不允许机械地等距离布点。

2) 观察点的标测方法

在地形图上标定观察点要力求准确，误差范围不超过 1mm。观察点标定方法常有两种：一是微地貌定点；二是当微地貌特征不明显时，应用罗盘和后方交会法定点。在实际工作中常先用后方交会法大致确定点位所在范围,再根据微地貌判断具体位置。

当标定观察点实在困难时,则采取用罗盘测前一个已标定观察点的方位(即路线方位),再用步测或测距仪定距离来确定。

在地形图上表明观察点后,还必须按顺序标上编号,并要与记录的编号相一致,以便于原始资料的整理、查阅与检验。

5. 地质观察点的记录

地质观察点的记录内容包括点号、点位、点性、观察描述、产状、标本和样品编号、照片编号及素描图等,其内容和格式如下所示。

点号:对每一个地质观察点的编号,同一填图组记录使用的地质点应是连续的,可采用"No."为前缀的阿拉伯数字,例如"No.01、No.02…"

点位:对地质观察点位置一般可通过地形地物法或利用测量控制点三点交会法在图上定点,再将图上所定点的 X 和 Y 坐标记录下来,也可以直接记录该地质点的GPS坐标,并按坐标值将点标注在图上。

点性:如岩性控制点、岩性分界点、矿化点、构造控制点等。视具体情况而定。

岩性描述:岩石名称、颜色、结构、构造、矿物成分、颗粒大小、形状、含量、地质构造、矿化、蚀变等。

地貌特征:主要描述观测点附近的地形特征,如山坡、山脊、沟谷等特殊地形地貌,组成的岩性、地貌成因及其地质构造的关系。

露头情况:主要描述观测点附近露头的好坏,露头性质是天然的还是人工采石场,露头规模、延伸情况,风化程度和植被覆盖等情况。

地层岩性:首先应描述观测点两侧的地层单元、产状、接触关系,然后再分别描述岩性特征。岩性描述应按照岩石学对各类岩石的描述要求,对主要岩石类型的定名、颜色、结构、构造、矿物成分及含量等详细描述。

构造特征:对有构造发育的地方,应描述各种构造的产状、规模、性质、产状要素,并对其运行学和动力学特点进行分析和判断,照相,素描。

接触关系:对观察点附近地层单元之间的接触关系一定要加以交代。分为整合接触和不整合接触、断层接触。

产状:对有露头的观察点,一定要测量并记录产状。除了记明产状数据外,还必须注明是什么产状,如层理、片理、劈理、线理、节理、枢纽、断层面等。

标本和样品编号:凡在点上取过样品或打过标本的,一定要按照样品和标本的分类进行编号并记录。对点上和点间的样品、标本也要按类统一连续编号记录。

照相编号:凡在点上或点间对各种地质现象已照相的,也要统一编号并记录。

6. 地质界线勾绘方法

填图中遇到各种地质界线,如地层岩性界线、断层线及崩塌、滑坡边界线等,一般应在现场勾绘到图上。地层岩性界线、断层线等的勾绘用"V"字形法则进行,其他界线(如崩塌、滑坡边界线等)则应根据地形地物勾绘。

在地质图上,水平岩层露头界线的地形等高线平行或重合;直立岩层的露头界线沿着走向将呈直线延伸,不随地形等高线的弯曲而弯曲。而倾斜岩层的露头界线形态受岩层产状和地形起伏双重因素控制。尤其在大比例尺填图时,地形因素影响更为明显。岩层界线形态与地形的这种关系称为"V"字形法则。

(1)当岩层与地面坡度倾向相反时,地质界线与地形等高线弯曲方向一致。在沟谷处,岩层界线"V"字形尖端指向沟谷上游;在山脊处,"V"字形尖端指向山脊下坡,但地层界线弯曲度比地形等高线弯曲度小。

(2)当岩层在地面坡度倾向相同,且岩层倾角大于地面坡度时,岩层界线与地形等高线弯曲方向相反,在沟谷处,界线"V"字形尖端指向沟谷下游;在山脊处,则指向山脊上坡。

(3)当岩层在地面坡度倾向相同,且岩层倾角小于地面坡度时,岩层界线与地形等高线弯曲方向相同。在沟谷处,界线"V"字形尖端指向沟谷上游;在山脊处,则指向山脊下坡。但地层界线弯曲程度比地形等高线弯曲程度大。

(三)地质填图总结

野外地质填图工作结束之后,即转入最终的资料整理阶段,主要包括以下几个方面:

(1)整理所有的原始资料,完成实际材料图,审阅野外记录本,全面查清采集的标本、样品,并根据实际需要送有关单位进行相应的处理、鉴定和化验分析等。

(2)清绘正式的工程地质图、实测地质剖面图,编制综合地层柱状图、构造纲要图和其他有关的图件。图件的格式应符合规范要求。

(3)编制地质报告。这是通过一段时间的地质填图工作后对工作区地质特征的全面总结。地质报告内容要简明扼要,重点突出,证据充分,图文吻合。

三、注意事项

(1)在正式野外工作前,以小组为单位进行准备,包括阅读和熟悉所收集的工作区地形图、报告等,并进行野外踏勘,制订填图工作计划。

(2)野外工作时,定点须达到要求,切忌平均布点或留大片空白区。

(3)地质界线必须在现场勾绘,切忌在室内勾绘地质界线。

(4)岩层产状要多量并及时标注在地形图中的相应位置。

(5)每天野外工作回来后要及时整理当天的野外记录本和清绘图件,以便发现问题后可在第二天工作及时补救。

第二节 地质灾害调查工作方法

一、基本要求

(1)地质灾害调查,应在充分收集、利用已有资料的基础上进行。收集资料内容包括区域地质、环境地质、第四纪地质、水文地质、工程地质、气象水文、植被,以及社会经济发展计划等。

（2）地质灾害调查的灾种主要包括滑坡、崩塌、泥石流等。对危及人和财产的潜在灾害点，如不稳定斜坡、泥石流流通区、采空区等必须进行调查。根据现场实际，可以增加调查其他灾种。

（3）地质灾害调查，必须做到"一点一卡"。按照卡片要求内容逐一填写，其中，对地质灾害主要要素不得遗漏。

（4）野外调查记录必须按规定的调查表认真填写，要用野外调查记录本做沿途观察记录，并附示意性图件（平面图、剖面图、素描图等）和影像资料等。

（5）对于学校、乡、镇及其他重要基础设施，无论有无地质灾害，均应至少布设一个观测点；在地质条件复杂区，对于一般居民点均应布设观测点进行调查评价。

二、滑坡调查要点

（1）调查的范围应包括滑坡区及其邻近稳定地段，一般包括滑坡后壁外一定距离（滑坡滑动会影响和危害的区域），滑坡体两侧自然沟谷和滑坡舌前缘一定距离或江、河、湖水边。

（2）注意查明滑坡的发生与地层结构、岩性、断裂构造（岩体滑坡尤为重要）、地貌及其演变、水文地质条件、地震和人为活动因素的关系，找出引起滑坡或滑坡复活的主导因素。

（3）调查滑坡体上各种裂缝的分布特征，发生的先后顺序、切割和组合关系，分清裂缝的力学属性，如拉张、剪切、鼓胀裂缝等，藉以作为滑坡体平面上分块、分条和纵剖面分段的依据，分析滑坡的形成机制。

（4）通过裂缝的调查，藉以分析判断滑动面的深度和倾角大小。滑坡体上裂缝纵横往往是滑动面埋藏不深的反映；裂缝单一或仅见边界裂缝，则滑动面埋深可能较大；如果基础埋深不大的挡土墙开裂，则滑动面往往不会很深；如果斜坡已有明显位移，而挡土墙等依然完好，则滑动面埋藏较深；滑坡壁上的平缓擦痕的倾角与该处滑动面倾角接近一致；滑坡体的差速裂缝两壁也会出现缓倾角擦痕，同样是下部滑动面倾角的反映。

（5）对岩体滑坡应注意调查缓倾角的层理面、层间错动面、不整合面、假整合面、断层面、节理面和片理面等，若这些结构面的倾向与坡向一致，且其倾角小于斜坡前缘临空面倾角，则很可能发展成为滑动面。对土体滑坡，则首先应注意土层与岩层的接触面构成的滑带形态特征及控制因素，其次应注意土体内部岩性差异界面。

（6）调查滑动体上或其邻近的建（构）筑物（包括支挡和排水构筑物）的裂缝，但应注意区分滑坡引起的裂缝与施工裂缝、填方基础不均匀沉降裂缝、自重与非自重黄土湿陷裂缝、膨胀土裂缝、温度裂缝和冻胀裂缝的差异，避免误判。

（7）调查滑带水和地下水情况，泉水出露地点及流量，地表水自然排泄沟渠的分布和断面，湿地的分布和变迁情况等。

（8）围绕判断是首次滑动的新生滑坡还是再次滑动的古（老）滑坡进行调查。古（老）滑坡的识别标志见表5-1。

（9）当地整治滑坡的经验和教训。

（10）调查滑坡已经造成的损失，滑坡进一步发展的影响范围及潜在损失。

填表见附表1。

表 5-1 古(老)滑坡的识别标志

标志类别	亚类	内容	等级
形态	宏观形态	1. 圈椅状地形	B
		2. 双沟同源地貌	B
		3. 坡体后缘出现洼地	C
		4. 大平台地形(与外围不一致、非河流阶地、非构造平台或风化差异平台)	C
		5. 不正常河流弯道	C
	微观形态	6. 反倾向台面地形	C
		7. 小台阶与平台相间	C
		8. 马刀树或醉汉林	C
		9. 坡体前方、侧边出现擦痕面、镜面(非构造成因)	A
		10. 浅部表层坍滑广泛	C
地层	老地层变动	11. 明显的产状变动(排除了别的原因)	B
		12. 架空、松弛、破碎	C
		13. 大段孤立岩体掩覆在新地层之上	A
		14. 大段变形岩体位于土状堆积物之中	B
	新地层变动	15. 变形、变位岩体被新地层掩覆	C
		16. 山体后部洼地内出现局部湖相地层	B
		17. 变形、变位岩体上掩覆湖相地层	C
		18. 上游方出现湖相地层	C
变形等		19. 古墓、古建筑变形	C
		20. 构成坡体的岩土结构零乱、强度低	B
		21. 开挖后易坍滑	C
		22. 斜坡前部地下水呈线状出露、湿地	C
		23. 古树等被掩埋	C
历史记载访问材料		24. 发生过滑坡的记载和口述	A
		25. 发生过变形的记载和口述	C

注:属 A 级标志,可单独判别为属古、老滑坡;2 个 B 级标志或 1 个 B 级、2 个 C 级,或 4 个 C 级标志可判别为古、老滑坡。迹象愈多,则判别的可靠性愈高。

滑坡和斜坡的稳定性分为 3 级,即稳定性好、稳定性较差、稳定性差(表 5-2)。

表 5-2 滑坡稳定性野外判别表

滑坡要素	稳定性好	稳定性较差	稳定性差
滑坡前缘	前缘斜坡较缓,临空高差小,无地表径流和继续变形的迹象,岩(土)体干燥	前缘临空,有间断季节性地表径流,岩(土)体较湿	滑坡前缘临空或隆起,坡度较陡且常处于地表径流的冲刷之下,有发展趋势并有季节性泉水出露,岩土潮湿、饱水
滑体	坡面上无裂缝发展,其上建筑物、植被未有新的变形迹象	坡面上局部有小的裂缝,其上建筑物、植被无新的变形迹象	坡面上有多条新发展的滑坡裂缝,其上建筑物、植被有新的变形迹象
滑坡后缘	后缘壁上无擦痕和明显位移迹象,原有的裂缝已被充填	后缘有断续的小裂缝发育,后缘壁上有不明显的变形迹象	后缘壁上可见擦痕或有明显位移迹象,后缘有裂缝发育
滑坡两侧	无羽状拉张裂缝	形成较小的羽状拉张裂缝,未贯通	有羽状拉张裂缝或贯通形成滑坡侧壁边缘裂缝

三、崩塌调查要点

崩塌调查包括危岩体调查和已有崩塌堆积体调查。

危岩体调查应包括下列内容：

(1)危岩体位置、形态、分布高程、规模。

(2)危岩体及周边的地质构造、地层岩性、地形地貌、岩(土)体结构类型、斜坡组构类型。对岩(土)体结构应初步查明软弱(夹)层、断层、褶曲、裂隙、裂缝、临空面、侧边界、底界(崩滑带)以及它们对危岩体的控制和影响。

(3)危岩体及周边的水文地质条件和地下水赋存特征。

(4)危岩体周边及底界以下地质体的工程地质特征。

(5)危岩体变形发育史。历史上危岩体形成的时间,危岩体发生崩塌的次数、发生时间,崩塌前兆特征,崩塌方向、运动距离、堆积场所、规模,引发因素,变形发育史、崩塌发育史、灾情等。

(6)危岩体成因的动力因素。包括降雨、河流冲刷、地面及地下开挖、采掘等因素的强度、周期以及它们对危岩体变形破坏的作用和影响。在高陡临空地形条件下,由崖下硐掘型采矿引起山体开裂形成的危岩体,应详细调查采空区的面积、采高、分布范围、顶底板岩性结构,开采时间、开采工艺、矿柱和保留条带的分布,地压现象(底鼓、冒顶、片帮、鼓帮、开裂、压碎、支架位移破坏等)、地压显示与变形时间,地压监测数据和地压控制与管理办法,研究采矿对危岩体形成与发展的作用和影响。

(7)分析危岩体崩塌的可能性,初步划定危岩体崩塌可能造成的灾害范围。

(8)危岩体崩塌后可能的运移斜坡,在不同崩塌体积条件下崩塌运动的最大距离。在峡谷区,要重视气垫浮托效应和折射回弹效应的可能性及由此造成的特殊运动特征与危害。

(9)危岩体崩塌可能到达并堆积的场地的形态、坡度、分布、高程、地层岩性与产状及该场地的最大堆积容量。在不同体积条件下,崩塌块石越过该堆积场地向下运移的可能性,最终堆积场地。

(10)调查崩塌已经造成的损失,崩塌进一步发展的影响范围及潜在损失。

已有崩塌堆积体调查应包括下列内容:

(1)崩塌源的位置、高程、规模、地层岩性、岩(土)体工程地质特征及崩塌产生的时间。

(2)崩塌体运移斜坡的形态、地形坡度、粗糙度、岩性、起伏差,崩塌方式、崩塌块体的运动路线和运动距离。

(3)崩塌堆积体的分布范围、高程、形态、规模、物质组成、分选情况、植被生长情况、块度、结构、架空情况和密实度。

(4)崩塌堆积床形态、坡度、岩性和物质组成、地层产状。

(5)崩塌堆积体内地下水的分布和运移条件。

(6)评价崩塌堆积体自身的稳定性和在上方崩塌体冲击荷载作用下的稳定性,分析在暴雨等条件下向泥石流、崩塌转化的条件和可能性(表5-3)。

填表见附表2。

表5-3 崩塌(危岩体)稳定性野外判别表

环境条件	稳定性好	稳定性较差	稳定性差
地形地貌	前缘临空,坡度小于45°,坡面较平,岸坡植被发育	前缘临空,坡度大于45°,坡面不平	前缘临空甚至三面临空,坡度大于55°,出现鹰咀崖,顶底高差大于30m,坡面起伏不平,上陡下缓
地质结构	岩体结构完整,不连续结构面少,无节理、裂隙发育。岸坡土堆较密实,无裂缝变形	岩体结构较碎,不连续结构面少,节理裂隙较少。岩(土)体无明显变形迹象,有不规则小裂缝	岩性软硬相间,岩(土)体结构松散破碎,裂缝裂隙发育切割深,形成了不稳定的结构体,不连续结构面
水文气象	无地表径流或河流水量小,属堆积岸,水位变幅小	存在大—暴雨引发因素	雨水充沛,气温变化大,昼夜温差明显。或有地表径流、河流流经坡脚,其水流急,水位变幅大,属侵蚀岸
人类活动	人类活动很少,岸坡有砌石护坡。人工边坡角小于40°	修路等工程开挖形成软弱基座陡崖,或下部存在凹腔,边坡角40°~60°	人为破坏严重,岸坡无护坡。人工边坡坡度大于60°,岩体结构破碎

四、潜在不稳定斜坡调查要点

调查的内容包括:构成斜坡的地层岩性、风化程度、厚度、软弱夹层岩性及产状;断裂、节理、裂隙发育特征及产状;风化残坡积层岩性、厚度;山坡坡型、坡度、坡向和坡高;岩(土)体中结构面与斜坡坡向的组合关系。不稳定斜坡与建筑物的平面关系(如房屋与高陡边坡的距离)。调查斜坡周围,特别是斜坡上部暴雨、地表水渗入或地下水对斜坡稳定的影响、人为工程活动对斜坡的破坏情况等。对可能构成崩塌、滑坡的结构面的边界条件、坡体异常情况等进行调查分析,以此判断斜坡发生崩塌、滑坡、泥石流等地质灾害的危险性及可能的影响范围。

有下列情况之一者,应视为该斜坡具备失稳条件:

(1)各种类型的危岩体。

(2)斜坡岩体中有倾向坡外、倾角小于坡角的结构面存在。

(3)斜坡被两组或两组以上结构面切割,形成不稳定棱体,其底棱线倾向坡外,且倾角小于斜坡坡角。

(4)斜坡后缘已产生拉裂缝。

(5)顺坡走向卸荷裂隙发育的高陡斜坡或凹腔深度大于裂隙带。

(6)岸边裂隙发育、表层岩体已发生蠕动或变形的斜坡。

(7)坡足或坡基存在缓倾的软弱层。

(8)位于库岸或河岸水位变动带,渠道沿线或地下水溢出带附近,工程建成后可能经常处于浸湿状态的软质岩石或第四纪沉积物组成的斜坡。

(9)其他根据地貌、地质特征分析或用图解法初步判定为可能失稳的斜坡。

斜坡稳定性调查表(附表3)中有关栏目填写要求如表5-4所示。

表5-4 《斜坡稳定性调查表》填写说明

条目	填写内容
名称	以距离调查点最近的地名命名
地理位置	详细到乡、村、组(社),地理坐标以调查范围的中心点为准,在地形图上量取
野外编号	以所在县(市)名称汉语拼音的声母加上调查表的顺序号作为野外编号。如:巴东县BD1、BD2…
室内编号	按邮政编码方式(地质灾害信息系统建设数据编码要求)编码
成因时代	第四系地层时代代号加成因代号,如第四系全新统坡积物代号为Qh^{dl};基岩标注到组,如侏罗系蓬莱镇组代号为J_3p
产状	用倾向、倾角表示,如:倾向125°、倾角30°,表示为125°∠30°
地震烈度	可用国家地震局1990年编制的50年内超越概率为10%的地震烈度区划数据
微地貌	>60°为陡崖,25°~60°为陡坡,8°~25°为缓坡,≤8°为平台
坡形	指斜(边)坡剖面形态,分为凸形、凹形、线形、阶状等形态
坡向	指主体坡面倾向,用方位角表示
构造部位	指与调查点附近主要构造的关系,如某断层的上盘、下盘或断裂带上;某背斜、向斜的某翼、轴部或倾伏端等
土地使用	填写调查点及其附近的土地使用现状
结构类型	分为块体状、块状、层状和软弱基座4种基本类型;层状斜坡结构根据岩层(或其他结构面)倾角大小及与坡面的关系可再分为顺向坡、逆向坡、斜向坡、横向坡和近水平岩层斜坡5个亚型;顺向坡还可再细分为缓倾顺向坡和陡倾顺向坡
控滑结构面类型	分为层理面、片(劈)理面、节理裂隙面、松散盖层与基岩接触面、泥化夹层、层内错动带、构造错动带、断层、老滑坡面等
密实度	分为密实、中密、稍密、松散4级

五、泥石流调查要点

泥石流沟谷在地形地貌和流域形态上往往有其特殊反映,典型的泥石流沟谷,形成区多为高山环抱的山间盆地。流通区多为峡谷,沟谷两侧山坡陡峻,沟床顺直,纵坡梯度大。堆积区则多呈扇形或锥形分布,沟道摆动频繁,大小石块混杂堆积,垄岗起伏不平。对于典型的泥石流沟谷,这些区段均能明显划分,但对不典型的泥石流沟谷,则无明显的形成区、流通区与堆积区。研究泥石流沟谷的地形地貌特征,可从宏观上判定沟口是否属泥石流沟谷,并进一步划分其区段。调查范围应包括沟谷至分水岭的全部地段和可能受泥石流影响的地段,主要包括泥石流的形成区、流通区、堆积区。应调查下列内容:

(1)冰雪融化和暴雨强度、前期降雨量、一次最大降雨量,一般及最大流量,地下水活动情况。

(2)地层岩性、地质构造、不良地质现象、松散堆积物的物质组成、分布和储量。

(3)沟谷的地形地貌特征,包括沟谷的发育程度、切割情况、坡度、弯曲、粗糙程度。划分泥石流的形成区、流通区和堆积区,圈绘整个沟谷的汇水面积。

(4)形成区的水源类型、水量、汇水条件、山坡坡度、岩层性质及风化程度,断裂、滑坡、崩塌、岩堆等不良地质现象的发育情况及可能形成泥石流固体物质的分布范围、储量。

(5)流通区的沟床纵横坡度、跌水、急湾等特征,沟床两侧山坡坡度、稳定程度,沟床的冲淤变化和泥石流的痕迹。

(6)堆积区的堆积扇分布范围、表面形态、纵坡、植被,沟道变迁和冲淤情况;堆积物的性质、层次、厚度、一般和最大粒径及分布规律。判定堆积区的形成历史,划分古泥石流扇和新泥石流扇,新泥石流扇的堆积速度,估算一次最大堆积量。

(7)泥石流沟谷的历史。历次泥石流的发生时间、频数、规模、形成过程、暴发前的降水情况和暴发后产生的灾害情况。区分是正常沟谷还是低频率泥石流沟谷。

(8)开矿弃渣、修路切坡、砍伐森林、陡坡开荒及过度放牧等人类活动情况。

(9)当地防治泥石流的措施和建筑经验。

(10)调查泥石流已经造成的损失,泥石流进一步发展的影响范围及潜在损失。

泥石流沟堵塞程度分级如表5-5所示。

表5-5 泥石流沟堵塞程度分级

堵塞程度	特征
严重	沟槽弯曲,河段宽窄不均,卡口、陡坎多。大部分支沟交汇角度大。形成区集中,沟槽堵塞严重,阵流间隔时间长
中等	沟槽较顺直,河段宽窄较均匀,陡坎、卡口不多。主支沟交角多数小于60°。形成区不太集中,河床堵塞情况一般
轻微	沟槽顺直均匀,主支沟交汇角小,基本无卡口,陡坎。形成区分散,阵流间隔时间短而少

《泥石流(潜在泥石流)调查表》(附表4)中有关栏目填写要求如表5-6所示。泥石流综合评判部分各因素评分按《泥石流沟严重程度(易发程度)数量化评分表》进行(表5-7、表5-8)。

表5-6 《泥石流(潜在泥石流)调查表》填写说明

条目	填写内容
水系名称	指黄河、长江、珠江等入海河流或下游消失的内陆河流
泥石流沟泄入主河道名	指按所用地形图上的名称填写,地形图上无河名者按地方习惯名称填入
泥石流沟至主河道距离	现场直接量测或在地形图上量测,要注明河道水位标高
流域面积	在1:5万地形图上量测
相对高差	在地形图上量测
山坡坡度	可在地形图上量测,但以现场实测为主
植被覆盖率	指林、灌木植被的覆盖率。现场调查或收集资料
主沟纵坡	一般采用山口以上河段平均坡降,以现场实测为主,也可用近期航片或地形图上的量测资料。分段统计时按加权平均值计算
冲淤变幅	应在流通区或形成区实际量测。冲淤变幅按附表4中第7项因素综合判定
沟口扇形地状况	应现场实地调查判别,按山口扇形地特征规定调查的内容量测填表
补给段长度比*	同一河段两岸同时存在几个不同补给源,只取其中最长的一段长度计入累计长度。泥沙沿程补给长度比主要按现场调查结果计算确定,也可根据航片资料确定
堵塞程度	现场调查确定,判定标准见表5-8
松散物储量	通过现场调查测算或用航片资料的计算成果
不良地质现象发育程度	一般按总储量划级
产沙区松散物平均厚度	现场调查量测

注:*泥沙沿程补给长度比是指泥沙沿程补给长度与主沟长度之比。泥沙沿程补给长度是沿主沟长度范围内两岸及沟槽底部泥沙补给段(如崩坍、滑坡、沟蚀等)的累计长度。

易发程度(严重程度),综合评判总分确定如表5-7所示。

表5-7 泥石流易发程度(严重程度)分级

易发程度	总分
高易发(严重)	>114
中易发(中等)	84~114
低易发	40~84
不易发	≤40

表 5-8 泥石流沟易发程度（严重程度）量化表

序号	影响因素	权重	严重(A)	得分	中等(B)	得分	轻微(C)	得分	一般(D)	得分
1	崩塌、滑坡及水土流失（自然的和人为的）的严重程度	0.159	崩塌、滑坡等重力侵蚀严重，多深层滑坡和大型崩塌，表土疏松，冲沟十分发育	21	崩塌、滑坡发育，多浅层坡和中小型崩塌，有零星植被覆盖，冲沟发育	16	有零星崩塌、滑坡和冲沟存在	12	无崩塌、滑坡、冲沟或发育轻微	1
2	泥沙沿程补给长度比(%)	0.118	>60	16	60～30	12	30～10	8	<10	1
3	沟口泥石流堆积活动	0.108	河形弯曲或堵塞，大河主流受挤压偏移	14	河形无较大变化，仅大河主流受迫偏移	11	河形无变化，大河主流在高水位偏，低水不偏	7	无河形变化，主流不偏	1
4	河沟纵坡（度、‰）	0.090	>12°、213	12	12°～6°、213～105	9	6°～3°、105～52	6	<3°、52	1
5	区域构造影响程度	0.075	强抬升区、6级以上地震区	9	抬升区、4～6级地震区、有中小支断层或无断层	7	相对稳定区、4级以下地震区、有效断层	5	沉降区、构造影响小或无影响	1
6	流域植被覆盖率(%)	0.067	<10	9	10～30	7	30～60	5	>60	1
7	河沟近期一次变幅(m)	0.062	>2	8	2～1	6	1～0.2	4	0.2	1
8	岩性影响	0.054	软岩、黄土	6	软硬相间	5	风化和节理发育的硬岩	4	硬岩	1
9	沿沟松散物储量（×10⁴m³/km²）	0.054	>10	6	10～5	5	5～1	4	<1	1
10	沟岸山坡坡度（°、‰）	0.045	>32°、625	6	32°～25°、625～466	5	25°～15°、466～286	4	<15°、268	1
11	"V"形谷、谷中谷、"U"形谷	0.036	"V"形谷、谷中谷、"U"形谷	5	拓宽"U"形谷	4	复式断面	3	平坦型	1
12	产沙区松散物平均厚度(m)	0.036	>10	5	10～5	4	5～1	3	<1	1
13	流域面积(km²)	0.036	0.2～5	5	5～10	4	10～100	3	>100	1
14	流域相对高差(m)	0.030	>500	4	500～300	3	300～100	2	<100	1
15	河沟堵塞程度	0.030	严重	4	中	3	轻	2	无	1

六、地质灾害危险性分级

对灾情或险情以及规模属中型及其以上的地质灾害点必须进行详细调查;对灾情或险情以及规模属小型者可视具体特征和分布位置做控制性定点调查(表5-9)。

表 5-9 地质灾害灾情和险情分级标准

灾情/险情	死亡人数（人）	受威胁人数（人）	直接经济损失（万元）	潜在经济损失（万元）
小型	<3	<10	<100	<500
中型	3~10	10~100	100~500	500~5 000
大型	10~30	100~1 000	500~1 000	5 000~10 000
特大型	≥30	≥1 000	≥1 000	≥10 000

注：①灾情分级——灾情采用"死亡人数"和"直接经济损失"栏指标评价。
②险情分级——险情采用"受威胁人数"和"潜在经济损失"栏指标评价。

地质灾害易发区指容易产生地质灾害的区域。易发区的划分基于地质灾害现状。地质灾害易发区可划分为高易发区、中易发区、低易发区和不易发区4类(表5-10)。

表 5-10 地质灾害易发区主要特征简表

灾种	易发区划分			
	高易发区 $G=4$	中易发区 $G=3$	低易发区 $G=2$	不易发区 $G=1$
滑坡、崩塌	构造抬升剧烈，岩体破碎或软硬相间；黄土垄岗细梁地貌、人类活动对自然环境影响强烈。暴雨型滑坡。规模大，高速远程。如秦岭、喜马拉雅东段等地	红层丘陵区、坡积层、构造抬升区，暴雨久雨。中小型滑坡，中速，滑程远。如四川盆地及边缘、太行山前等地	丘陵残积缓坡地带，冻融滑坡。规模小、低速蠕滑。植被好，顺层滑动。如江南丘陵等地	缺少滑坡形成的地貌临空条件，基本上无自然滑坡，局部溜滑。如盆地沙漠和冲积平原等地
泥石流	地形陡峭，水土流失严重，形成坡面泥石流；数量多，10条沟/20km以上，活动强，超高频，每年暴发可达10次以上。如藏东南等地。沟口堆积扇发育明显完整、规模大。排泄区建筑物密集	坡面和沟谷泥石流，6~10条沟/20km；强烈活动，分布广、活动强、淹没农田、堵塞河流等。如川西、滇东南等地。沟口堆积扇发育且具一定规模。排泄区建筑物多	坡面、沟谷泥石流均有分布，3~5条沟/20km；中等活动，尤其是陕南、辽南等地。沟口有堆积扇，但规模小，排泄区基本通畅	以沟谷泥石流为主，物源少，排导区通畅；1~2条沟/20km，多年活动1次。沟口堆积扇不明显，排泄区通畅

地质灾害的演变主要受降雨条件、人类工程活动、地震活动、区域地壳稳定程度影响,同时,地质灾害的演化自始至终与岩组条件变化密切相关,因此,可选择下列因素对地质灾害的演变趋势进行预测(表5-11)。

表 5-11 地质灾害影响因素强度等级表

影响因素	强度等级			
	强影响	中影响	弱影响	微影响
降雨强度	持续时间长而强度大的降水、大范围大水、沿海特大的台风雨成灾害	持续降水、局部大水、成灾稍轻的飓风大雨	一般性中雨、持续小雨	无雨
人类工程活动	大规模工业挖采,随意弃土石的地区。开挖或弃土量可达数十万立方米,且未加任何防护	中等规模挖采,随意弃土石的地区。开挖或弃土量可达数万立方米至$10×10^4 m^3$,且未加任何防护	农业或生活挖采,随意弃土石的地区。开挖或弃土量可达数千立方米至数万立方米,且未加任何防护	一般性农业或生活挖采,随意弃土石的地区。开挖或弃土量可达数百立方米
构造与地震活动	岩石圈断裂强烈活动区,或地震烈度大于Ⅸ度	基底断裂活动区,或地震烈度Ⅷ~Ⅸ度	一般断裂活动区,或地震烈度Ⅶ~Ⅷ度	断裂弱活动区,或地震烈度小于Ⅶ度
岩组结构	黄土为主的地区、碳酸盐岩与碎屑岩分布区、层状变质岩与碎屑岩分布区、现代崩滑流堆积体分布区	层状变质岩区、新生代沉积物分布区、老崩滑流堆积体分布区	第四系松散沉积物、岩浆岩、块状变质岩分布区	沙土、冻土分布区

危险区指明显可能发生地质灾害且将可能造成较多人员伤亡和严重经济损失的地区。危险区划分基于地质灾害演化趋势。地质灾害危险区可划分为高风险、中风险和低风险3级。

第三节 区域地质灾害调查实践

一、实践教学目的与任务

查明实践教学区滑坡、崩塌、泥石流等地质灾害隐患,圈定地质灾害易发区和危险区,服务地质灾害防治,减少灾害损失,保护人民生命财产安全。主要工作任务包括:①对实践教学区滑坡、崩塌、泥石流等地质灾害点进行调查,查清其分布范围、规模、结构特征、影响因素等;②对实践教学区内主要集镇、厂矿、重要交通沿线、重要工程设施潜在的地质灾害体进行调查;③进行地质灾害分区评价,圈定易发区和危险区。编制地质灾害调查报告与相关图件。

二、教学方法与要求

首先通过室内课程，由专业教师讲授地质灾害调查的工作方法与实践教学区地质背景，结合地质图、照片、影像图等资料学习地质灾害野外识别特征。学员通过文献数据库与计算机网络搜集与了解测区的地质资料及影像数据。野外工作中，首先由专业教师带领学员踏勘典型地质灾害点，建立统一的工作标准，将学员分组，集体完成地质灾害调查的野外工作与室内分析整理工作，根据相关标准规范，以小组为单位完成地质灾害调查报告的编写与图件绘制，并提交指导教师批阅。

三、实践教学区概况

区域地质灾害调查实践教学区位于巴东县长江北岸东瀼口镇，调查区平面形状近似矩形，长约 3 400m，宽约 3 200m，总面积 10km²。地形整体为倾向东南的坡地，最高点高程约 850m，位于调查区西北区域的天池岭附近，与陆地最低点相对高差约 700m。区域东面临东瀼河，南面临长江，涉水岸坡稳定性受三峡水库水位影响显著，沿岸发育较多滑坡体，西侧为一条大型冲沟，长约 2.5km，最大深度约 150m。东瀼口集镇位于调查区东南角的雷家坪村，其他居民点在调查区内分散分布，由乡村道路连通，交通较为方便。调查区内出露的地层主要为三叠系巴东组第二段（T_2b^2）、第三段（T_2b^3）与第四段（T_2b^4），均为崩塌滑坡地质灾害易发地层岩性。调查区内地质灾害种类包括崩塌、滑坡、泥石流等，类型齐全，适合区域地质灾害野外调查实践教学开展。调查区拐点坐标及基本信息见表 5-12，图 5-1、图 5-2。

表 5-12　测区拐点及待测剖面坐标

点号	经度	纬度
测区拐点 A	110°23′42.81″	31°2′59.97″
测区拐点 B	110°21′39.81″	31°3′27.88″
测区拐点 C	110°22′9.97″	31°4′58.31″
测区拐点 D	110°24′11.90″	31°4′39.94″

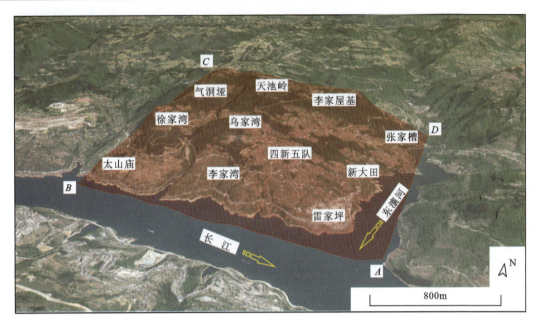

图 5-1 区域地质灾害调查实践教学区影像图

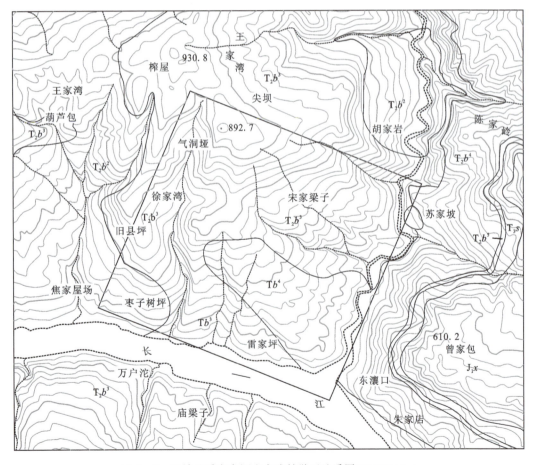

图 5-2 区域地质灾害调查实践教学区地质图(等高距 40m)

第四节 滑坡工程地质勘查实践

一、实践教学目的与任务

调查实践教学区大型滑坡体地形地貌、地层岩性、地质构造及水文地质条件,查明滑坡的边界特征、地表形态特征及变形活动特征。基于测绘、钻探、槽探、物探与试验数据,分析地质灾害的环境条件,确定其地质模型、地质力学模型、力学参数、形成机制及变形破坏特征;评价其现状稳定性及发展趋势,进行危险性分析和预评估;分析环境地质体特征,评价其防治条件,进行防治方案的选择和防治论证。

二、教学方法与要求

首先通过室内课程,由专业教师讲授地质灾害调查、勘查工作方法与实践教学区地质环境背景。学员通过文献数据库和计算机网络搜集与了解教学区的地质资料及影像数据。野外工作中,由专业教师带领学员踏勘实践教学区滑坡体的典型破坏区,熟悉滑坡周边环境,将学员分组,集体完成滑坡区调查的野外工作与室内分析整理工作。学员基于教师提供的测绘、钻探、槽探、物探与试验数据,根据相关标准规范,以小组为单位开展地质灾害稳定性分析与评价,完成勘查报告的编写与图件绘制,提交指导教师批阅。

三、滑坡稳定性分析方法

滑坡稳定性分析除应考虑沿已查明的滑面滑动外,还应分析沿其他可能的滑面滑动,应分析从新的剪出口剪出的可能性。滑坡稳定性评价以极限平衡法为主,可参考有限元、有限差分、离散元等方法。滑坡推力计算按传递系数法考虑。滑坡稳定性计算公式,推荐如下。

1. 堆积层(包括土质)滑坡(图 5-3)

(1)滑动面为单一平面或圆弧形,稳定系数 K_f 为:

$$K_f = \frac{\sum\left[(W_i(\cos\alpha_i - A\sin\alpha_i) - N_{w_i} - R_{D_i})\tan\phi_i + C_i L_i\right]}{\sum\left[W_I(\sin\alpha_i + A\cos\alpha_i) + T_{D_i}\right]} \quad (5-1)$$

式中:N_{w_i}——孔隙水压力,$N_{w_i} = \gamma_w h_{i_w} L_i$,即近似等于倾润面以下土体的面积 $h_{i_w} L_i$ 乘以水的容重γ_w(kN/m³);

T_{D_i}——渗透压力产生的平行滑面分力:$T_{D_i} = \gamma_w h_{i_w} L_i \tan\beta_i \cos(\alpha_i - \beta_i)$;

R_{D_i}——渗透压力产生的垂直滑面分力:$R_{D_i} = \gamma_w h_{i_w} L_i \tan\beta_i \sin(\alpha_i - \beta_i)$;

W_i——第 i 条块的重度(kN/m³);

C_i——第 i 条块内聚力(kPa);

ϕ_i——第 i 条块内摩擦角(°);

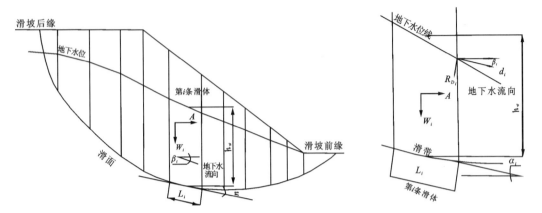

图 5-3 瑞典条分法(圆弧型滑动面)(堆积层滑坡计算模型之一)

L_i——第 i 条块滑面长度(m);

α_i——第 i 条块滑面倾角(°);

β_i——第 i 条块地下水流向与水平方向夹角(°);

A——地震加速度(重力加速度 g);

K_f——稳定系数。

若假定有效应力

$$\overline{N}=(1-r_U)W_i\cos\alpha_i \tag{5-2}$$

其中,r_U 是孔隙压力比,可表示为:

$$r_U=\frac{滑体水下体积\times 水的容重}{滑体总体积\times 滑体容重}\approx\frac{滑坡水下面积}{滑坡总面积\times 2} \tag{5-3}$$

简化公式:

$$K_f=\frac{\sum\limits_{i=1}^{n-1}\{[W_i(1-r_U)\cos\alpha_i-A\sin\alpha_i)-R_{D_i}]\tan\phi_i+C_iL_i\}}{\sum[W_i(\sin\alpha_i+A\cos\alpha_i)+T_{D_i}]} \tag{5-4}$$

(2)滑动面为折线形(图 5-4),稳定系数 K_f 为:

$$K_f=\frac{\sum\limits_{i=1}^{n-1}\{[(W_i(1-r_U)\cos\alpha_i-A\sin\alpha_i-R_{D_i})\tan\phi_i+C_iL_i]\prod\limits_{j=i}^{n-1}\Psi_j\}+R_n}{\sum\limits_{i=1}^{n-1}\{[W_i(\sin\alpha_i+A\cos\alpha_i)+T_{D_i}]\prod\limits_{j=i}^{n-1}\Psi_j\}+T_n} \tag{5-5}$$

式中:$R_n=[W_n(1-r_U)\cos\alpha_n-A\sin\alpha_n-R_{D_n}]\tan\phi_n+C_nL_n$

$T_n=(W_n(\sin\alpha_n+A\cos\alpha_n)+T_{D_n}$

$\prod\limits_{j=i}^{n-1}\Psi_i=\Psi_{i+1}\Psi_{i+2}\cdots\Psi_{n-1}$

Ψ_i——第 i 块段的剩余下滑力传递至第 $i+1$ 块段时的传递系数($j=i$),即:

$\Psi_i=\cos(\alpha_i-\alpha_{i+1})-\sin(\alpha_i-\alpha_{i+1})\tan\phi_{i+1}$;

其余注释同上。

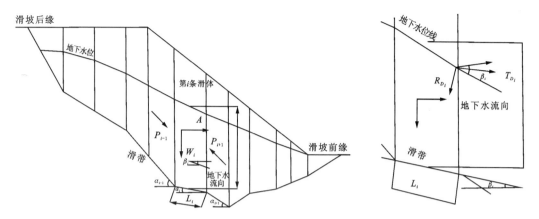

图 5-4 传递系数法(折线型滑动面)(堆积层滑坡计算模型之二)

2. 岩质滑坡(图 5-5),稳定系数

$$K_\mathrm{f} = \frac{[W(\cos\alpha - A\sin\alpha) - V\sin\alpha - U]\tan\phi + CL}{W(\sin\alpha + A\cos\alpha) + V\cos\alpha} \tag{5-6}$$

式中:V——后缘裂缝静水压力:$V = \frac{1}{2}\gamma_w H^2$;

U——后缘面扬压力:$U = \frac{1}{2}\gamma_w LH$;

其余注释同上。

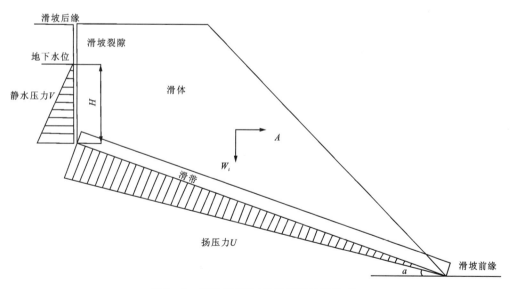

图 5-5 极限平衡法(岩质滑坡计算模型)

3. 地下水位以下范围内水压力计算

当滑坡体渗透系数大于 1×10^{-7} m/s 时,滑体取浮重度,计算渗透压力;当滑坡体渗透系数小于或等于 1×10^{-7} m/s 时,滑体取饱和重度,不计渗透压力;对岩土完整或较完整、滑面缓倾、后缘有陡倾裂隙的岩质滑坡,尚应考虑降雨入渗在后缘裂隙和滑面形成的静水压力。

滑坡稳定状态应根据滑坡稳定系数按表 5-13 确定。

表 5-13 滑坡稳定状态划分

滑坡稳定系数(F)	$F<1.00$	$1.00\leqslant F<1.05$	$1.05\leqslant F<1.15$	$F\geqslant 1.15$
滑坡稳定状态	不稳定	欠稳定	基本稳定	稳定

四、实践教学区概况

滑坡工程地质勘查实践教学区位于巴东县长江北岸官渡口镇西瀼口村的史家坡区域,神农溪入口西岸。该区域发育有一个大型滑坡体,称为史家坡滑坡。该滑坡区域自 20 世纪 50 年代开始即记载有多次滑动破坏事件,对附近人民生命财产及神农溪风景区旅游业造成严重影响。该滑坡体于 2006 年实施了综合治理工程,但后期仍发生了局部区域的滑动破坏,抗滑桩失效。由于经历多次滑动,使滑坡区地质条件变得更加复杂,针对该区域开展滑坡工程地质勘查有助于深入了解滑坡体稳定性的影响因素及变形发展趋势,对后续的综合治理与评估预警具有重要的意义。

该滑坡体勘查区平面形状近似矩形,长约 1 300m,宽约 1 100m,总面积 1.5km²。地形整体为倾向东的坡地,最高点高程约 460m,位于调查区西侧边界,与东侧水库水位相对高差约 300m。区域东面临神农溪,滑坡体稳定性受三峡水库水位影响显著。调查区内出露的地层主要为三叠系嘉陵江组(T_2j)与巴东组第二段(T_2b^2)、第三段(T_2b^3),滑坡体及下伏基岩主要为巴东组第二段(T_2b^2)紫红色的泥质粉砂岩层。调查区拐点坐标及其地层信息见表 5-14,图 5-6、图 5-7。

表 5-14 测区拐点及待测剖面坐标

点号	经度	纬度
测区拐点 A	110°19′16.28″	31°3′1.44″
测区拐点 B	110°18′33.63″	31°3′2.44″
测区拐点 C	110°18′33.09″	31°3′44.80″
测区拐点 D	110°19′17.29″	31°3′43.29″

第五章 地质灾害调查与勘查实践教学

图 5-6 滑坡工程地质勘查实践教学区影像图

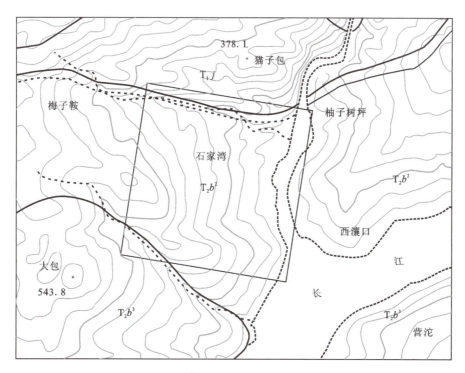

图 5-7 滑坡工程地质勘查实践教学区地质图(等高距 40m)

第六章　防治工程设计实践教学

第一节　实践教学目的、任务与方法

一、教学目的

系统回顾滑坡地质灾害调查、勘查与防治工程设计工作流程和方法；加强地质勘查报告与图件资料的认识与理解能力，提高滑坡稳定性及相关工程地质问题分析解决能力；通过实践教学案例训练，掌握滑坡稳定性分析与防治工程设计相关技术标准，达到独立开展滑坡防治工程勘查设计从业人员技术水平。

二、实践任务

(1)搜集整理实践教学区的地质勘查资料。
(2)分析实践教学区的工程地质条件与工程地质问题。
(3)分析滑坡的变形破坏模式与稳定性。
(4)开展滑坡重力挡墙和抗滑桩防治工程设计与计算。
(5)计算防治工程工作量与投资预算。
(6)独立完成防治工程设计报告与相关附件。

三、教学方法

首先通过室内课程，由专业教师讲授滑坡防治工程勘查设计流程与方法，介绍实践教学项目的任务由来、地质背景概况，以及防治工程设计目的与任务，学员通过地质勘查资料了解项目背景。由专业教师带领学员赴项目实地考察，结合项目资料，熟悉场地工程地质条件；根据行业技术标准，由学员独立完成滑坡稳定性计算分析，编写滑坡防治工程设计报告，并绘制相关图件。

第二节　实践教学项目概述

本次地质灾害防治工程设计实践教学项目名称为"巴东县第一高级中学(巴东一中)新校区体育场高切坡治理工程"。巴东一中整体搬迁新校区位于巴东县信陵镇白土坡区域,规划总用地 17.85hm^2,规划人数 4 500 人,总建筑面积 106 606m^2。巴东一中新校区体育场高切坡位于新校区南侧,以北为体育场、体育馆,以南为 209 国道,系体育场场地平整时形成的高切坡(图 6-1)。高切坡失稳危害巴东一中新校区体育场、体育馆及 209 国道,直接威胁全校师生的生命安全。该高切坡全长 379m,坡脚设计高程 480m(体育场设计地面高程),坡顶地面高程 494~506m,最大坡高 26m,设计坡角 70°,坡面规划面积 14 000m^2。根据《三峡库区三期地质灾害防治规划(高切坡防护)》,该高切坡类型为Ⅱ类,高切坡失稳危害程度为很严重,高切坡防护工程安全等级为一级。

图 6-1　项目位置图

第三节　设计依据

设计依据如下:《三峡库区高切坡防护工程地质勘查与初步设计技术工作要求》《长江三峡工程库区滑坡防治工程设计与施工技术规程》《建筑边坡工程技术规范》(GB 50330—2013)、《混凝土结构设计规范》(GB 50010—2010)、《三峡库区巴东县一中新校区体育场高切坡防护工程工程地质勘查报告》。

第四节 工程地质条件

一、地形地貌

巴东县属川鄂褶皱山地,总体地势北西高、南东低,北部为近东西向展布的大巴山东段,主峰神农架峰顶高程是 3 105.4m,南部为自南西向北东延伸的武陵山余脉,在绿葱坡至云台荒一带构成长江与清江分水岭,高程 1 800～2 000m。长江以北以绿葱坡为界,往南向清江渐低,往北向长江渐低。官渡口以西为巫峡,形成中山峡谷,两岸山顶高程 1 600～1 700m。巴东县东为秭归盆地,周边山体高程 800～1 500m,多呈单面山地形,中部相对较低,高程 500～1 000m。

巴东一中新校区位于信陵镇白土坡小区北京路南侧,长江右岸低山斜坡中部,属构造、剥蚀低山地貌。地形坡向北、北东,地面坡度 15°～30°,地面标高 378.50～507.30m。新校区各建筑物中目前除体育馆、体育场、篮球场、北西侧两栋教师住宅楼未建外,其他建筑物均在建。场内通过人工开挖整平,局部地形变化较大。

根据规划,巴东一中体育场高切坡全长 379m,坡脚设计高程 480.0m(体育场设计地面高程),坡顶拟建 209 国道设计路面高程为 497.0m,高切坡高度 17m(从原状地面算起最大坡高 26m),高切坡设计坡角 70°,高切坡坡面规划面积 14 000m²。

巴东一中新校区体育场高切坡为岩质高切坡,根据切坡走向、岩层产状、裂隙发育情况和坡面破坏形式等的不同,将高切坡分为以下两段(图 6-2、图 6-3)。

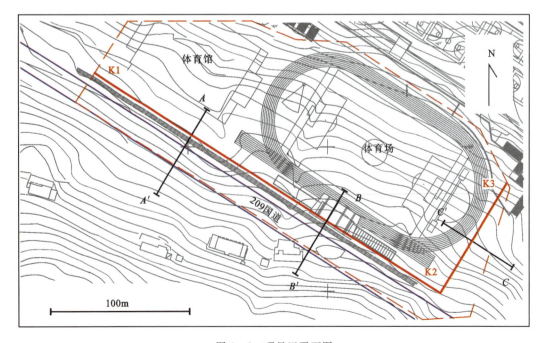

图 6-2 项目区平面图

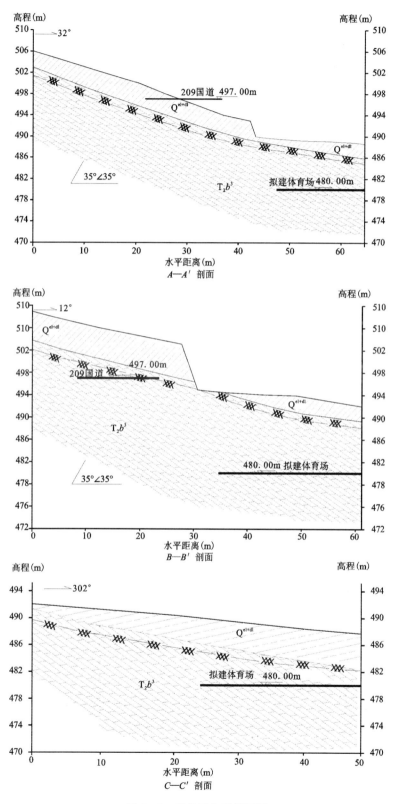

图 6-3 项目区典型剖面图

1)第一段:K1~K2段

K1~K2段高切坡坡长290m,走向122°,坡高16.3~25.5m,主要由三叠系巴东组第三段(T_2b^3)泥灰岩组成,岩层产状32°~35°∠31°~35°,地层倾向与坡向相同,坡体结构为顺向坡,泥化夹层为软弱外倾结构面,岩体裂隙发育,将其切割成块状。

根据《建筑边坡工程技术规范》之中的边坡岩体分类原则,该段高切坡岩体类型为Ⅳ类;按《三峡库区高切坡防护工程地质勘查与初步设计技术工作要求》之中的高切坡分类,该段高切坡类型为I_3类。

2)第二段:K2~K3段

K2~K3段高切坡坡长89m,走向61°,坡高5~26m,主要由三叠系巴东组第三段(T_2b^3)泥灰岩组成,岩层产状32°~35°∠31°~35°,地层倾向与坡向夹角约60°,坡体结构为斜交坡。

根据《建筑边坡工程技术规范》之中边坡岩体分类原则,该段高切坡岩体类型为Ⅳ类;按《三峡库区高切坡防护工程地质勘查与初步设计技术工作要求》之中高切坡分类,该段高切坡类型为I_2类。

二、地层岩性

高切坡内出露地层由新到老为第四纪全新世残坡积粉质黏土(Qh^{el+dl})及中三叠统巴东组第三段灰黄色、浅灰色薄—中厚层状泥灰岩夹泥质灰岩(T_2b^3)。

粉质黏土(Qh^{el+dl})顶界高程494~506m,底界高程486.52~500.38m,厚度一般1.50~8.70m。其中高切坡东、西两侧厚度一般较薄,中部较厚,高切坡东部段坡顶部位粉质黏土厚度1.50~3.20m;中部段坡顶部位粉质黏土厚度3.40~8.70m;东部段坡顶部位粉质黏土厚度1.70~2.80m,灰黄色、褐黄色,土湿,呈硬塑状,稍有光滑面,干强度中等,韧性中等。

基岩(T_2b^3)岩性为泥灰岩,局部夹泥质灰岩,夹层泥质灰岩厚度一般0.5~2m。灰色、灰黄色,由方解石、白云石等碳酸盐矿物组成,薄—中厚层状构造,单层厚度一般0.05~0.5m。坡眉一般1~2m为强风化带,<1m以下为中等风化带。受工程区南侧巴东断裂影响,中等风化带岩体裂隙发育,宽度一般0.5~5cm,沿裂隙充填褐黄色粉质黏土。岩芯一般呈柱状、短柱状及碎块状,岩体完整程度为较完整,局部为较破碎。中等风化岩石饱和单轴抗压强度标准值为16.24MPa,属较软岩,无膨胀性与崩解性,开挖后进一步风化较缓慢。工程区内基岩属可溶性岩类,但在勘探控制深度内未见有溶洞发育。地表调查,上部3~5m范围内溶蚀裂隙较发育,宽度一般10~30cm,充填褐黄色粉质黏土及碎石。区内大部分钻孔均分布有泥化夹层,厚度0.1~0.3m,为棕黄色、棕红色粉质黏土,呈可塑状,可见挤压及揉皱现象,局部可见摩擦镜面。泥化夹层产状与地层产状一致,为软弱结构面,结合极差,构成软弱外倾结构面。

三、地质构造

巴东一中新校区体育场高切坡位于官渡口向斜南翼,为单斜构造,地层岩性为三叠系巴东组第三段(T_2b^3)泥灰岩,岩层产状32°~35°∠31°~35°。

工程区主要发育4组裂隙,其特征如下:

第 1 组裂隙：倾向 255°～65°，倾角 65°～70°，与坡向相反。裂面起伏粗糙，铁、锰质渲染成褐黄色、褐红色，裂隙张开，宽度一般 0.5～5cm，充填棕黄色、棕红色黏土，最大可见切割深度 2～6m，线密度 3 条/m。

第 2 组裂隙：倾向 345°～355°，倾角 70°～80°，与坡向基本一致。裂面起伏粗糙，铁、锰质渲染成褐黄色、褐红色，裂隙张开，宽度一般 1～10cm，充填棕黄色、棕红色黏土，最大可见切割深度 3～5m，线密度 2～3 条/m。

第 3 组裂隙：倾向 130°～140°，倾角 65°～75°，与坡向斜交。裂面起伏粗糙，铁、锰质渲染成褐黄色、褐红色，裂隙张开，宽度一般 0.5～5cm，充填棕黄色、棕红色黏土，最大可见切割深度 2～5m，线密度 1～2 条/m。

第 4 组裂隙：倾向 195°～205°，倾角 70°～75°，与坡向相反。裂面起伏粗糙，铁、锰质渲染成褐黄色、褐红色，裂隙张开，宽度一般 0.5～5cm，线密度 1～2 条/m。

四、水文地质条件

工程区地下水类型为基岩裂隙水，主要赋存于巴东组第三段（T_2b^3）碎屑岩的风化带、孔隙、裂隙及构造破碎带中。由于 209 国道绕城线路堑边坡地势较高，地形坡度较大，大气降雨主要以坡面流方式，由南向北排泄至路面，加之 209 国道绕城线排水系统不完善，大量地表水沿裂隙向高切坡坡体渗入。泥化夹层作为相对隔水层，且高切坡坡脚堆积的大量弃土使坡体内地下水排水不畅，导致高切坡内地下水位壅水。

五、新构造运动

工程区内地震活动较频繁，但以弱震为主，震源深度 8～16km，据宜昌地区自 1959 年在三峡区内建立地震监测台、网以来的资料，以及近 40 余年来测定的地震震级最大为 5.1 级，即 1979 年 5 月 22 日的秭归龙会观地震。本区处黔江-兴山地震小区内，但以其南端的地震活动水平为较高，历史上发生的强震和中强地震均出现于该地域内，最大地震为 1856 年的咸丰大路坝 Ms6.25 级地震；北端的地震活动水平相对较低。该区地震活动主要与北东向的挽近期活动性断裂紧密相关。自 1855 年以来共计发生 5 级以上地震 4 次，震中有自西南向北东逐渐迁移趋势。根据国家地震局《中国地震动参数区划图》（GB 18306—2015），取 50 年内超越概率为 10% 的烈度作为场地基本烈度，工程区地震基本烈度为Ⅵ度，地震动峰值加速度为 0.05g，地震反应谱特征周期 0.35s。

第五节 项目区稳定性分析与评价

该部分内容由学员根据项目地质勘查资料，依据相关技术标准与专业知识独立完成。主要内容应包括以下几个方面：项目区变形机制分析；确定工程安全等级和设计标准；滑坡稳定性分析计算（包括计算方法、参数、荷载、工况与稳定性评价）。

滑坡稳定性分析方法详见第五章第四节相关内容。滑坡防治工程等级根据滑坡灾害造成的潜在经济损失和威胁对象等因素,按表6-1进行划分,其中,工况交通设施等重要性根据表6-2确定。

表6-1 滑坡防治工程分级

滑坡防治工程等级		一级	二级	三级
潜在经济损失(万元)		≥5 000	5 000>且≥500	<500
威胁对象	威胁人数(人)	≥500	500>且≥100	<100
	工况交通设施等	重要	较重要	一般

注:满足潜在及今后损失或威胁对象中的其中一条,即划定为相对应的防治工程等级。

表6-2 工矿交通设施重要性分类

重要性	项目类别
重要	城市和村镇规划区、放射性设施、军事设施、二级(含)以上公路、铁路、机场、大型水利工程、电气工程、港口码头、矿山、集中供水水源地、工业建筑、民用建筑、垃圾处理场、油(气)管道和储油(气)库等
较重要	新建村镇、三级(含)以下公路、中型水利工程、电力工程、港口码头、矿山、集中供水水源地、工业建筑、民用建筑、垃圾处理场、水处理厂等
一般	小型水利工程、电力工程、港口码头、矿山、集中供水水源地、工业建筑、民用建筑、垃圾处理场、水处理厂等

设计安全系数应依据滑坡防治等级和设计工况,按表6-3选定。

表6-3 滑坡抗滑稳定性设计安全系数取值表

防治等级	专门论证			
	设计	校核		
特级	工况Ⅰ	工况Ⅱ	工况Ⅲ	工况Ⅳ
Ⅰ级	1.20~1.30	1.15~1.25	1.10~1.20	1.05
Ⅱ级	1.15~1.25	1.10~1.20	1.05~1.15	1.02
Ⅲ级	1.10~1.20	1.05~1.15	1.05	无

注:工况Ⅰ为基本荷载;工况Ⅱ为基本荷载+暴雨荷载;工况Ⅲ为基本荷载+地震荷载;工况Ⅳ为基本荷载+暴雨荷载+地震荷载。

第六节 治理工程设计

一、治理工程设计原则

(1)治理工程必须保证巴东一中体育场与体育馆场平开挖的顺利进行,确保开挖完成后滑坡后缘209国道的安全。

(2)治理工程必须与社会、经济和环境发展相适应,与市政规划、环境保护、土地利用相结合。

(3)治理工程必须进行技术经济论证,采用先进方法技术,使工程达到安全可靠、经济合理、美观适用的要求。

二、治理工程设计要求

该部分内容由学员根据项目地质勘查资料,依据相关技术标准与专业知识独立完成。主要内容应包括以下几个方面:选定防治措施;分项工程设计计算;工程量测算;方案比选;设计图件绘制(包括工程平面布置图、防治工程剖面图、防治工程立面图、防治措施结构图及大样图等)。

三、重力挡墙设计与施工规范

1. 一般规定

第1条 重力挡墙适用于移民迁建区的居民区、工业和厂矿区以及航运、道路建设涉及的规模小、厚度薄的滑坡阻滑治理工程。

第2条 设计挡土墙应与其他治理工程措施相配合,根据地质地形条件设计多个方案,通过技术经济分析、对比后,确定最优方案,以达到最佳工程效果。

第3条 挡土墙工程应布置在滑坡主滑地段的下部区域。当滑体长度大而厚度小时宜沿滑坡倾向设置多级挡土墙。

第4条 当坡面无建筑物或其他用地,且地质和地形条件有利时,挡土墙宜设置为向坡体上部凸出的弧形或折线形,以提高整体稳定性。

第5条 挡土墙墙高不宜超过8m,否则应采用特殊形式挡土墙,或每隔4~5m设置厚度不小于0.5m、配比适量构造钢筋的混凝土构造层。

第6条 墙后填料应选透水性较强的填料,当采用黏土作为填料时,宜掺入适量的石块且夯实,密实度不小于85%。

2. 重力挡墙设计

第1条 挡土墙所受压力可采用滑坡推力公式(6-15)和土压力计算公式计算,取其最大值。挡土墙工程结构设计安全系数推荐如下：

基本荷载情况下，抗滑稳定性 $k_s \geqslant 1.3$；抗倾覆稳定性 $k_s \geqslant 1.5$。

特殊荷载情况下，抗滑稳定性 $k_s \geqslant 1.2$；抗倾覆稳定性 $k_s \geqslant 1.3$。

第2条　作用在挡土墙上的荷载力系及其组合，视挡土墙形式不同分别考虑。基本荷载应考虑墙背承受由填料自重产生的侧压力、墙身自重的重力、墙顶上的有效荷载、基底法向反力、摩擦力及常水位时静水压力和浮力；附加荷载涉及库水位的静水压力和浮力、江水位降落时的水压力和波浪压力等；特殊荷载考虑地震力及临时荷载。

第3条　墙身所受的浮力应根据地基渗水情况，按下列原则确定：位于砂类土、碎石类土和节理很发育的岩石地基，按计算水位的100%计算；位于完整岩石地基，其基础与岩石间灌注混凝土，按计算水位的50%计算；不能肯定地基土是否透水时，宜按计算水位的100%计算。

第4条　土压力的计算方法及有关规定如下：

(1)作用在墙背上的主动土压力，可按库伦理论计算，计算公式如下：

$$P_a = \frac{1}{2}\gamma K_a H^2 \tag{6-1}$$

$$K_a = \frac{\cos^2(\phi-\varepsilon)}{\cos^2\varepsilon\cos(\varepsilon+\delta)\left[1+\sqrt{\frac{\sin(\phi+\delta)\sin(\phi-\beta)}{\cos(\delta+\beta)\cos(\varepsilon-\beta)}}\right]^2} \tag{6-2}$$

式中：δ——土与墙背间的摩擦角，其值参见表6-4；

ϕ——土的内摩擦角(°)；

β——墙顶土坡坡度(°)；

ε——墙背与铅垂向夹角(°)；

P_a——主动土压力(kN/m)；

K_a——主动土压力系数，量纲一；

H——墙高(m)；

γ——土体容重(kN/m^3)。

表6-4　土对挡墙墙背的摩擦角

挡土墙情况	摩擦角(δ)
墙背粗糙，排水不良	$0 \sim 0.33\phi$
墙背粗糙，排水良	$0.33 \sim 0.50\phi$
墙背很粗糙，排水良好	$0.50 \sim 0.67\phi$
墙背与填土间不可滑动	$0.67 \sim 1.0\phi$

注：ϕ 的倍数

(2)挡土墙前部的被动土压力，一般不予考虑。但当基础埋置较深，且地层稳定，不受水流冲刷和扰动破坏时，结合墙身位移条件，可采用1/3～1/2被动土压力值或静止土压力。被动土压力可按库伦理论计算，计算公式如下：

$$P_p = \frac{1}{2}\gamma K_p H^2 \tag{6-3}$$

$$K_p = \frac{\cos^2(\phi+\varepsilon)}{\cos^2\varepsilon\cos(\varepsilon-\delta)\left[1+\sqrt{\dfrac{\sin(\phi+\delta)\sin(\phi+\beta)}{\cos(\delta-\beta)\cos(\varepsilon-\beta)}}\right]^2} \quad (6-4)$$

式中：P_p——被动土压力(kN/m)；

K_p——被动土压力系数，无量纲；

其他注释同。

(3)衡重式挡土墙上墙土压力，当出现第二破裂面时，用第二破裂面公式计算，不出现第二破裂面时，以边缘点连线作为假想墙背按库伦公式计算，下墙土压力采用力多边形法计算，不计入墙前土的被动土压力。

第 5 条 墙背后填料的内摩擦角，应根据试验资料确定。当无试验资料时可参照有关规范所给出的数值选用。

第 6 条 挡土墙设计必须进行抗滑和抗倾覆稳定性验算，抗滑稳定系数计算公式为：

$$K_s = (G_n + E_{an})\mu/(E_{at} + G_t) \quad (6-5)$$

抗倾覆稳定系数计算公式为：

$$K_s = (G \cdot X_0 + E_{ax} \cdot X_f)/(E_{ax} \cdot Z_f) \quad (6-6)$$

式中：$G_n = G\cos a_0$；

$G_t = G\sin a_0$；

$E_{at} = E_a\sin(a - a_0 - \delta)$；

$E_{an} = E_a\cos(a - a_0 - \delta)$；

$E_{ax} = E_a\sin(a - \delta)$；

$E_{az} = E_a\cos(a - \delta)$；

$X_f = b - Z\cot a$；

$Z_f = Z - b\tan a_0$；

G——挡土墙每延米自重(kN/m)；

X_0——挡土墙重心离墙趾的水平距离(m)；

A_0——挡土墙的基底倾角(°)；

A——挡土墙的墙背倾角(°)；

δ——土对挡土墙墙背的摩擦角(°)；

b——基底的水平投影宽度(m)；

Z——土压力作用点离墙趾的高度(m)；

μ——土对挡土墙基底的摩擦系数；

E_a——作用在挡土墙上的总主动土压力(kN/m)，对于抗滑挡土墙，采用滑坡推力。

当基底下有软弱夹层时，稳定性可用圆弧滑动面法进行验算；抗滑稳定系数为最危险的滑动面上，诸力对滑动中心所产生的抗滑力矩与滑动力矩的比值，应符合下式要求：

$$K_s = M_\gamma/M_s \geqslant K_s \quad (6-7)$$

式中：M_γ——抗滑力矩；

M_s——滑动力矩。

第 7 条 基底压力计算方法：

$$P_{\max} = (F+G)/A + (M/W) \quad (6-8)$$

$$P_{\min}=(F+G)/A-(M/W) \qquad (6-9)$$

式中：$P_{\max}$——基础底面边缘的最大压力设计值(kPa)；

$P_{\min}$——基础底面边缘的最小压力设计值(kPa)；

F——上部结构传至基础顶面的竖向力设计值(kN)；

G——基础自重设计值和基础上的土重标准值(kN)；

A——基础底面面积(m^2)；

M——作用于基础底面的力矩设计值(kN·m)；

W——基础底面的抵抗矩(kN·m)。

当偏心距 $e>b/6$ 时，$P_{\max}$ 按下式计算：

$$P_{\max}=2(F+G)/(3 \cdot I \cdot a) \qquad (6-10)$$

式中：I——垂直于力矩作用方向的基础底面边长(m)；

a——合力作用点至基础底面最大压力边缘的距离(m)。

当地基受力层范围内有软弱下卧层时，应验算其顶部压力。

第 8 条 挡土墙偏心压缩承载力计算：

$$N \leqslant \phi f A \qquad (6-11)$$

式中：N——荷载设计值产生的轴向力(kN)；

A——截面积(m^2)；

f——砌体抗压强度设计值(kPa)；

ϕ——高厚比 β 和轴向力的偏心距 e 对受压构件承载力的影响系数。

当 $0.7y<e<0.95y$ 时，除按上式进行验算外，还按正常使用极限状态验算：

$$N_k \leqslant \frac{f_{tm,k} A}{\frac{Ae}{w}-1} \qquad (6-12)$$

式中：N_k——轴向力标准值(kN)；

$f_{tm,k}$——砌体弯曲抗拉强度标准值，取 $f_{tm,k}=1.5 f_{tm}$；

f_{tm}——砌体抗弯曲抗拉强度设计值(kPa)；

w——截面抵抗矩(kN·m)；

y——截面重心到轴向力所在方向截面边缘距离(m)；

e——按荷载标准值计算的偏心距。

当 $e>0.95y$ 时，按下式进行计算：

$$N_k \leqslant \frac{f_{tm} A}{\frac{Ae}{w}-1} \qquad (6-13)$$

第 9 条 受剪构件的承载力按下式计算：

$$V \leqslant (f_v+0.180\sigma_k)A \qquad (6-14)$$

式中：V——剪力设计值(kN)；

f_v——砌体抗剪强度设计值(kPa)；

σ_k——荷载标准值产生的平均压力(kPa)，但仰斜式挡土墙不考虑其影响。

其他符号同上。

3. 重力挡墙构造

第1条 挡土墙墙型的选择宜根据滑坡稳定状态、施工条件、土地利用和经济性等因素确定。在地形地质条件允许的情况下，宜采用仰斜式挡土墙；施工期间滑坡稳定性较好且土地价值低，宜采用直立式；施工期间滑坡稳定性较好且土地价值高，宜采用俯斜式(图6-4)。

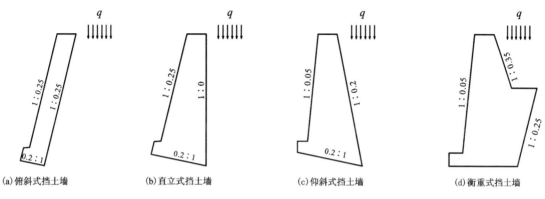

图6-4 重力式挡土墙断面一般形式图

第2条 在设计中可根据地质条件采用特殊形式挡土墙，如减压平台挡土墙、锚定板挡土墙及加筋土挡土墙等。

第3条 挡土墙基础埋置深度必须根据地基变形、地基承载力、地基抗滑稳定性、挡土墙抗倾覆稳定性、岩石风化程度以及流水冲刷计算确定。土质滑坡挡土墙埋置深度必须置于滑动面以下不小于1～2m。

第4条 重力式挡土墙采用毛石混凝土或素混凝土现浇时，毛石混凝土或素凝土墙顶宽。不宜小于0.6m，毛石含量15%～30%。

第5条 挡土墙墙胸宜采用1:0.5～1:0.3坡度。墙高小于4.0m，可采用直立墙胸，地面较陡时，墙面坡度可采用1:0.2～1:0.3。

第6条 挡土墙墙背可设计为倾斜的、垂直的和台阶形的，整体倾斜度不宜小于1:0.25。

第7条 挡土墙基础宽度与墙高之比宜为0.5～0.7，基底宜设计为0.1:1～0.2:1的反坡，土质地基取小值，岩质地基取大值。

第8条 墙基沿纵向有斜坡时，基底纵坡不陡于5%。当纵坡陡于5%时，应将基底做成台阶式。

第9条 当基础砌筑在坚硬完整的基岩斜坡上而不产生侧压力时，可将下部墙身切割成台阶式，切割后应进行全墙稳定性验算。

第10条 在挡土墙背侧应设置200～400mm的反滤层，孔洞附近1m范围内应加厚至400～600mm。回填土为砂性土时，挡土墙背侧最下一排泄水孔下侧应设倾向坡外，厚度不小于300mm的防水层。

第11条 挡土墙后回填表面设置为倾坡外的缓坡，坡度取1:20～1:30，或墙顶内侧设置排水沟，可通过挡土墙顶引出，但注意墙前坡体冲刷。

第12条 为排出墙后积水，须设置泄水孔。根据水量大小，泄水孔孔眼尺寸宜为50mm×100mm，100mm×100mm，100mm×150mm方孔，或50～200mm圆孔。孔眼间距2～3m，倾角不小于5%。上下左右交错设置,最下一排泄水孔的出水口应高出地面不小于200mm。

第13条　在泄水孔进口处应设置反滤层,且必须用透水性材料(如卵石、砂砾石等)为防止积水渗入基础,须在最低排泄水孔下部,夯填至少300mm厚的黏土隔水层。

第14条　挡墙伸缩缝每5～20m设置一道,缝宽20～30mm,缝中填沥青麻筋、沥青木板或其他有弹性的防水材料,沿内、外、顶三方填塞,深度不小于150mm。

4. 重力挡墙施工

第1条　挡墙基坑全面开挖可能诱发滑坡活动时,应采用分段开挖,开挖一段,立即浆砌、回填一段。施工期应对滑坡进行监测。

第2条　浆砌块石挡土墙应采用座浆法施工,砂浆稠度不宜过大,块片石表面清洗干净。

第3条　墙顶用1∶3水泥砂浆抹成5%外斜护顶,厚度不小于30mm。

第4条　尽可能选用表面较平的毛石砌筑,其最小厚度为150mm。外露面用M7.5砂浆勾缝。

第5条　应在坡脚设置截水沟,以截地表水。可能时,结合使用要求做墙顶封闭处理(如三合土地面等),或夯实填土顶面和地表松土,以减少地表水下渗。

第6条　砌筑挡土墙时,要分层错缝砌筑,基底及墙趾台阶转折处,不得做成垂直通缝,砂浆水灰比必须符合要求,并填塞饱满。

第7条　施工前要做好地面排水,保持基坑干燥,岩石基坑应使基础砌体紧靠基坑侧壁,使其与岩层结为整体。

第8条　墙身砌出地面后,基坑必须及时回填夯实,并做成不小于5%的向外流水坡,以免积水下渗而影响墙身稳定。

第9条　基底力求粗糙,对黏性土地基和基底潮湿时,应夯填50mm厚砂石垫层。

第10条　墙后原地面横坡陡于1∶5时,应先处理填方基底(铲除草皮和耕植土,或开挖台阶等)再填土,以免填方沿原地面滑动。

第11条　墙后填土宜采用透水性好的碎石土,必须分层夯实,仰斜挡土墙,当砌体强度达到设计强度的70%时,应立即进行填土并分层夯实,注意墙身不要受到夯击影响,以保证施工过程中自身的稳定。

第12条　下列地段须设置栏杆:
(1)墙顶高出地面6m,且连续长度大于20m。
(2)墙顶高出地面4m,且位于码头、道路附近或靠近居民集中点。
(3)位于悬崖、陡坎或地面横坡陡于1∶0.75,且连续长度大于20m。

四、抗滑桩设计与施工规范

1. 一般规定

第1条　抗滑桩是滑坡防治工程中较常采用的一种措施。采用抗滑桩对滑坡进行分段阻滑时,每段宜以单排布置为主,若弯矩过大,应采用预应力锚拉桩。

第2条　抗滑桩桩长宜小于35m。对于滑带埋深大于25m的滑坡,采用抗滑桩阻滑时,应充分论证其可行性。

第3条　抗滑桩间距(中对中)宜为5～10m。抗滑桩嵌固段须嵌入滑床中,约为桩长的1/3～2/5。为了防止滑体从桩间挤出,应在桩间设钢筋混凝土或浆砌块石拱形挡板。在重要建筑区,抗滑桩之间应用钢筋混凝土联系梁连接,以增强整体稳定性。

第4条　抗滑桩截面形状以矩形为主,截面宽度一般为1.5～2.5m,截面长度一般为2.0～6.5m。当滑坡推力方向难以确定时,应采用圆形桩。

第5条　可结合移民安置的实际需要,对滑坡进行"开发性"治理,利用抗滑桩形成平台,为移民迁建提供建筑场地。

第6条　抗滑桩按受弯构件设计。对于利用抗滑桩作为建筑物桩基的工程,即"承重阻滑桩",应按《建筑桩基技术规范》(JGJ 94—2008)进行桩基竖向承载力、桩基沉降、水平位移和挠度验算,并须考虑地面附加荷载对桩的影响。

2. 抗滑桩设计

第1条　抗滑桩所受推力可根据滑坡的物质结构和变形滑移特性,分别按三角形、矩形或梯形分布考虑。

第2条　抗滑桩设计荷载包括滑坡体自重、孔隙水压力、渗透压力、地震力等。对于跨越库水位线的滑坡,须考虑每年库水位变动时对滑坡体产生的渗透压力。

第3条　抗滑桩推力应按传递系数法计算。公式如下:

$$P_i = P_{i-1} \times \Psi + K_s \times T_i - R_i \tag{6-15}$$

式中:T_i——下滑力,$T_i = W_i(\sin\alpha_i + A\cos\alpha_i) + \gamma_w h_{i_w} L_i \tan\beta_i \cos(\alpha_i - \beta_i)$;

R_i——抗滑力,$R_i = W_i(\cos\alpha_i - A\sin\alpha_i) - N_{W_i} - \gamma_w h_{i_w} L_i \tan\beta_i \sin(\alpha_i - \beta_i) \tan\phi_i + C_i L_i$;

Ψ——传递系数,$\Psi = \cos(\alpha_{i-1} - \alpha_i) - \sin(\alpha_{i-1} - \alpha_i) \tan\phi_i$;

N_{W_i}——孔隙水压力,$N_{W_i} = \gamma_w h_{i_w} L_i$,即近似等于浸润面以下土体的面积$h_{i_w} L_i$乘以水的容重$\gamma_w$;

T_{D_i}——渗透压力平行滑面的分力,$T_{D_i} = \gamma_w h_{i_w} L_i \tan\beta_i \cos(\alpha_i - \beta_i)$;

R_{D_i}——渗透压力垂直滑面的分力,$R_{D_i} = \gamma_w h_{i_w} L_i \tan\beta_i \sin(\alpha_i - \beta_i)$;

P_i——第i条块的推力(kN/m);

P_{i-1}——第i条块的剩余下滑力(kN/m);

W_i——第i条块的重量(kN);

C_i——第i条块内聚力(kPa);

ϕ_i——第i条块的内摩擦角(°);

L_i——第i条块长度(m);

α_i——第i条块倾角(°);

A——地震加速度(重力加速度g);

K_s——设计安全系数。

当采用孔隙压力比时,抗滑力R_i可采用如下公式:

$$R_i = \{W_i[(1-r_U)\cos\alpha_i - A\sin\alpha_i] - \gamma_w h_{i_w} L_i\} \tan\phi_i + C_i L_i \tag{6-16}$$

式中r_U是孔隙压力比,可表示为:

$$r_U = \frac{\text{滑体水下体积} \times \text{水的容重}}{\text{滑体总体积} \times \text{滑体容重}} \approx \frac{\text{滑坡水下面积}}{\text{滑坡总面积} \times 2} \tag{6-17}$$

第 4 条 抗滑桩桩前须进行土压力计算。若被动土压力小于滑坡剩余抗滑力时,桩的阻滑力按被动土压力考虑。被动土压力计算公式如下:

$$E_p = \frac{1}{2}\gamma_1 \times h_1^2 \times \tan^2(45 + \phi_1/2) \tag{6-18}$$

式中:E_p——被动土压力(kN/m);

γ_1、ϕ_1——分别为桩前岩(土)体的容重(kN/m³)和内摩擦角(°);

h_1——抗滑桩受荷载段长度(m)。

第 5 条 布置于库水位一带的抗滑桩可不考虑滑体前缘的抗力,即抗滑力为 0,但必须进行嵌固段侧压力验算。

第 6 条 抗滑桩受荷段桩身内力应根据滑坡推力和阻力计算,嵌固段桩身内力根据滑面处的弯矩和剪力按地基弹性的抗力地基系数(K)概念计算,简化式为:

$$K = m(y + y_0)^n \tag{6-19}$$

式中:m——地基系数随深度变化的比例系数;

n——随岩土类别变化的常数,如 0,0.5,1 等;

y——嵌固端距滑带深度(m);

y_0——与岩土类别有关的常数(m)。

地基系数与滑床岩体性质相关,可概括为下列情况:

(1) K 法。地基系数为常数 K,即 $n=0$。滑床为较完整的岩质和硬黏土层。

(2) m 法。地基系数随深度呈线性增加,即 $n=1$。一般地,简化为 $K=my$。滑床为硬塑一半坚硬的砂黏土、碎石土或风化破碎成土状的软质岩层。

(3) 当 $0<n<1$ 时,K 值随深度为外凸的抛物线,按这种规律变化的计算方法通常称为 C 法;当 $n>1$ 时,K 值随深度为内凸的抛物线。

第三种情况应通过现场试验确定。抗滑桩地基系数的确定可简化为 K 法和 m 法两种情况。

第 7 条 抗滑桩嵌固段桩底支承根据滑床岩土体结构及强度,可采用自由端、铰支端或固定端。

第 8 条 抗滑桩的稳定性与嵌固段长度、桩间距、桩截面宽度,以及滑床岩土体强度有关,可用围岩允许侧压力公式判定:

(1) 较完整岩体、硬质黏土岩等:

$$\sigma_{\max} \leqslant \rho_1 \times R \tag{6-20}$$

式中:$\sigma_{\max}$——嵌固端围岩最大侧向压力值(kPa);

ρ_1——折减系数,取决于岩土体裂隙、风化及软化程度等,一般为 0.1~0.5;

R——岩石单轴抗压极限强度(kPa)。

(2) 一般土体或严重风化破碎岩层:

$$\sigma_{\max} \leqslant \rho_2 \times (\sigma_p - \sigma_a) \tag{6-21}$$

式中:$\sigma_{\max}$——嵌固端围岩最大侧向压力值(kPa);

ρ_2——折减系数,取决于土体结构特征和力学强度参数的精度,宜取值为 0.5~1.0;

σ_p——桩前岩(土)体作用于桩身的被动土压力(kPa);

σ_a——桩后岩(土)体作用于桩身的主动土压力(kPa)。

第 9 条　抗滑桩嵌固段的极限承载能力与桩的弹性模量、截面惯性矩和地基系数相关。在进行内力计算时,须判定抗滑桩属刚性桩还是弹性桩,以选取适当的内力计算公式。判定式如下:

(1)按 K 法计算,即地基系数为常数时,

当 $\beta h_2 \leq 1.0$,属刚性桩;

当 $\beta h_2 > 1.0$,属弹性桩。

其中,β 为桩的变形系数(m^{-1}),其值为:

$$\beta = (KB_p/4EI)^{1/4} \tag{6-22}$$

式中:K——地基系数(kN/m^3);

B_p——桩正面计算宽度(m),矩形桩 $B_p = B+1$,圆形桩 $B_p = (B+1)$;

E——桩弹模(kPa);

I——桩截面惯性矩(m^4)。

(2)按 m 法计算,即地基系数为三角形分布时,

当 $\alpha h_2 \leq 2.5$,属刚性桩;当 $\alpha h_2 > 2.5$,属弹性桩。

其中,α 为桩的变形系数(m^{-1}),其值为:$\alpha = (mB_p/EI)^{1/5}$

式中:m——地基系数随深度变化的比例系数(kN/m^3);

其余符号注释同式(6-22)。

第 10 条　当滑坡对抗滑桩产生的弯矩过大时,推荐采用预应力锚拉桩。其桩身可按弹性桩计算,但根据施加预应力的大小,抗滑桩配筋与上两种桩型明显不同。

第 11 条　矩形抗滑桩纵向受拉钢筋配置数量应根据弯矩图分段确定,其截面积按如下公式计算:

$$A_s = \frac{K_1 M}{\gamma_s f_y h_o} \tag{6-23}$$

或

$$A_s = \frac{K_1 \xi f_{cm} b h_o}{f_y} \tag{6-24}$$

且要求满足条件 $\xi \leq \xi_b$。

当采用直径 $d \leq 25$ 的Ⅱ级螺纹钢时,相对界限受压区高度系数 $\xi_b = 0.544$;

当采用直径 $d = 28 \sim 40$ 的Ⅱ级螺纹钢时,相对界限受压区高度系数 $\xi_b = 0.566$。

α_s、ξ、γ_s 计算系数由下式给定:

$$\alpha_s = \frac{K_1 M}{f_{cm} b h_o^2} \tag{6-25}$$

$$\xi = 1 - \sqrt{1 - 2\alpha_s} \tag{6-26}$$

$$\gamma_s = \frac{1 + \sqrt{1 - 2\alpha_s}}{2} \tag{6-27}$$

式中:A_s——纵向受拉钢筋截面面积(mm^2);

M——抗滑桩设计弯矩(N·mm);

f_y——受拉钢筋抗拉强度设计值(N/mm^2);

f_{cm}——混凝土弯曲抗压强度设计值(N/mm^2);

h_0——抗滑桩截面有效高度(mm);
b——抗滑桩截面宽度(mm);
K_1——抗滑桩受弯强度设计安全系数,取 1.2。

第 12 条 矩形抗滑桩应进行斜截面抗剪强度验算,以确定箍筋的配置。其计算公式为:

$$V_{cs}=0.07f_cbh_0+1.5f_{yv}\frac{A_{sv}}{S}h_0 \qquad (6-28)$$

且要求满足条件

$$0.25f_cbh_0 \geqslant K_2V \qquad (6-29)$$

式中:V——抗滑桩设计剪力(N);
V_{cs}——抗滑桩斜截面上混凝土和箍筋受剪承载力(N);
f_c——混凝土轴心抗压设计强度值(N/mm²);
f_{yv}——箍筋抗拉设计强度设计值(N/mm²),取值不大于310N/mm²;
h_0——抗滑桩截面高度(mm);
b——抗滑桩截面宽度(mm);
A_{sv}——配置在同一截面内箍筋的全部截面面积(mm²);
S——抗滑桩箍筋间距(mm);
K_2——抗滑桩斜截面受剪强度设计安全系数,取 1.3。

3. 抗滑桩构造

第 1 条 为保护环境,桩顶宜埋置于地面以下 0.5m,但应保证滑坡体不越过桩顶。当有特殊要求时,如作为建筑物基础,桩顶可高于地面。

第 2 条 桩身混凝土可采用普通混凝土。当施工许可时,也可采用预应力混凝土。桩身混凝土的强度宜采用 C20、C25 或 C30。地下水或环境土有侵蚀性时,水泥应按有关规定选用。

第 3 条 纵向受拉钢筋应采用Ⅱ级以上的带肋钢筋。

第 4 条 纵向受拉钢筋直径应大于 16mm。净距应在 120~250mm 之间,配筋困难时可适当减少,但不得小于 60mm。如用束筋时,每束不宜多于 3 根。如配置单排钢筋有困难时,可设置 2 排或 3 排,排距宜控制在 120~200mm 之内。钢筋笼的混凝土保护层应大于 50mm。

第 5 条 纵向受拉钢筋的截断点应在按计算不需要该钢筋的截面以外,其伸出长度应不小于表 6-5 规定的数值。

表 6-5 纵向受力钢筋的最小搭接长度(mm)

钢筋类型		混凝土强度		
		C20	C25	C30
Ⅰ级钢筋		30d	25d	20d
月牙纹	Ⅱ级钢筋	40d	35d	30d
	Ⅲ级钢筋	45d	40d	35d

注:①表中 d 为钢筋直径;②月牙纹钢筋直径 $d>25$mm 时,其伸出长度应按表中数值增加 5d 采用。

第 6 条 桩内不宜配置弯起钢筋,可采用调整箍筋的直径、间距和桩身截面尺寸等措施,以满足斜截面的抗剪强度。

第 7 条 箍筋宜采用封闭式。肢数不宜多于 4 肢,其直径在 10～16mm 之间,间距应小于 500mm。

第 8 条 钢筋应采用焊接、螺纹或冷挤压连接。接头类型以对焊、帮条焊和搭接焊为主。当受条件限制,必须在孔内制作时,纵向受力钢筋应以对焊或螺纹连接为主。

第 9 条 桩的两侧及受压边,应适当配置纵向构造钢筋,其间距宜为 400～500mm,直径不宜小于 12mm。桩的受压边两侧应配置架立钢筋,其直径不宜小于 16mm。

第 10 条 当采用预应力混凝土时,除应满足《混凝土结构设计规范》(GB 50010—2010)外,尚应符合下列要求:

(1) 预应力施加方法宜采用后张法。如采用先张法时,应充分论证其可靠性。

(2) 预应力筋宜为低松弛高强钢绞线。

(3) 下端锚固于桩身下部 3～5m 范围内。锚固段内,根据计算布置钢筋网片。

(4) 上段锚固应选用可靠的锚具,并在锚固部位预埋钢垫板。垫板须与锚孔垂直。

(5) 水泥砂浆强度等级不应低于 M25。

4. 抗滑桩施工

第 1 条 抗滑桩要严格按设计图施工。应将开挖过程视为对滑坡进行再勘查过程,及时进行地质编录,以利于反馈设计。

第 2 条 抗滑桩施工包含以下工序:施工准备、桩孔开挖、地下水处理、护壁、钢筋笼制作与安装、混凝土灌注、混凝土养护等。

第 3 条 施工准备应按下列要求进行:

(1) 按工程要求进行备料,选用材料的型号、规格符合设计要求,有产品合格证和质检单。

(2) 钢筋应专门建库堆放,避免污染和锈蚀。

(3) 使用普通硅酸盐水泥。

(4) 砂石料的杂质和有机质的含量应符合《混凝土结构工程施工质量验收规范》(GB 50204—2015)的有关规定。

第 4 条 桩孔以人工开挖为主,并按下列原则进行:

(1) 开挖前应平整孔口,并做好施工区的地表截、排水及防渗工作。雨季施工时,孔口应加筑适当高度的围堰。

(2) 采用间隔方式开挖,每次间隔 1～2 孔。

(3) 按由浅至深、由两侧向中间的顺序施工。

(4) 松散层段原则上以人工开挖为主,孔口做锁口处理,桩身做护壁处理。基岩或坚硬孤石段可采用少药量、多炮眼的松动爆破方式,但每次剥离厚度不宜大于 30cm。开挖基本成型后再人工刻凿孔壁至设计尺寸。

(5) 根据岩(土)体的自稳性、可能日生产进度和模板高度,经过计算确定一次最大开挖深度。一般自稳性较好的可塑—硬塑状黏性土、稍密以上的碎块石土或基岩中为 1.0～1.2m;软弱的黏性土或松散的、易垮塌的碎石层为 0.5～0.6m;垮塌严重段宜先注浆后开挖。

(6) 每开挖一段应及时进行岩性编录,仔细核对滑面(带)情况,综合分析研究,如实际位置与设计有较大出入时,应将发现的异常及时向建设单位和设计人员报告,及时变更设计。实挖桩底高程应会同设计、勘查等单位现场确定。

(7)弃渣可用卷扬机吊起。吊斗的活门应有双套防开保险装置。吊出后应立即运走,不得堆放在滑坡体上,防止诱发次生灾害。

第 5 条　桩孔开挖过程中应及时排除孔内积水。当滑体的富水性较差时,可采用坑内直接排水;当富水性好、水量很大时,宜采用桩孔外管泵降排水。

第 6 条　桩孔开挖过程中应及时进行钢筋混凝土护壁,宜采用 C20 混凝土。护壁的单次高度根据一次最大开挖深度确定,一般每开挖 1.0～1.5m,护壁一节。护壁厚度应满足设计要求,一般为 10～20mm,应与围岩接触良好。护壁后的桩孔应保持垂直、光滑。

第 7 条　钢筋笼的制作与安装可根据场地的实际情况按下列要求进行:

(1)钢筋笼尽量在孔外预制成型,在孔内吊放竖筋并安装。孔内制作钢筋笼必须考虑焊接时的通风排烟。

(2)竖筋的接头采用双面搭接焊、对焊或冷挤压。接头点须错开。

(3)竖筋的搭接处不得放在土石分界和滑动面(带)处。

(4)井孔内渗水量过大时,应采取强行排水、降低地下水位措施。

第 8 条　桩芯混凝土灌注。应符合下列要求:

(1)待灌注的桩孔应经检查合格。

(2)所准备的材料应满足单桩连续灌注。

(3)当孔底积水厚度小于 100mm 时,可采用干法灌注;否则应采取措施处理。

(4)当采用干法灌注时,混凝土应通过串筒或导管注入桩孔,串筒或导管的下口与混凝土面的距离为 1～3m。

(5)桩身混凝土灌注应连续进行,一般不留施工缝。当必须留置施工缝时,应按《混凝土结构工程施工质量验收规范》(GB 50204—2015)的有关规定进行处理。

(6)桩身混凝土,每连续灌注 0.5～0.7m 时,应插入振动器振捣密实 1 次。

(7)对出露地表的抗滑桩应及时派专人用麻袋、草帘加以覆盖并浇清水进行养护。养护期应在 7d 以上。

第 9 条　桩身混凝土灌注过程中,应取样做混凝土试块。每班、每百立方米或每搅百盘取样应不少于 1 组。不足百立方米时,每班都应取。

第 10 条　当孔底积水深度大于 100mm,但有条件排干时,应尽可能采取增大抽水能力或增加抽水设备等措施进行处理。

第 11 条　若孔内积水难以排干,应采用水下灌注方法进行混凝土施工,保证桩身混凝土质量。

第 12 条　水下混凝土必须具有良好的和易性,其配合比按计算和试验综合确定。水灰比宜为 0.5～0.6,坍落度宜为 160～200mm,砂率宜为 40%～50%,水泥用量不宜少于 350kg/m^3。

第 13 条　灌注导管应位于桩孔中央,底部设置性能良好的隔水栓。导管直径宜为 250～350mm。导管使用前应进行试验,检查水密、承压和接头抗拉、隔水等性能。进行水密试验的水压不应小于孔内水深的 1.5 倍压力。

第 14 条　水下混凝土灌注应按下列要求进行:

(1)为使隔水栓能顺利排出,导管底部至孔底的距离宜为250～500mm。

(2)为满足导管初次埋置深度在0.8m以上,应有足够的超压力能使管内混凝土顺利下落并将管外混凝土顶升。

(3)灌注开始后,应连续地进行,每根桩的灌注时间不应超过表6-6的规定。

表6-6 单根抗滑桩的水下混凝土灌注时间

灌注量(m³)	<50	100	150	200	250	≥300
灌注时间(h)	≤5	≤8	≤12	≤16	≤20	≤24

(4)灌注过程中,应经常探测井内混凝土面位置,力求导管下口埋深在2～3m,不得小于1m。

(5)对灌注过程中的井内溢出物,应引流至适当地点处理,防止污染环境。

第15条 若桩壁渗水并有可能影响桩身混凝土质量时,灌注前宜采取下列措施予以处理:

(1)使用堵漏技术堵住渗水口。

(2)使用胶管、积水箱(桶),并配以小流量水泵排水。

(3)若渗水面积大,则应采取其他有效措施堵住渗水。

第16条 抗滑桩的施工应符合下列安全规定:

(1)监测应与施工同步进行。当滑坡出现险情并危及施工人员安全时,应及时通知人员撤离。

(2)孔口必须设置围栏,用以防止地表水、雨水流入。严格控制非施工人员进入现场。人员上下可用卷扬机和吊斗等升降设施。同时应准备软梯和安全绳备用。孔内有重物起吊时,应有联系信号,统一指挥。升降设备应由专人操作。

(3)井下工作人员必须戴安全帽,且不宜超过2人。

(4)每日开工前必须检测井下的有害气体。孔深超过10m后,或10m内有CO、CO_2、NO、NO_2、甲烷及瓦斯等有害气体并且含量超标或氧气不足时,均应使用通风设施向作业面送风。井下爆破后,必须向井内通风,待炮烟粉尘全部排除后,方能下井作业。

(5)井下照明必须采用36V安全电压。进入井内的电气设备必须接零接地,并装设漏电保护装置,防止漏电触电事故发生。

(6)井内爆破前,必须经过设计计算,避免药量过多造成孔壁坍塌。须由已取得爆破操作证的专门技术工人负责。起爆装置宜用电雷管,若用导火索,其长度应能保证点炮人员安全撤离。

第17条 抗滑桩属于隐蔽工程,施工过程中,应做好滑带的位置、厚度等各种施工和检验记录。对于发生的故障及其处理情况应记录备案。

第七章 资料整理与实践教学成果要求

第一节 野外记录要求

一、野簿记录

(1)野外记录簿(简称野簿)是专门用来记录野外地质调查现象与信息的记录本,这些观测结果是珍贵的第一手基础地质资料,不仅具有重要的使用价值,而且具有一定的保密性。因此需要着重保护,不可丢失,也不可随意撕页。

(2)野簿的记录格式虽然没有统一的规范格式,但应记录的内容基本一致,记录过程要求简明扼要,实事求是,条理清楚。一般要求在野外用铅笔记录野簿,因为野外可能会遇到一些突发事件造成野簿受潮或被水浸泡,铅笔的字迹或线条不容易散开,从而便于及时补救。野外工作完成后使用碳素墨水上墨,使野簿记录的内容尽量保持更长的时间。

(3)翻开野簿,可见每一页的右侧是画线页,用于记录文字内容,左侧是方格纸页,用于绘制素描图件及相应的文字说明。野簿的记录随着野外地质调查路线开展,记录各路线每个观察点的观测内容。每天的记录要求另起一页,首先记录当天的日期、天气和工作地点。每个观察点描述的内容主要包括点号、点位、点性与内容描述等。

(4)点号是指各观测点的序号,要求所有观测点连续编号,可采用"No."为前缀的阿拉伯数字,例如"No.01、No.02…"。点位即各观测点的位置记录,可以根据地质图或附近标志明显的地貌或人工参照物来确定描述,如山峰、垭口、沟口、小路分岔、路标、桥梁等,同时通过GPS等定位装备读取并记录观测点的平面坐标与高程。每个观测点的位置和编号都需要在工作手图上表示出来。观测点一般布置具有重要或特殊地质现象的地质点,如地层单元内部或彼此之间的接触界线、侵入体与围岩的接触界线、侵入体内部的岩相分界、断层等,也可以是构造如褶皱转折端和节理统计处、化石、矿化点等。在地质灾害调查工作中,观测点应包括地质灾害体的特征位置,例如滑坡舌、剪出口、滑坡壁、滑坡台阶、裂缝等。点性是指观测点的类型,如岩性控制点、岩性分界点、矿化点、构造控制点等。视具体情况而定。观测内容与地质现象的描述需尽可能的详细,包括地貌特征、露头情况、地质现象的组成、岩石学特征、构造特征、地质现象的形状和规模、地质灾害的基本特征及影响因素等多方面。此外,还要测量地质体的产状和规模,绘制地质素描图(剖面图、平面图、示意图等),同时照相与采集标本。所采集的标本需要统一编号,并记录在每个观察点描述的后面。

(5)地质素描图是一种非常实用且形象直观的记录方式,与文字描述相辅相成,其描绘的内容多种多样，可以是观测点露头的断层、褶皱、地层接触关系等局部地质现象，也可以是地形地貌、地质体平面图或剖面图等大范围示意图件。地质素描图不同于美术专业素描图，它不是简单地复制观察现象，而是要求通过细致观察和分析，抓住地质特征，用简洁的线条表示出所要揭示的地质现象。画好地质素描图是一项野外地质工作的基本技能，不仅取决于个人的美术修养，而且与个人的地质专业水平关系密切，需要在实践中勤学苦练，逐步提高。

二、工作手图

（1）采用数字化地形地质或工程地质底图作工作手图。在未获得上述图件情况下，以1∶1万地形图作为工作手图，并据已有资料将各类地质灾害点及地质界线透绘到地形底图上供野外调查期间使用。

（2）工作手图上的各类调查路线、观测点和地质界线，在野外应用铅笔绘制。转绘到清图上后应及时上墨。

（3）工作手图上观测点符号用"×"表示，并在符号右下方标明点号。灾害体若规模较小，无法表示其轮廓线时，用不依据比例尺的符号表示。当规模较大，应按比例尺圈定其边界线。

（4）工作手图上观测点定位应遵循以下原则：滑坡点定在滑坡后缘中部，泥石流点定在堆积区中部，地面塌陷点定在塌陷中心点，地裂缝点定在主干裂缝的中点，斜坡、边坡点定在变形区中部。

（5）清图，各类地质灾害和地质界线应按规定图例绘制，不再表示观测点符号。

三、地质灾害调查表

（1）每个地质灾害点和地质灾害隐患点的地质环境条件、地质灾害特征，应根据设计书中规定的技术要求和布点的目的进行详细记录和填表。做到目的明确、内容全面、重点突出、数据无误、词语准确、字迹工整清楚。

（2）对各类地质灾害形成条件、影响因素、引发因素的描述应分清主次，特别是引发因素的分析，应用数据说明。如是降雨引发的灾害，应尽量搜集灾害发生前的降雨时间、雨量数据；如是人工切坡引发的灾害，应访问切坡的时间，测量切坡后的坡度、高度；如是采矿引发的灾害，应尽量搜集开采起始时间、年开采能力、矿石总产量、坑道位置、采矿工艺、采空区分布及面积等资料；如是抽、排水引发的灾害，应尽量搜集抽排井孔布置、抽排时间、抽排水量、抽排前后地下水位及变化等资料。

（3）对已进行勘查与治理的地质灾害，应搜集勘查程度、治理措施、治理效果及效益。

（4）对重要的斜坡变形和地质灾害点，都必须绘出平面图、剖面图，必要时附素描图，并拍摄照片或录像。所有照片均应统一顺序编号，并注明在相应的观测点记录表上，如BD1-2，表示巴东县第1卷第2张。

（5）野外调查记录必须按规定的调查表认真填写，要用野外调查记录本做沿途观察记录，并附示意性图件（平面图、剖面图、素描图等）和影像资料等。对于调查的地质灾害点及地质灾害隐患点，填写相应灾种的野外调查表（附表1～附表4）。

（6）对属同一类型的地质灾害，不论灾害体规模大小、是单体还是群体，都应一点一表，不允许在同一灾害体上定两个以上的观测点,也不允许将相邻两个灾害体合定一个观测点。同一地点存在几种地质灾害或其他环境地质问题时,可以只定一点,但应分类填表。

(7)对于乡、镇及村委会,都应进行调查,如无地质灾害分布,可不布设观测点,但应做好访问记录;对于一般居民点,只要可能受到地质灾害危害,均应布设观测点进行调查评价。

(8)野外记录应采取图文互补方式进行调查记录,用图客观地反映出地形形态、滑坡裂缝、隆起等变形现象的空间展布,地下水出露或所测水位埋深等部位,人工边坡分布位置,受威胁对象与潜在灾害体相对空位置,土体厚度、岩层节理断层产状测量位置,照相位置和镜头方向等。用文字客观地补充记录地形坡度、边坡高度、裂缝特征和形成时间、威胁户数人口等,保证野外记录客观全面。野外记录要严格注意区分主观判断和客观存在的现象,并判断可能的成灾范围。

第二节　调查报告与附图

一、地质灾害调查报告

报告章节及主要内容推荐如下。

第一章　序言

包括目的任务、经济与社会发展概况、地质灾害灾情、以往调查工作程度、本次调查工作部署、方法、完成工作量及质量评述。

第二章　区域自然地理与地质环境

包括地形地貌、气象与水文特征、地层岩性、地质构造、新构造活动与地震、岩(土)体工程地质特征、地下水类型与补径排特征、人类工程经济活动特征。

第三章　地质灾害发育特征

包括地质灾害发育类型,各灾种的分布、规模、特征、稳定状态、危害程度、形成条件及影响因素,重要地质灾害隐患点和不稳定斜坡的稳定性,危险性初步评价与预测。

第四章　地质灾害经济损失评估

包括评估原则、要求与方法,各灾种(或主要灾种)经济损失现状评估,各灾种(或主要灾种)经济损失现状预测评估,重要地质灾害的灾情与危害程度分级评价。

其中,现状评估是指已发生地质灾害所造成的人员伤亡数和直接经济损失数的统计。直接经济损失评估采用统一价格折价法,即各省(市、自治区)采用经访问的大部分县(市)物价的算术平均值作为本省(市、自治区)经济损失评估的统一计算单价,据此进行统一计算。参与统计的经济因子包括土地(包括农田、林地、果地、牧场等),牲畜,房屋,公路,铁路,桥梁,管道,渠道、涵洞、输电线路,电站,厂矿,学校,机关及公共设施等。

预测评估是指地质灾害隐患点可能发生的受威胁人数和受威胁的直接经济损失数的分析预测。

第五章　地质灾害易发区与危险区划分

包括分区的原则、方法与要求,分区结果及各分区评价。

1. 地质灾害易发程度分区要求

(1)地质灾害易发程度分区,依据地质灾害形成发育的地质环境条件、发育现状(强度,即单位面积内灾害体个数、面积和体积)、人类工程活动强度与研究工作程度,以定性评价为主确定。

(2)评价单元的划分,一般以地质灾害形成发育的地质环境条件差异确定,当条件较单一时也可以乡镇行政区划为基本单元。

(3)地质灾害易发程度划分为高易发区、中易发区、低易发区和不易发区4级。

2. 地质灾害危险区圈定

(1)地质灾害危险性分区,依据地质灾害现状评价结果,即在易发区划分的基础上,综合考虑降雨条件、人为工程活动、地震活动和岩组条件等因素。

(2)评价单元的划分,可以网格单元方式进行,视具体条件加大或加密网格。

(3)地质灾害危险程度划分为高风险区、中风险区和低风险区3级。

第六章 地质灾害监测与防治建议

包括防治目标与要求(包括总体与分期),防治分区的划分与评价,重点防治的灾害种类和重点防治的城镇、重要居民点及重要工程设施,重要地质灾害隐患点和不稳定斜坡地段的勘查、监测与防治(含应急治理)及分期安排建议,群专结合的群测群防系统建设与运行方案,地质灾害防治管理方面的建议。

第七章 结论

包括本次调查工作的主要成果,工作质量综述,防灾减灾效益评述,合理利用地质环境,防治地质灾害的措施建议,下一步工作建议。

二、地质灾害调查图件

1. 实际材料图

以所属县(市)行政区划图为底图,将地质灾害野外调查的工作线路,已调查的学校、集镇、居民点、交通线、厂矿等投入的实物量等标上。

2. 地质灾害现状分布图

比例尺:一般采用1∶1万。

主要反映区内地质灾害形成发育的地质环境条件,已发生的地质灾害分布位置、发育特征及危害等。

第一层次:主要表示简化地理及行政区划要素、地貌、岩(土)体类型、主要地质构造、水文地质要素;已建重要建设工程,如城建工程、水利水电工程、矿业工程、交通工程、地下水供水工程等。

第二层次:地质灾害勘查与监测工程,如重要的钻孔、平硐、槽井探和已有的监测网点等。

第三层次:重点反映主要地质灾害事件,如滑坡、崩塌、泥石流、塌陷和地裂缝。地质灾害事件在同一地点多次出现时,用密集区表示。各类地质灾害的位置、类型、成因、规模、稳定性与危害性等地质灾害体用不同颜色的点状或面状符号表示,规模大者应以实际边界表示。

在图中,还应专门标注震级 $M_s \geqslant 7$ 的地震震中。

3. 地质灾害易发程度分区图

比例尺:一般采用 1∶1 万。

1)定性编图

主要反映不同地区地质灾害易发程度,在地质灾害分布图的基础上编制。依据各县(市)实际情况和图面负担程度,也可与地质灾害分布图合并编制。

第一层次:主要表示简化地理及行政区划要素、地级、岩(土)体类型、主要地质构造、水文地质要素等;已建重要建设工程,如城建工程、水利水电工程、矿业工程、交通工程、地下水供水工程等。

第二层次:各类地质灾害(主要是隐患点)的位置、类型、成因、规模、稳定性与危害性等。

第三层次:地质灾害易发程度分区等级及分区界线。分区用面状普染颜色表示。

图面中应配置必要的地质灾害易发程度说明表,主要内容包括分区代号、分区名称、等级、位置、面积、地质灾害发育特征及危害等。

图面中应配置必要的镶图与说明表。镶图用于地质环境条件或地质灾害成因、诱发因素的说明,如降水量等值线图、暴雨等值线图和地震烈度分区图等;说明表主要反映重要地质灾害隐患点的编号、地理位置、类型、规模、稳定性和危害性预测等。

对于地质灾害高易发区,地质灾害事件多,但规模不均,主要选取大型以上的事件表示。地质灾害中易发区或低易发区,由于灾害事件较小,选取中型甚至小型地质灾害事件表示。但是,在进行易发区评价及危险性预测时,仍将这些差异反映出来。

2)定量化编图

根据工作深度,可以采用定性评价为主、定量化评价为辅的方式进行地质灾害易发程度分区图的编制,定量化评价方法可采用模糊综合评判法、GIS 空间分析方法等。

4. 图件格式要求

所有图件中均要求根据规范绘制图框、图名、指北针、比例尺、图例、责任签。

第三节 勘查报告与附图

一、滑坡勘查报告

报告章节及主要内容推荐如下。

第一章 前言

包括任务由来、滑坡概况及危害情况、勘查目的与任务、勘查工作评述。

第二章　勘查区工程地质条件

阐述项目区自然地理、气象水文条件、地形地貌、地层岩性、地质构造、水文地质条件、人类工程活动。

第三章　滑坡基本特征

包括滑坡地貌特征、滑坡空间形态特征、滑坡物质组成及结构特征、滑坡水文地质条件、滑坡岩土物理力学性质。

第四章　滑坡稳定性分析评价

包括滑坡变形宏观分析、滑坡稳定性计算过程与结果、滑坡稳定性综合评价。

第五章　滑坡演化机制与危害性预测

包括滑坡成因机制与发展趋势分析、危害性预测。

第六章　结论与建议

包括滑坡演化机制、稳定性与危害性分析结论，防治工程岩土物理力学参数建议、滑坡防治工程措施建议。

二、滑坡勘查图件

1. 勘查区工程地质平面图

以项目区地形地质图为底图，绘制滑坡勘查区工程地质平面图，应包括地形等高线、地层界线、断层、滑坡边界线、剖面线、钻孔位置、探井/探坑位置等。

2. 勘查区工程地质剖面图

以平面图的剖面位置对应的地质剖面图为基础，绘制滑坡地下结构特征、滑体物质组成、滑带、地层界线、断层、钻孔、探井/探坑等。

3. 钻孔柱状图

包括钻孔名称、坐标、柱状剖面、层厚、标高、岩性描述、岩芯情况等。

4. 坑探、竖井展示图

包括坑探、竖井名称、坐标、侧壁展示图、层厚、标高、岩性描述、地质结构等。

5. 物探成果图

包括物探剖面图与相应的解译成果。

6. 图件格式要求

所有图件中均要求根据规范绘制图框、图名、指北针、比例尺、图例、责任签。

第四节　设计报告与附图

一、滑坡防治工程设计报告

报告章节及主要内容推荐如下。

第一章　前言

包括任务由来、治理工程设计的目的与任务、设计依据、治理工程概况。

第二章　工程地质条件

阐述项目区自然地理、气象水文条件、地形地貌、地层岩性、地质构造、水文地质条件、人类工程活动。

第三章　项目区稳定性分析评价

包括项目区变形机制分析，工程安全等级和设计标准，工程区稳定性评价（计算方法、计算参数、计算荷载、计算工况、稳定性评价）。

第四章　治理工程设计

包括治理工程设计原则、防治措施、分项工程设计、工程量测算、方案比选等。

第五章　建议

包括对施工方案、施工期监测、现场管理、工程变更、环境保护等方面的建议。

二、滑坡防治工程设计图件

1. 防治工程平面布置图

以项目区地形地质图为底图，绘制防治工程措施平面位置、剖面位置。列出防治工程措施信息表及相应的说明。

2. 防治工程剖面布置图（立面图）

以平面图的剖面位置对应的地质剖面图为基础，绘制防治工程措施，列出防治工程措施信息表及相应的说明。

3. 防治工程措施结构图（大样图）

根据防治措施分项设计，绘制各类工程措施的结构图、配筋图，并匹配相应的说明文字。

4. 图件格式要求

所有图件中均要求根据规范绘制图框、图名、指北针、比例尺、图例、责任签。

主要参考文献

崩塌滑坡泥石流监测规范[S]. 中华人民共和国国土资源部,2006.
常士骠,张苏民. 工程地质手册[M]. 北京:中国建筑工业出版社,2007.
陈德基,徐福兴. 三峡工程地质勘查与研究[J]. 中国三峡建设,1995(4):22-23.
陈国亮. 岩溶地面塌陷的成因与防治[M]. 北京:中国铁道出版社,1994.
陈茂勋. 长江三峡地质地貌与崩塌滑坡考察指南[M]. 成都:成都科技大学出版社,1992.
崔可锐. 水文地质学基础[M]. 合肥:合肥工业大学出版社,2010.
曹剑峰. 专门水文地质学[M]. 北京:科学出版社,2006.
刘传正,刘艳辉,温铭生,等. 长江三峡库区地质灾害成因与评价研究[M]. 北京:地质出版社,2007.
彭松柏,张先进,边秋娟,等. 秭归产学研基地野外实践教学教程——基础地质分册[M]. 武汉:中国地质大学出版社,2014.
童亨茂,吴欣松,朱毅秀,等. 野外地质实践教学指导书[M]. 东营:中国石油大学出版社,2009.
范大波. 三峡库区香溪河段滑坡发育特征及水库蓄水对岸坡稳定性的影响研究[D]. 成都:成都理工大学,2011.
郭希哲,黄学斌,徐开祥,等. 长江三峡链子崖危岩体和黄腊石滑坡防治工程[J]. 中国地质灾害与防治学报,1999(4):16-22.
胡畅. 三峡库区秭归—巴东段典型顺层滑坡预测判据研究[D]. 武汉:中国地质大学,2013.
滑坡崩塌泥石流灾害调查规范(1∶5万)[S]. 中华人民共和国国土资源部,2014.
滑坡崩塌泥石流灾害详细调查规范[S]. 中国地质调查局,2008.
滑坡防治工程勘查规范[S]. 中国国家标准化管理委员会,2016.
滑坡防治工程设计与施工技术规范[S]. 中华人民共和国国土资源部,2006.
建筑边坡工程技术规范[S]. 中华人民共和国住房和城乡建设部,2013.
李会中,王团乐,孙立华,等. 三峡库区千将坪滑坡地质特征与成因机制分析[J]. 岩土力学,2006,27(S2):1 239-1 244.
李景霞,张立新,杨丽,等. 矿物岩石学[M]. 成都:电子科技大学出版社,2014.
廖秋林,李晓,李守定,等. 三峡库区千将坪滑坡的发生、地质地貌特征、成因及滑坡判据研究[J]. 岩石力学与工程学报,2005(17):3 146-3 153.
刘传正,王洪德,涂鹏飞,等. 长江三峡链子崖危岩体防治工程效果研究[J]. 岩石力学与工程学报,2006(11):2 171-2 179.

刘传正.地质灾害勘查指南[M].北京:地质出版社,2000.

刘传正.重大地质灾害防治理论与实践[M].北京:科学出版社,2009.

卢书强,易庆林,易武,等.三峡库区树坪滑坡变形失稳机制分析[J].岩土力学,2014,35(4):1 123-1 130.

陆业海.链子崖危岩体形变监测与分析[J].中国地质灾害与防治学报,1991(3):87-98.

马大铨,杜绍华,肖志发.黄陵花岗岩基的成因[J].岩石矿物学杂志,2002(2):151-161.

马代馨,冯定猷.三峡工程三斗坪坝址的选定[J].水力发电,1986(9):6-10.

泥石流防治工程勘查规范[S].中华人民共和国国土资源部,2006.

欧正东,何儒品,谢烈平等.长江三峡工程库区环境工程地质[M].成都:成都科技大学出版社,1992.

潘懋,李铁锋,等.灾害地质学[M].北京:北京大学出版社,2012.

戚国庆.降雨诱发滑坡机理及其评价方法研究[D].成都:成都理工大学,2004.

尚岳全,王清,蒋军,等.地质工程学[M].北京:清华大学出版社,2006.

沈传波,梅廉夫,刘昭茜,等.黄陵隆起中—新生代隆升作用的裂变径迹证据[J].矿物岩石,2009,29(2):54-60.

沈建明,吴向明.长江三峡链子崖危岩体防治工程监测工作布置[J].水文地质工程地质,1996(1):24-26.

沈玉昌.长江上游河谷地貌[M].北京:科学出版社,1965.

舒良树.普通地质学[M].北京:地质出版社,2010.

宋春青,邱维理,张振春,等.地质学基础[M].北京:高等教育出版社,2005.

唐辉明.工程地质学基础[M].北京:化学工业出版社,2008.

铁道部第二勘测设计院.岩溶工程地质[M].北京:中国铁道出版社,1984.

汪定扬,刘世凯.长江新滩滑坡(1985年6月)涌浪调查研究[J].人民长江,1986,17(10):24-27.

王洪德,高幼龙,等.地质灾害监测预警关键技术方法研究与示范[M].北京:中国大地出版社,2008.

王孔伟,张帆,邱殿明.三峡库区黄陵背斜形成机理及与滑坡群关系[J].吉林大学学报(地球科学版).2015,45(4):1 142-1 154.

王尚庆.回顾新滩滑坡预报[J].中国地质灾害与防治学报,1996(s1):11-19.

王治华,杨日红.三峡水库区千将坪滑坡活动性质及运动特征[J].中国地质灾害与防治学报,2005,16(3):5-11.

邬爱清,丁秀丽,李会中,等.非连续变形分析方法模拟千将坪滑坡启动与滑坡全过程[J].岩石力学与工程学报,2006(7):1 297-1 303.

吴振祥,焦述强,樊秀峰,等.工程地质野外实践教学教程[M].武汉:中国地质大学出版社,2016.

邢林啸.三峡库区典型堆积层滑坡成因机制与预测预报研究[D].武汉:中国地质大学,2012.

徐开祥,林坚,潘伟.链子崖危岩体的变形特征、形成机制、变形破坏方式预测及稳定性初步评价[J].中国地质灾害与防治学报,1991(3):18-32.

许强,黄润秋,程谦恭,等.三峡库区泄滩滑坡滑带土特征研究[J].工程地质学报,2003,11(4):354-359.

许霄霄.三峡库区秭归—巴东段顺层滑坡变形规律研究[D].武汉:中国地质大学,2013.

杨达源,等.长江地貌过程[M].北京:地质出版社,2006.

杨达源.长江三峡阶地的成因机制.地理学报,1988,43(2):120-126.

叶正伟.长江新滩滑坡的历史分析,趋势预测与启示[J].灾害学,2000(3):31-35.

易贤龙.降雨与库水位作用下白水河滑坡渐进破坏概率研究[D].武汉:中国地质大学,2016.

殷跃平,等.长江三峡工程库区滑坡防治工程设计与施工技术规程[M].北京:地质出版社,2001.

殷跃平,康宏达,张颖,等.三峡链子崖"五万方"危岩体锚固工艺设计[J].水文地质工程地质,1995(3):38-42.

殷跃平,彭轩明.三峡库区千将坪滑坡失稳探讨[J].水文地质工程地质,2007(3):51-54.

殷跃平.中国典型滑坡[M].北京:中国大地出版社,2007.

于宪煜.基于多源数据和多尺度分析的滑坡易发性评价方法研究[D].武汉:中国地质大学,2016.

余宏明,等.秭归产学研基地野外实践教学教程——地质工程与岩土工程分册[M].武汉:中国地质大学出版社,2014.

苑谊,马霄汉,李庆岳,等.由树坪滑坡自动监测曲线分析滑坡诱因与预警判据[J].水文地质工程地质.2015,42(5):115-122.

张或丹.黄陵背斜的形成和构造发展初析[J].江汉石油学院学报,1986(1):29-40.

张人权,梁杏,靳孟贵,等.水文地质学基础[M].北京:地质出版社,2011.

赵延岭.基于InSAR技术的树坪滑坡识别与研究[D].西安:长安大学,2017.

赵艳南.三峡库区蓄水过程中滑坡变形规律研究[D].武汉:中国地质大学,2015.

朱志澄.构造地质学[M].武汉:中国地质大学出版社,1999.

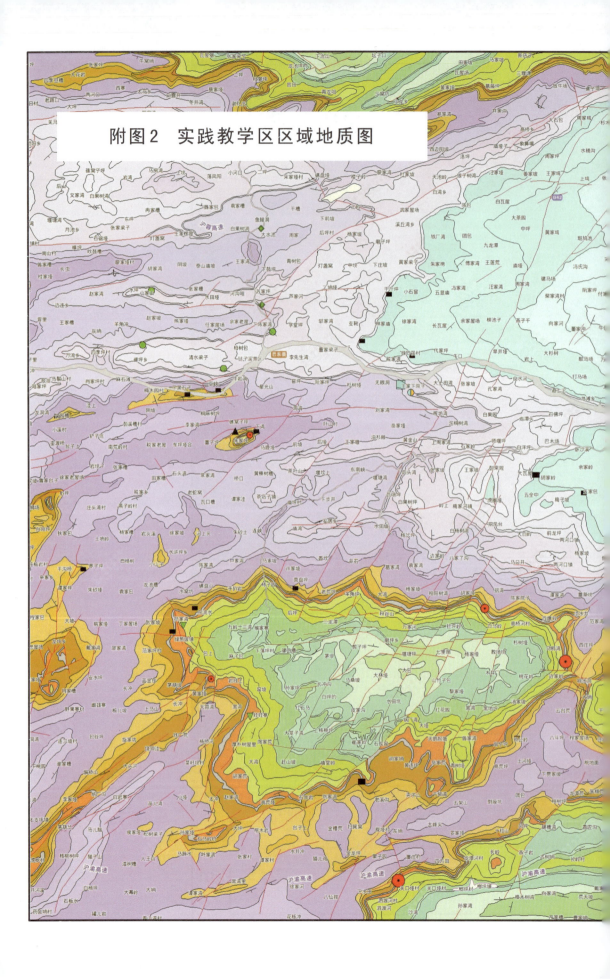

附图2　实践教学区区域地质图

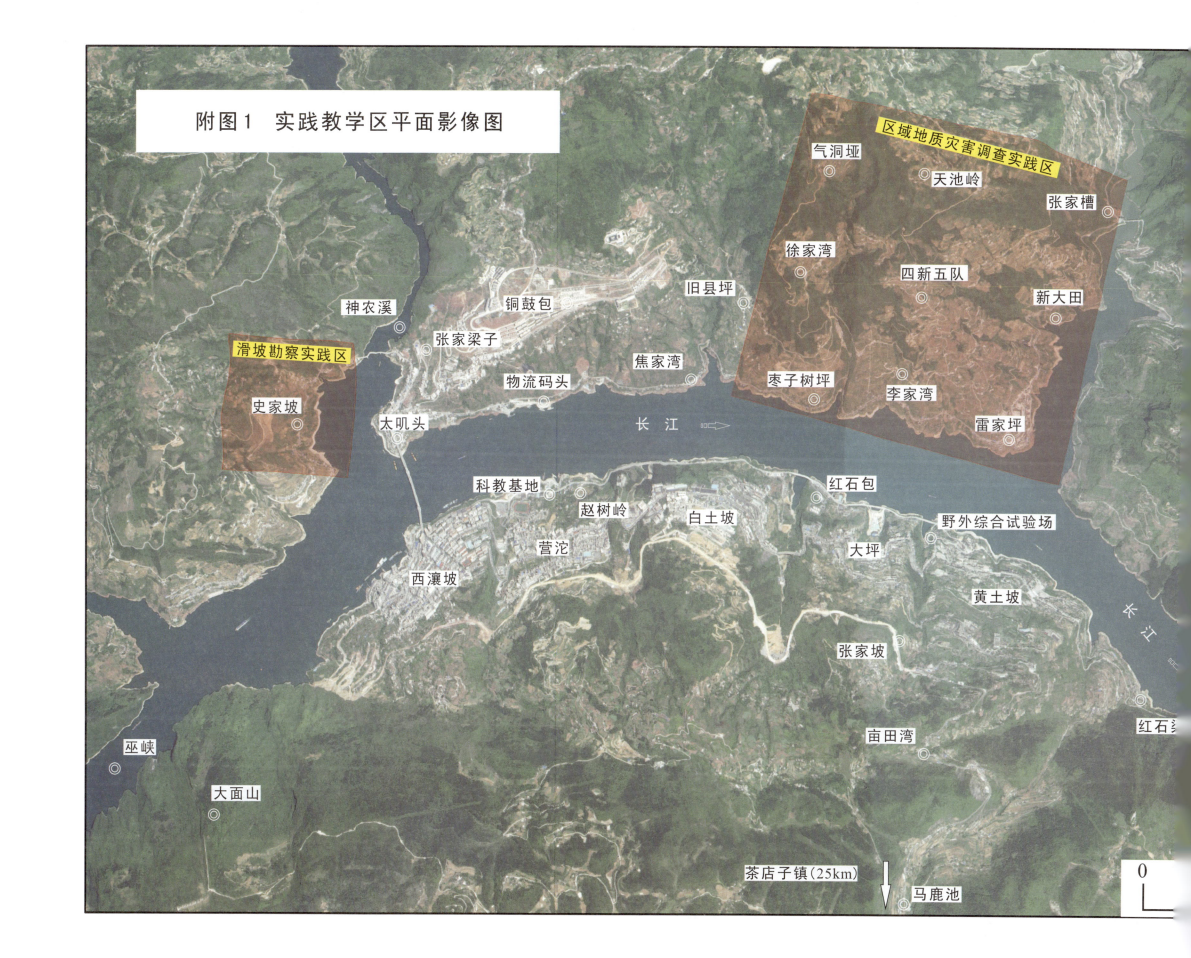

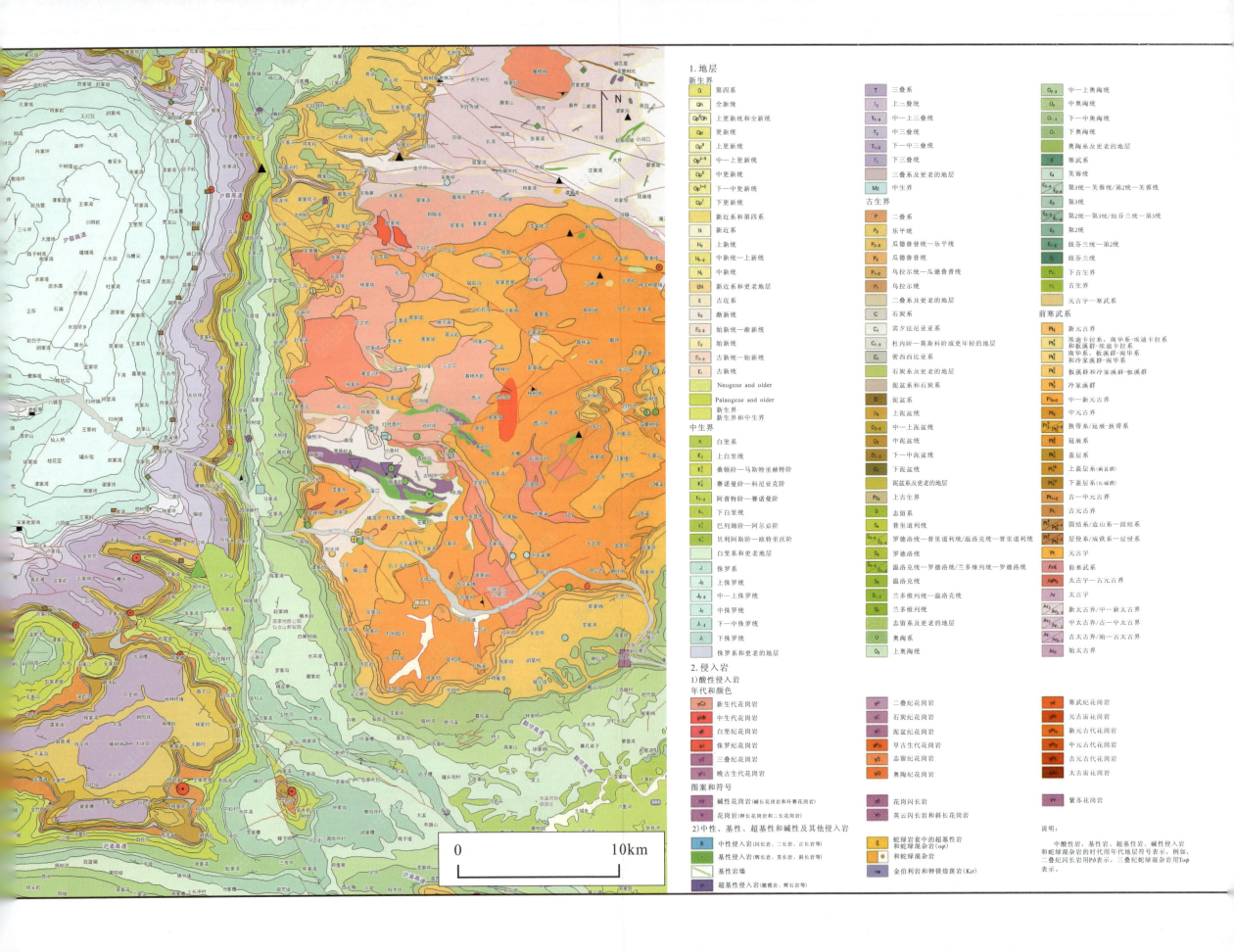

附表1 滑坡隐患点调查表

名称					湖北省　　　县　　　乡(镇)　　　村　　　社				
野外编号		滑坡类型	□崩塌 □倾倒 □滑动 □流动 □侧向扩离 □复合	地理位置	坐标(m)	X: Y:	海拔(m)		冠
室内编号									趾
统一编号					经度:E　°　′　″　纬度:N　°　′　″ 地名:				

滑坡形成环境	原始斜坡地貌	斜坡结构类型				土质斜坡地质成因类型		坡度(°)	坡高(m)	坡向(°)
		□碎屑岩斜坡 □碳酸盐岩斜坡 □结晶岩斜坡 □变质岩斜坡 □平缓层状斜坡 □顺向斜坡 □斜向斜坡 □横向斜坡 □反向斜坡 □特殊结构斜坡				□冲积层 □崩积层 □残坡积层 □人工堆积层				
		坡形	□凸形 □凹形 □平直 □阶状			滑坡区及周边土地植被建筑情况				
	斜坡地质	地层岩性			地质构造			□旱地 □水田 □草地 □灌木 □森林 □裸露 □建筑		
		时代	岩性	产状(°) ∠	构造部位	地震烈度(度)				
	降雨河流影响	降雨量(mm)			影响滑坡前缘的河流水文					
		年均	日最大	时最大	洪水位(m)	枯水位(m)		滑坡相对河流位置 □左 □右 □凹 □凸		
	地下水影响	地下水类型	□孔隙水 □裂隙水 □岩溶水 □潜水 □承压水 □上层滞水					水位埋深(m)		
		地下水露头	□上升泉 □下降泉 □溢水点					泉流量(L/s)		
		补给类型	□降雨 □地表水 □人工 □融雪							

滑坡基本特征	外形特征	长度(m)	宽度(m)	厚度(m)	面积(m²)	危险区面积(m²)	体积(m³)	坡度(°)	坡向(°)
		平面形态				主轴方向剖面形态			
		□半圆 □矩形 □舌形 □不规则				□凸形 □凹形 □直线 □阶梯 □复合			
	结构特征	滑体特征					滑床特征		
		滑体性质	滑体岩性	结构	碎石体积含量(%)	块度(cm)	岩性	时代	产状(°)∠
		□岩质 □碎块石 □土质		□可辨层次 □零乱					
		滑面及滑带特征							
		控滑结构面			埋深(m)	倾向(°)	倾角(°)	厚度(m)	滑带土定名	滑带土性状
		□层理面 □片理或劈理面 □节理裂隙面 □覆盖层与基岩接触面 □层内错动带 □构造错动带 □断层 □老滑面								
		降雨与滑坡变形的关系							
	变形迹象	近期发生时间	部位		特征			变形迹象	
								□拉张裂缝 □剪切裂缝 □地面隆起 □地面沉陷 □剥、坠落 □树木歪斜 □建筑变形 □渗冒浑水	

续附表 1

影响因素	地质因素	□节理极度发育 □结构面走向与坡面平行 □结构面倾角小于坡角 □软弱基座 □透水层下伏隔水层 □土体/基岩接触 □破碎风化层/基岩接触 □强/弱风化层界面						
	地貌因素	□斜坡陡峭 □坡脚遭侵蚀 □后缘加载堆积						
	物理因素	□风化 □融冻 □胀缩 □累进性破坏造成的抗剪强度降低 □孔隙水压力高 □洪水冲蚀 □水位陡降陡落 □地震						
	人为因素	□削坡过陡 □坡脚开挖 □坡后加载 □蓄水位降落 □植被破坏 □爆破振动 □渠塘渗漏 □灌溉渗漏						
	主导因素	□暴雨 □地震 □工程活动						
稳定性评判	复活诱发因素	□降雨 □地震 □人工加载 □开挖坡脚 □坡脚冲刷 □坡脚浸润 □坡体切割 □风化 □卸荷 □动水压力 □爆破振动						
	目前稳定状况	□稳定 □基本稳定 □不稳定						
	发展趋势分析	□稳定 □基本稳定 □不稳定						
滑坡造成的损失或危害评估	危害对象	□民房 □公路行车 □市政基础设施 □河道 □其他：			危险性分级	灾害危害程度	灾害规模等级	
	已造成危害（灾情）	死亡（人）	直接经济损失（万元）	毁房（间）	□特大 □大 □中 □小	□一般 □较大 □重大 □特大	□小型 □中型 □大型 □巨型	
	潜在威胁（险情）	威胁人数	威胁户数	威胁财产（万元）	其他	□特大 □大 □中 □小		
	建议搬迁安置： 户 人							
防治对策	防治建议	□制定防灾预案 □临时避让 □专业监测 □工程治理 □搬迁安置 □加强巡查						
	监测建议	□定期目视检查 □安装简易监测设备 □地面位移监测 □深部位移监测						
	群测人员				村长		联系电话	
滑坡示意图	平面图（滑坡范围、可能危害范围、威胁对象的分布）				比例尺	1：	照片编号	
	剖面图（滑坡结构、可能危害范围、威胁的对象） 高程(m) 比例尺1： 高程(m) 水平距离(m)							

调查负责人：_____ 填表人：_____ 审核人：_____ 填表日期：_____ 年 _____ 月 _____ 日
调查单位：__中国地质大学（武汉）__ 湖北省 __巴东__ 县人民政府

附表2 崩塌(危岩)隐患点调查表

名称				湖北省(市) 县(市) 乡(镇) 村 社				
野外编号		崩塌类型	□倾倒式 □滑移式 □坠落式	地理位置	坐标(m)	X: Y:	海拔(m)	冠
室内编号								趾
统一编号				经度:E ° ′ ″ 纬度:N ° ′ ″ 地名:				

崩塌发生的斜坡环境	地质环境	崩塌(危岩)地层岩性			地质构造		微地貌	地下水类型
		时代	岩性	产状(°)	构造部位	地震烈度(度)	□陡崖 □陡坡 □上凸下凹坡 □上陡下缓坡	□孔隙水 □裂隙水 □岩溶水 □潜水 □承压水 □上层滞水
	降雨河流影响	降雨量(mm)			冲刷危岩坡脚的河流水文				
		年均	日最大	时最大	洪水位(m)	枯水位(m)	相对于河流的位置 □右岸 □左岸 □凹岸 □凸岸	
	危岩斜坡	坡高(m)	坡度(°)	坡向(°)	斜坡结构类型	□碎屑岩斜坡 □碳酸盐岩斜坡 □结晶岩斜坡 □变质岩斜坡 □平缓层状斜坡 □顺向斜坡 □斜向斜坡 □横向斜坡 □反向斜坡 □特殊结构斜坡			

崩塌基本特征	危岩体结构特征	危岩体分割结构面						
		结构面类型 □层理面 □片理或劈理面 □节理裂隙面 □层内错动带 □构造错动带 □断层							
		组	结构面产状(°)	裂缝贯通长度(m)	裂隙率(条/m)	危岩分割块度(长×宽×高)(m)	裂缝张开度(mm)	裂缝充填物及胶结度
		①	∠					
		②	∠					
		③	∠					
		④	∠					
		全风化带厚度(m)	卸荷带宽度(m)	危岩带顺坡长度(m)	危岩带最大宽度(m)	危岩带最大高度(m)	主崩方向(°)	凹岩腔高度×宽度×深度(m)
	落石崩塌情况	近期发生时间	部位				特征	
	崩塌堆积体特征	长度(m)	宽度(m)	厚度(m)	崩塌体分布面积(m²)	崩塌体危险区面积(m²)	崩落最大高差(m)	崩落最远距离(m)
		堆积物组成	结构	分选	落石块度	平面形态		剖面形态
						□半圆 □矩形 □舌形 □扇形		□凸形 □凹形 □线形 □阶状

续附表 2

影响因素	地质因素	□节理极度发育□结构面走向与坡面平行□结构面倾角小于坡角□软弱基座□透水层下伏隔水层□土体/基岩接触□破碎风化层/基岩接触□强/弱风化层界面□两组结构面交线倾向坡外□倾角小于坡角				
	地貌因素	□斜坡陡峭 □坡脚遭侵蚀形成凹岩腔 □坡顶超载堆积				
	物理因素	□风化 □融冻 □胀缩 □累进性破坏造成的抗剪强度降低 □孔隙水压力高 □洪水冲蚀 □水位陡降陡落 □地震				
	人为因素	□削坡过陡 □坡脚开挖 □坡后加载 □蓄水位降落 □植被破坏 □爆破振动 □渠塘渗漏 □灌溉渗漏				
	主导因素	□暴雨 □地震 □工程活动				
	复活诱发因素	□降雨 □地震 □人工加载 □开挖坡脚 □坡脚冲刷 □坡脚浸润 □坡体切割 □风化 □卸荷 □动水压力 □爆破振动				
稳定性评判	危岩体	目前稳定状况	□稳定 □基本稳定 □不稳定			
		发展趋势分析	□稳定 □基本稳定 □不稳定			
	崩塌堆积体	目前稳定状况	□稳定 □基本稳定 □不稳定	(产生滑坡时应填写滑坡调查卡片)		
		发展趋势分析	□稳定 □基本稳定 □不稳定			
危岩崩塌造成的损失或危害评估	危害对象	□民房 □公路及行车 □市政基础设施 □河道 □其他:		危险性分级	灾害危害程度	灾害规模等级
	已造成危害(灾情)	死亡(人)	直接经济损失(万元)	毁房(间)	□特大□大 □中 □小	□一般 □较大 □重大 □特大	□小型 □中型 □大型 □巨型
	潜在威胁(险情)	威胁人数	威胁户数	威胁财产(万元)	其他	□特大□大 □中 □小	
	建议搬迁安置: 户 人					
防治建议	防治建议	□制定防灾预案群防 □汛期临时避让 □专业监测 □工程治理 □搬迁安置				
	监测建议	□定期目视检查 □安装简易监测设备 □地面位移监测 □深部位移监测				
	群测人员		村长		联系电话	
平面图及剖面图	平面图(危岩范围、崩塌落石可能危害范围、威胁的对象的分布)			剖面图(危岩结构、可能危害范围、威胁的对象) 高程(m) 比例尺1: 高程(m) 水平距离(m)		
	比例尺	1:	照片编号			

调查负责人:_____ 填表人:_____ 审核人:_____ 填表日期:_____年_____月_____日
调查单位: 中国地质大学(武汉) 湖北省 巴东 县人民政府

附表3 潜在不稳定斜坡隐患点调查表

名称				湖北省　　县　　乡(镇)　　村　　社				
野外编号		斜坡类型	□自然岩质 □自然土质 □人工岩质 □人工土质	地理位置	坐标 (m)	X： Y：	坡顶标高(m)	
室内编号							坡脚标高(m)	
统一编号				经度：E　　°　　′　　″　纬度：N　　°　　′　　″				
				地名：				

斜坡环境	原始地貌	微地貌	斜坡结构类型		最大坡长(m)	最大坡宽(m)	最大坡高(m)	平均坡度(°)	总体坡向(°)
		□陡崖 □陡坡 □缓坡 □平台	□碎屑岩斜坡 □碳酸盐岩斜坡 □结晶岩斜坡 □变质岩斜坡 □平缓层状斜坡 □顺向斜坡 □斜向斜坡 □横向斜坡 □反向斜坡 □特殊结构斜坡						
		坡面形态	□凸形 □凹形 □直线 □阶状 □复合						
		用地类型	□旱地 □水田 □草地 □灌木 □森林 □裸露 □建筑						

斜坡环境	斜坡地质	地质构造部位					地震烈度(度)				
		土质斜坡									
		土体名称	密实度			块石(%)	碎石(%)	土(%)	下伏基岩		
									岩性	埋深(m)	
			□密 □中 □稍 □松								
		岩质斜坡中易滑、易崩控制结构面(岩层面、软硬岩层接触面、软弱夹层、裂缝、裂隙等)									
		编号	结构面类型	地层时代	岩性	产状(°)	延伸长度(m)	间距(m)	张开度(mm)	充填物及胶结度	
		①				∠					
		②				∠					
		③				∠					
		控制结构面	□层理面 □片理或劈理面 □节理裂隙面 □覆盖层与基岩接触面 □层内错动带 □构造错动带 □断层 □老滑面								
		岩体结构类型	□块体状 □块状 □层状 □块裂 □碎裂 □散体								
		全风化带厚度(m)				卸荷裂隙带宽度(m)					

降雨河流影响	降水量(mm)			影响斜坡稳定的河流水文			
	年均	日最大	时最大	洪水淹没水位(m)	枯水位(m)	斜坡相对河流位置	
						□左 □右 □凹 □凸	

地下水影响	地下水类型	□孔隙水 □裂隙水 □岩溶水	水位埋深(m)	
	地下水露头	□上升泉 □下降泉 □溢水点	泉流量(L/s)	
	地下水补给类型	□降雨 □地表水 □融雪 □人工		
	降雨与斜坡变形的关系			

变形范围	长度(m)	宽度(m)	厚度(m)	分布面积(m²)	危险区面积(m²)	体积(m³)	变形迹象组合
							□拉张裂缝 □剪切裂缝 □地面隆起 □地面沉陷 □剥、坠落 □树木歪斜 □建筑变形 □渗冒浑水
近期变形迹象	近期发生时间		部位		特征		

续附表3

影响因素	地质因素	□节理极度发育 □结构面走向与坡面平行 □结构面倾角小于坡角 □软弱基座 □透水层下伏隔水层 □土体/基岩接触 □破碎风化层/基岩接触 □强/弱风化层界面 □两组结构面交线倾向坡外,倾角小于坡角
	地貌因素	□斜坡陡峭 □坡脚遭侵蚀 □崩塌堆积物加载
	可能失稳因素	□降雨 □地震 □人工加载 □开挖坡脚 □坡脚冲刷 □坡脚浸润 □坡体切割 □风化 □卸荷 □动水压力 □爆破振动 □采石取土 □井巷采矿 □渠塘灌溉渗漏 □蓄水位降落 □植被破坏
	主导因素	□暴雨 □地震 □工程活动
稳定性评判	目前稳定状况	□稳定 □基本稳定 □不稳定
	今后变化趋势	□稳定 □基本稳定 □潜在不稳定

斜坡失稳可能造成的危害性预测	可能危害方式	□破坏民房 □破坏公路危及行车 □破坏市政基础设施 □堵塞河道 □其他:					
	可能演变成灾害类型	□滑坡 □崩塌 □落石 □坡面泥石流					
	已造成危害(灾情)	死亡(人)	直接经济损失(万元)	毁房(户)	毁房(间)	毁坏道路(m)	毁坏渠道(m)	其他
	潜在威胁(险情)	威胁户数	威胁人口	威胁财产(万元)	其他	危险性分级	灾害危害程度	灾害规模等级
						□特大 □大 □中 □小	□一般 □较大 □重大 □特大	□小型 □中型 □大型 □巨型
	建议搬迁安置: 户 人							

防治对策	防治建议	□制定防灾预案群防 □汛期临时避让 □专业监测 □工程治理 □生物治理 □搬迁安置
	监测建议	□定期目视检查 □安装简易监测设备 □地面位移监测 □深部位移监测
	群测人员	村长 联系电话

不稳定斜坡示意图

比例尺	1:	照片编号	

剖面图(潜在不稳定斜坡结构、可能危害范围、威胁对象)

高程(m) 比例尺1:→ 高程(m)

水平距离(m)

比例尺 1:

赤平投影图(斜坡坡向与结构面)

N W E S

调查负责人:_____ 填表人:_____ 审核人:_____ 填表日期:_____年_____月_____日
调查单位: 中国地质大学(武汉) 湖北省 巴东 县人民政府

附表4 泥石流隐患点调查表

名称			地理位置	湖北省(市) 县(市) 乡(镇) 村 社				
野外编号				坐标(m)	X: Y:		海拔(m)	沟口
室内编号								沟源
统一编号				经度:E ° ′ ″ 纬度:N ° ′ ″ 地名:				

水系名称	
泥石流沟与主河关系	

主河名称	泥石流沟位于主河的	沟口至主河道距离(m)
	□左岸 □右岸	

泥石流沟主要参数、现状及灾害史、防治工程调查

泥石流类型	□泥流 □泥石流 □水石流			沟口巨石三轴长度(m)	Da	Db	Dc
水动力类型	□暴雨 □冰川 □溃决 □地下水						
泥沙补给途径	□面蚀 □沟岸崩滑 □沟底再搬运			补给区位置	□上游 □中游 □下游		
泥石流特征	容重(kN/m³)		流量(m³/s)	固体物质一次最大冲出量(m³)		泥位(m)	
降雨特征值	H年max	H年cp	H日max	H日cp	H时max	H时cp	H10分钟max	H10分钟cp

沟口扇形地特征	扇形地完整性(%)		扇面冲淤变幅	±	发展趋势		□下切 □淤高
	扇长(m)		扇宽(m)	扩散角(°)		危险区面积(m²)	
	挤压大河	□河形弯曲主流偏移 □主流偏移 □主流只在高水位偏移 □主流不偏					

地质构造	顶沟断层 □过沟断层 □抬升区 □沉降区 □褶皱 □单斜			地震烈度(度)	
沟域内松散堆积体	滑坡	活动程度	□严重 □中等 □轻微	规模	□大 □中 □小
	人工弃体	活动程度	□严重 □中等 □轻微	规模	□大 □中 □小
	自然堆积	活动程度	□严重 □中等 □轻微	规模	□大 □中 □小
土地利用(%)	森林	灌丛	草地	缓坡耕地	荒地	陡坡耕地	建筑用地	其他

监测措施现状	□有 □无	类型	□雨情 □泥位 □巡查报险
防治措施现状	□有 □无	类型	□稳拦 □排导 □避绕 □生物工程

灾害史	发生时间(年/月/日)	死亡(人)	大牲畜损失(头)	房间(间)		农田(亩)		公共设施		直接经济损失(万元)
				全毁	半毁	全毁	半毁	道路(km)	桥梁(座)	

续附表4

泥石流综合评判													
4.主沟纵坡（‰）			7.冲淤变幅（m）		±		9.松散物储量（×10⁴m³/km²）				2.补给段长度比（%）		
13.流域面积（km²）			14.相对高差（m）				10.山坡坡度（°）				6.植被覆盖率（%）		
15.堵塞程度		□严重 □中等 □轻微 □无							12.松散物平均厚(m)				
3.沟口扇形		扇宽(m)		扇长(m)		辐角(°)		厚度(m)		1.不良地质现象	□严重 □中等 □轻微 □一般		
5.新构造活动		□强烈上升区 □上升区 □相对稳定区 □沉降区						8.岩性因素		□土及软岩 □软硬相间 □风化和节理裂隙发育的硬岩 □硬岩			
11.沟槽横断面		□"V"形谷(谷中谷、"U"形谷) □拓宽"U"形谷 □复式断面 □平坦型											
评分		1	2	3	4	5	6	7	8	9	10	11	12	13	14	15	总分	
易发程度评估		□高易发 □中易发 □低易发 □不易发						发展阶段		□形成期 □发展期 □衰退期 □停歇或终止期			

泥石流造成的损失或危害评估	危害方式	□泥石流泥沙淤埋 □泥石流冲击破坏 □泥石流冲刷破坏 □次生洪水灾害					
	威胁危害对象	□城镇 □村寨 □铁路 □公路 □航运 □引灌渠道 □水库 □电站 □工厂 □矿山 □农田 □森林 □输电线路 □通信设施 □国防设施					
	已造成危害（灾情）	死亡（人）	直接经济损失（万元）		其他	危险性分级	灾害危害程度	灾害规模等级
						□特大 □大 □中 □小	□一般 □较大 □重大 □特大	□小型 □中型 □大型 □巨型
	潜在威胁（险情）	威胁户数	威胁人口	威胁财产（万元）	其他			
		建议搬迁安置： 户 人						

防治对策	防治建议	□制定防灾预案 □临时避让 □专业监测 □工程治理 □生物治理 □搬迁安置
	监测建议	□汛期雨情预报及巡视报警 □安装简易监测设备 □泥石流暴雨预警系统监测
	群测人员	村长 联系电话

不稳定斜坡示意图	平面图（沟源松散堆积区、沟口扇地可能危害范围、威胁的对象的分布）
	比例尺 1: 照片编号
	剖面图（泥石流物源区、流通区、堆积区、威胁的对象）
	高程(m) 高程(m) 比例尺1: 水平距离(m)

调查负责人：＿＿＿ 填表人：＿＿＿ 审核人：＿＿＿ 填表日期：＿＿＿年＿＿＿月＿＿＿日
调查单位： 中国地质大学（武汉） 湖北省 巴东 县人民政府